新一代信息技术丛书

5G MOBILE
COMMUNICATION NETWORK

5G非正交多址接入技术

接入技术

理论、算法与实现

李兴旺　张长森　田心记　李静静　等著

机械工业出版社
CHINA MACHINE PRESS

本书从理论研究、标准化、实际实现角度出发，详细介绍了 NOMA/协作 NOMA 的基本理论及影响其性能的硬件损伤问题。主要围绕硬件损伤协作通信中继选择方案及性能、无人机 NOMA 协作通信、NOMA 系统功率分配、硬件损伤协作 NOMA 传输性能、非完美 CSI 协作 NOMA 及基于能量收集协作 NOMA 系统衰落性能进行研究，详细分析了影响 NOMA 系统性能的硬件损伤因素，为 NOMA 系统设计及标准化提供理论指导。为了便于研究，本书提供了衰落信道生成 MATLAB 代码。

本书既可以作为高等学校高年级本科生、研究生的前沿技术课程教材，也可以作为无线通信技术人员的参考用书。

图书在版编目（CIP）数据

5G 非正交多址接入技术：理论、算法与实现/李兴旺等著 . —北京：机械工业出版社，2020.4

（新一代信息技术丛书）

ISBN 978-7-111-65191-8

Ⅰ.①5… Ⅱ.①李… Ⅲ.①多址联接方式 Ⅳ.①TN927

中国版本图书馆 CIP 数据核字（2020）第 051714 号

机械工业出版社（北京市百万庄大街 22 号　邮政编码 100037）
策划编辑：李馨馨　责任编辑：李馨馨　秦　菲
责任校对：刘雅娜　责任印制：郜　敏
北京圣夫亚美印刷有限公司印刷
2020 年 7 月第 1 版第 1 次印刷
184mm×240mm · 17 印张 · 347 千字
0001—2000 册
标准书号：ISBN 978-7-111-65191-8
定价：89.00 元

电话服务　　　　　　　　网络服务
客服电话：010-88361066　机 工 官 网：www.cmpbook.com
　　　　　010-88379833　机 工 官 博：weibo.com/cmp1952
　　　　　010-68326294　金 书 网：www.golden-book.com
封底无防伪标均为盗版　机工教育服务网：www.cmpedu.com

前言

随着超高清视频、虚拟现实等先进多媒体技术的应用对无线容量的要求迅速提高，以及移动物联网对用户需求的急剧增长，第五代移动通信网络（5G）在大规模异构数据流量方面面临较大挑战。非正交多址接入（Non-Orthogonal Multiple Access，NOMA）是解决上述挑战的一种很有潜力的技术，其通过在相同的正交资源块中容纳多个用户来解决 5G 网络中的上述问题。与传统的正交多址接入（Orthogonal Multiple Access，OMA）技术相比，这样做可以显著提高带宽效率。因此，学术界和产业界对 NOMA 研究产生巨大兴趣。

本书从 NOMA 的基本原理开始，由浅入深地介绍 NOMA 的研究背景、研究现状、技术优势及面临挑战，围绕理想和非理想硬件损伤条件下 NOMA 在各种衰落信道的性能、传输方案、资源分配方案，研究理想硬件无人机 NOMA 协作通信性能、理想硬件下上行和下行多用户 NOMA 系统用户分簇策略、NOMA 和协作 NOMA 系统功率分配方案、硬件损伤 NOMA 传输技术及性能、非理想 CSI 硬件损伤下行 NOMA 传输技术及性能、基于无线信息与能量协同传输的硬件损伤多中继 NOMA 传输技术及性能，为 NOMA 标准化和产业化提供理论指导。

本书由河南理工大学相关专业老师撰写，其中第 1 章由张长森撰写，第 2、3、4、9、10 章由李兴旺撰写、第 5 章由李静静撰写，第 6、7、8、11 章由田心记撰写，全书由李兴旺定稿。本书在撰写的过程中，得到了河南理工大学物理与电子信息学院的大力支持，在此表示衷心感谢。

由于本书涉及移动通信前沿技术及多个学科领域，加之作者水平有限，因此书中难免有不足之处，敬请各位专家、学者、同行批评指正！

李兴旺

5G非正交多址接入技术：
理论、算法与实现

目录

第 1 章

引　言

1.1 研究背景

1.1.1 多址接入技术

多址技术是无线通信演进的基础技术，它的突破促进了移动通信系统的升级换代[1]。前四代的移动通信系统均基于正交多址接入（Orthogonal Multiple Access，OMA）技术[2]，如图 1-1 所示。

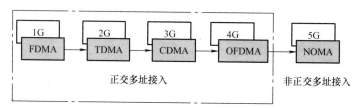

图 1-1　移动通信系统中的多址接入技术革新

第一代移动通信系统（The First Generation Mobile Communication System，1G）采用的是频分多址接入（Frequency Division Multiple Access，FDMA）技术，FDMA 将通信频段分成相互正交的子频段，再将不同的子频段分配给不同的用户，每个用户占用其中的一个子频段。

随着数字移动系统的到来，第二代移动通信系统（The Second Generation Mobile Communication System，2G）引入时间维度作为通信资源，被称为时分多址接入（Time Division Multiple Access，TDMA）技术。在 TDMA 中，每个用户被分配在一定的时隙中传输数据，不同用户之间共享相同的频谱资源，这样就提高了频谱的利用率，在接收端，每个用户通过信令选择使用的帧，解调出自己的数据信息。TDMA 接收机的复杂度随着数据速率、调制阶数及天线数目的增加而增加。

第三代移动通信系统（The Third Generation Mobile Communication System，3G）采用码分多址接入（Code Division Multiple Access，CDMA）技术。CDMA 提出信道共享的概念，非常适合进行宽带网络（Wideband CDMA，WCDMA）的部署。在 WCDMA 中，通过给用户分配扩频码来扩展发送信号的带宽，为图像、音乐、视频等多媒体服务提供了一定的基础支持。WCDMA 技术处理的复杂度也是随着数据速率的增加而增加，这就造成 WCDMA 扩展的宽度需要更大的处理增益来提高路径间干扰的抑制能力。

为了进一步满足更多用户的接入和提高频谱效率，第四代移动通信系统（The Forth Generation Mobile Communication System，4G）采用正交频分多址接入（Orthogonal Frequency Division Multiple Access，OFDMA）技术，并继续使用信道共享技术[3]，给不同的用户分配不同的子载波，子载波之间满足相互正交的关系，这样有利于提高频谱的利用率和系统的抗多径干扰能力。OFDMA 技术通过利用时隙和频带子载波，能够保持灵活的资源配置，并能够使可利用的信道带宽在期望值的范围之内。由于使用循环前缀和频谱域信号处理，接收端的复杂度是可控的。

1G 到 4G 均采用 OMA 的方式，例如 TDMA、FDMA 和 CDMA，正交的资源分配到每个用户以避免用户间干扰。即一个正交资源只允许分配给一个用户，不同用户之间不会产生干扰。但是这种方式严重地限制了小区的吞吐量和设备连接的数量。随着物联网（Internet-of-Things，IoT）和移动互联网的快速发展，有限的频谱资源和不断增加的系统容量需求之间的矛盾日益突出，OMA 受到频谱效率与接入能力的限制，难以满足未来移动通信应用多样化的需求[4]。因此，面向 5G 的非正交多址接入（Non-Orthogonal Multiple Access，NOMA）技术引起学术界和工业界的广泛关注[5]。在 NOMA 系统中，不同用户允许通过功率复用使用相同的资源，如时隙和频谱。NOMA 通过迭代编码发送新信息，在接收端利用串行干扰消除（Successive Interference Cancellation，SIC）技术消除资源共享产生的干扰。NOMA 的一些技术已经被第三代合作伙伴计划（The 3rd Generation Partnership Project，3GPP）采纳为标准，例如多用户迭代传输（Multiuser Superposition Transmission，MUST）、大规模机器通信（Massive Machine Type Communication，MMTC）。

1.1.2　5G 技术

第五代移动通信系统（The Fifth Generation Mobile Communication System，5G）作为新一代的移动通信技术不仅能够加快用户移动上网速度，更能促进物联网和工业互联网的发展，是未来移动通信市场的重要增长点，具有很大的实用价值和经济价值。5G 有以下三个基础特点：第一，更高的传输速率，峰值速率可达到 20Gbit/s；第二，高可靠性，更低时延，最低延迟时间为 1ms；第三，高容量，海量物与物之间的连接数量，在 1km 的范围内，不仅能让超过 100 万台的物联网设备连接到网络，还能让每台设备的传输速度达到 100Mbit/s。

在全球关于 5G 技术的研究进展中，各地组织及研究机构通过不同的途径在 5G 技术研究方面取得了一定的进展，朝着 5G 终端形态的多元化、融合化以及应用场景的网络化、智能化的目标不断前进。为了实现较高的峰值速率和频谱效率，包含大规模多输入多输出（Multiple-Input-Multiple-Out，MIMO）、毫米波（Millimeter Wave，mmWave）、移动边缘计

算（Mobile Edge Computing，MEC）、新型多载波调制、无线能量收集（Wireless Energy Harvesting，WEH）、全双工、多址接入等在内的技术能够满足 5G 的发展需求[6,7]。而多址技术中的 NOMA 技术能利用广域覆盖的远近效应解决小区边缘用户容量受限的问题，获得比 OMA 更高的容量增益。因此，NOMA 凭借其巨大的研究价值和实用价值，成为目前研究的重点并被广泛应用于不同的移动通信场景中。另外，现有的研究大部分集中于理想硬件或者理想信道状态信息下，在实际系统中，硬件或者信号传输的信道并不是完美的，考虑硬件损伤和信道估计误差对系统性能的影响，为实际的系统设计及性能分析打下一定的理论基础，使 NOMA 的大规模商用有望达成。通过研究多址接入技术中的 NOMA 技术，为多址技术的进一步发展提供一定的理论参考，有助于推动 5G 快速发展。

1.2　研究现状

本节从 5G 以及 5G 中用到的 NOMA 技术两个方面介绍了国内外研究现状以及存在的一些问题，为 5G 中 NOMA 技术的研究提供参考。

1.2.1　5G 国内外研究现状

与前几代例如 2G、3G、4G 等技术不同，5G 主要采用 NOMA 技术，该技术目前受到全球各个国家的广泛关注。目前，5G 的研究主要包含三个层次，第一层是国际性标准组织，然后是各个国家的研究组织，最后是运营商、设备制造商以及部分高校的研究组织。第一层的研发团队为国际标准组织，包含国际电信联盟组织（International Telecommunication Union，ITU）[8]、3GPP[9]以及下一代移动网络联盟（Next Generation Mobile Networks，NGMN）[10]。其中，ITU 已完成 5G 愿景研究和 5G 技术解决方案的收集，预计 2020 年完成 5G 标准的制定。3GPP 在 2016 年初就启动了 5G 标准的研究，2017 年底完成非独立组网中 5G 新空口技术和网络架构的标准化，2018 年下半年形成 5G 标准统一版本，以及完成独立组网中 5G 新空口技术和核心网的标准化，2019 年底完成标准的 5G 版本。

第二层的研发中坚力量主要是欧盟、美国、日本和中国等各地政府和组织。欧盟委员会在 2016 年 9 月发布了于 2018 年启动 5G 规模试验的 5G 行动计划，当时预计到 2020 年，每个成员国至少确定一个主要城市实现 5G 商用，到 2025 年，各个成员国在城区和主要公铁路沿线能够提供稳定的 5G 服务。美国在全球移动通信技术的发展中一直扮演着领头羊的角色。美国联邦通信委员会（Federal Communications Commission，FCC）在 2016 年 7 月就同意为 5G 网络分配专门的频谱资源，自此美国成为全球首个为 5G 开放频谱资源的国家。同时，美国也宣布在洛杉矶、休斯敦等 4 个城市进行 5G 技术推广和实验。对于 5G，日本希望能够保持 4G 时代的优势，为此，日本国内的无线工业及商贸联合会（Association of Radio Industries and Businesses，ARIB）在 2013 年就设立了一个 5G 研究小组旨在研究 2020 年及以后的移动通信关键技术，并在 2019 年举办的橄榄球"世界杯"等大型赛事上让人们亲身体验到 5G 技术的魅力。中国在 5G 研发和商用上更加积极，目前，已经在 2016 年完成了 5G 技术研发试验，在 2017 年完成了 5G 产品研发试验，在 2018 年完成系统方案验证，2019 年实现预商用，希望在 2020 年实现 5G 规模商用。

第三层的研发团队是运营商、设备制造商及部分高校研究组织。2015 年 9 月，设在英国萨里大学的 5G 创新中心（5G Innovation Centre，5GIC）成立，核心成员包含英国各大电信运营商、BBC 等。日本的三家大型移动运营商都在积极部署 5G 网络，其中日本最大运营商 NTT DoCoMo 从 2014 年就开展了 5G 关键技术的试验，还发布了 5G 白皮书，详细阐释了 5G 无线接入的关键技术。运营商软银在 2016 年 9 月正式启动了 5G 项目"5G Project"。同样，中国的运营商在 5G 部署上也比较超前，中国三大运营商普遍将 5G 商用提前并趋向一致——2019 年预商用，2020 年正式规模商用。中兴通讯从 2009 年开始投入 5G 关键技术和产品的研发，并在 5G 更高宽带的核心关键技术 Massive MIMO 上率先突破。华为和中国 5G 推进组一起广泛开展 5G 试验，包含 VoNR（5G 新空口承载语音）、终端芯片 IoT（互操作性测试）等，为 5G 试商用和 2020 年的规模商用做好准备。目前，华为、中兴 5G 手机将实现商用，意味着国产 5G 手机具有"5G 商用领先"的能力，可以满足运营商在 2019 年上半年实现真正商用的需求。

传统的 OMA 技术受限于正交资源而难以满足日益增多的用户数，为了实现 5G 中低时延高可靠性、移动互联网业务中的连续广域覆盖、物联网业务中大量低功率设备的连接等性能要求，多种重要技术陆续被提出，例如大规模 MIMO，超密集网络（Ultra Dense Network，UDN）、小型蜂窝网络（Small Cell Network，SCN）和 NOMA 等[11]。NOMA 具有能够大幅度提高频谱效率和提高用户的公平性等优点，因而受到学术界和工业界的广泛关注，被认为是 5G 的重要技术之一。

1.2.2　非正交多址接入技术研究现状及分析

多址接入技术是解决多个用户如何高效共享一个物理链路的技术。除此之外，多址接入技术还会影响系统的传输时延、传输速率、系统容量等指标。多址接入技术中的 NOMA

技术是由日本知名电信运营商 DTT DoCoMo 提出的[12]。其核心思想是：在发送端，多个用户的数据占用相同的时域/频域资源，直接在功率域上通过叠加编码（Superposition Coding, SC）后发送出去。在接收端，通过连续干扰消除来消除不同用户间的干扰，从而分别译码各个用户的数据信息。为了保证用户的公平性、提高系统的整体性能，给信道条件较好的用户分配相对较少的功率，给信道条件较差的用户分配更多的功率，然而这是以增大接收端的信号检测复杂度为代价实现的。NOMA 作为提高系统容量和频谱效率的一种新兴技术，已经引起了广泛关注。与 OMA 技术相比，NOMA 是在不同的功率域上进行复用的。为了进一步验证 NOMA 比 OMA 能够获得更好的增益，Saito 等人研究了接收端采用 SIC 技术的 NOMA 下行协作中继系统的性能。

非正交传输方式打破了正交传输需要正交保护频带的限制，频带利用率的提高使系统的容量得到很大提升。因此，在相同的时间和带宽配置下，NOMA 技术能获得比 OMA 技术更高的系统容量或者用户公平性。NOMA 多址技术的特征及性能优势体现在以下三个重要的方面。

（1）发送端采用功率域复用技术

功率复用技术不等同于简单的功率控制，一般而言，在发送端给信道条件较差的用户分配更多的功率，从接收端来看，这样更有利于信道条件差的用户先被检测并分离出来。相较于传统的 OMA，NOMA 可以充分利用功率分配的自由度，合理地给用户分配不同的功率，保证用户之间的公平性，进一步提高系统的吞吐量等系统性能。

（2）接收端采用 SIC 技术

在 NOMA 协作中继系统中，NOMA 技术是否可行还依赖于接收机的处理能力，接收机设计的关键是 SIC 算法，文献[13]首次提出 SIC 技术，SIC 译码的本质在于接收端根据接收信号强度之间存在的差异逐步检测信号并消除干扰。SIC 的译码顺序由信号的信干噪比（Signal to Interference Noise Ratio，SINR）决定，根据 SINR 的大小进行降序排列。即较好信道条件的用户在译码自身期望信号之前，需要依次去译码信道条件弱于该用户的信号并逐步消除这些信号造成的干扰。随着硬件技术的发展，接收机的处理能力飞速提升，有望达成 NOMA 的大规模商用。

（3）获得稳健的性能增益

NOMA 技术通过非正交资源的分配允许更多用户同时接入，与 OMA 相比，NOMA 支持大规模数据的连接，减小了传输时延和信令开销，提高了频谱效率，增强了用户之间的公平性。

1.3 技术优势

　　未来 5G 无线网络将需要范式转换，以支持具有不同数据速率和延迟要求的大量设备。特别是面向 5G 物联网（IoT）和移动互联网设备不断增长的需求对 5G 无线系统提出了挑战性要求。NOMA 作为一项极具潜力的技术能够解决 5G 网络所面临的挑战。

1. NOMA 的技术优势

　　NOMA 通过功率分配允许多个用户共享相同资源。在 NOMA 中，每个用户都能够使用整个通信的所有带宽。因此，NOMA 具有如图 1-2 所示的技术优势[14]。

图 1-2　NOMA 的技术优势

　　1）大规模连接：目前业界有一个合理的共识，即 NOMA 对于大规模连接是必不可少的，因为在所有正交多址（OMA）技术中，服务用户的数量本质上受到资源块数量的限制。相反地，通过将用户信息叠加，NOMA 能够在同一资源块服务更多用户。从这个意义上说，NOMA 被认为是一种为 IoT 量身定制的通信技术。因为在 IoT 中会有大量零星的 IoT 设备随时发送短的数据包。

　　2）低延迟：5G 应用的延迟需求是多样化的。不幸的是，OMA 不能保证如此广泛的延迟需求。因为无论一个设备传输多少位数据，该设备都必须先等待，直到空闲资源块可用为止。相反地，NOMA 支持灵活的调度，因为它可以根据所使用的应用和设备的感知服务质量（Quality of Service，QoS）容纳不同数量的设备。

　　3）高频谱效率：在单小区上行和下行通信系统中，NOMA 被认为是理论上使用频谱效率最优的技术。其原因在于 NOMA 能够分享整个带宽，而 OMA 受用户数量限制只能使用一部分频谱资源。此外，NOMA 能够融合其他技术从而获得更好的频谱效率，如大规模 MIMO 和毫米波、无线信息与能量协同传输、无人机通信等。

　　4）公平性：NOMA 的一个主要特征就是能分配更多的功率给小区边缘用户。这样，NOMA 就能够平衡不同用户间吞吐量的公平性。维护上述公平性的技术有功率分配、用户

分簇、协作 NOMA 和发送端预编码设计等。

5）鲁棒性：5G 必须支持异构通信和不同的无线通信环境，在 5G 中采用 NOMA 技术的原因在于其具有鲁棒性，包括可扩展性、兼容性和灵活性。从理论上讲，NOMA 作为现有 OMA 的一个"附加"（add-on）技术，必须能够兼容现有的 OMA 多址接入技术。

2. NOMA 融合技术

鉴于未来 5G 高频谱效率、低传输延迟及应用的多样性需求，任何一项技术都无法完全满足未来移动通信的需求。因此，未来通信网络必定是 NOMA 和其他先进的移动通信技术的融合，例如协作中继、多输入多输出、协作多点传输、可见光通信、链路自适应、网络编码、无线信息与能量协同传输、无人机等，如图 1-3 所示[15]。NOMA 与上述技术的融合将是未来移动通信技术实用化面临的重要挑战。

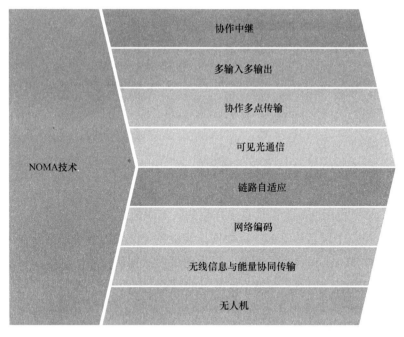

图 1-3　NOMA 融合技术

1）协作中继：在无线网络中，协同通信由于能够提供空间分集来减缓衰落，同时解决了在小型通信终端上安装多个天线的困难，因此得到了广泛的关注。在协作通信中，利用中继节点将信息转发到期望的目的节点。因此，将协作通信技术融合到 NOMA 技术中能够进一步提高系统容量和可靠性，两种典型的协作 NOMA 系统如图 1-4 所示。协作 NOMA 利用了 NOMA 系统中可用的先验信息。在该方案中，信道条件较好的用户为其他用户译码信息，因此，这些用户充当中继，提高与基站连接较差的用户的接收可靠性。通过使用超宽带（Ultra-Wideband，UWB）和蓝牙（Bluetooth，BT）等短程通信技术，可以为信道条件较差用户与信道条件较好的用户实现可靠通信。

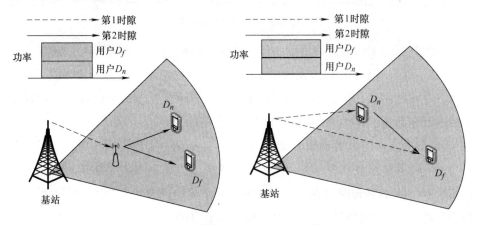

图 1-4　两种典型的协作 NOMA 系统

2）多输入多输出：波束赋形（Beamforming，BF）是一种用于各种无线定向通信系统的信号处理技术，多用户 BF 在 MIMO 系统中被认为是一种容量增强技术。在多用户 BF 系统中，每个用户都由一个 BF 向量支持，正交于其他用户信道，以消除其他用户的干扰，从而最大限度地实现可最优的容量。因此，NOMA 与多用户 BF 融合技术（NOMA-BF）同时具有 NOMA 和 BF 的优点。NOMA-BF 技术能够同时允许两个用户分享一个波束向量。为减少波束间和波束内干扰，NOMA-BF 提出基于用户相关性和信道增益的不同来获得分簇和功率分配算法。与传统波束赋型系统相比，NOMA-BF 能够提高系统和容量，确保用户公平性。

3）多点协作：在蜂窝系统中，与接近基站的用户相比，小区边缘用户通常数据速率较低。在协作多点传输（Coordinated Multipoint，CoMP）方式下，多个基站共同服务边缘用户，以提高小区边缘用户性能，如图 1-5 所示。CoMP 系统对应的基站需要将相同信道分配给小区边缘用户，因此系统的频谱效率将会随着小区边缘用户数目的增加而不断恶化。为了解决这一问题，研究者们提出了一些方案。

4）可见光：可见光通信（VLC）系统的主要缺点之一是光源的窄调制带宽，这导致难

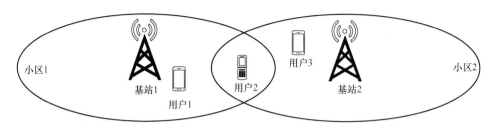

图 1-5　CoMP NOMA 网络

以获得合适的数据速率。与无线通信一样，光无线通信也考虑各种信号处理技术，以及多载波和多天线系统，以便在 VLC 系统中实现更高的数据速率。由于 NOMA 是下一代无线通信的一个潜在候选对象，所以 NOMA 在 VLC 中的可行性也是一个值得关注的课题。利用 NOMA 技术增强高速率 VLC 的可达吞吐量是可行的。

5）链路自适应：混合自动重复请求（Hybrid Automatic Repeat Request，HARQ）协议是链路自适应的重要组成部分，它利用重传分集和信道编码增益来实现可靠的通信。当同时传输多个 NOMA 数据包时，存在一个冲突，一个重传请求被发送给冲突中的用户。即使数据包发生冲突，每个数据包至少可以传递一定数量的信息。利用 HARQ 可以将所有的重传信号进行组合，从而提高 NOMA 的频谱效率。

6）网络编码：随机线性网络编码（Random Linear Network Coding，RLNC）是一种允许数据重传的良好编码方案。在 RLNC 中，源节点不需要知道期望接收方丢失的数据包。到目前为止，各种 RLNC 技术已经被提出，用于提高组播和广播服务的传输效率。通过 RLNC 和 NOMA 融合技术，可以进一步提高下行网络组播服务的性能，提高组播和广播服务的传输效率。

7）无线信息与能量协同传输：为了增强频谱效率，5G 网络另一个主要目标是最大化能量效率。许多研究者指出无线信息与能量协同传输（Simultaneous Wireless Information and Power Transfer，SWIPT）是一个解决无线通信系统能量效率的可行方法。通过将 SWIPT 和 NOMA 结合起来，可以建立一个协作通信协议，其中小区中心用户充当能量收集中继，帮助小区边缘用户。与传统的 NOMA 相比，SWIPT 的使用不会影响 NOMA 系统近端用户和远端用户的分集阶数。

8）无人机：在通信领域，无人机（Unmanned Aerial Vehicle，UAV）辅助通信以其优越的灵活性和自主性被业界和学术界公认为一种新兴的通信技术。一方面，许多行业项目已经部署用于空中全球大规模连接，如谷歌 Loon 项目、Facebook 的互联网无人交付及美国

AT&T 的机载 LTE 服务；另一方面，UAV 被认为是 5G 辅助极具潜力的技术之一。在 UAV 融合 5G 及 B5G 道路上，多址接入技术是必须具备的条件。因此，UAV-NOMA 是实现空天一体化（Air-to-Everything，A2E）的重要技术。

1.4 面临挑战

许多研究人员致力于 NOMA 技术的设计和实现以及与这些相关的各种技术问题的解决。研究表明：NOMA 与协作中继、MIMO 技术、CoMP、可见光、链路自适应、无线信息与能量协同传输及无人机融合，能够显著提高系统性能增益。然而，面对 5G 及未来第六代移动通信（6G）的多样化，NOMA 技术在 5G 及 6G 中的应用仍然面临一些调整和尚未解决的问题[16]。

1）动态用户配对：在 NOMA 系统中，由于多个用户共享相同的时间、频谱和扩频码，存在较强的同道干扰（Co-Channel Interference，CCI）。因此，很难要求系统中的所有用户共同执行 NOMA。为了解决上述问题，将系统中的用户划分为多个组，每个组中应用 NOMA，并使用正交的带宽资源分配不同的组。通常考虑静态情况，其中第 m 个用户和第 n 个用户配对来实现 NOMA。虽然在实践中很难实现，但是为了实现 NOMA 提供的最大效益，需要设计动态的用户配对/分组方案。

2）资源分配：为了适应不同的流量需求，5G 系统应该能够以非常低的延迟和可靠的方式支持高数据速率。然而，由于资源有限，这是一项非常困难的任务。因此，资源管理必须辅以有效利用。无线资源管理是确定分配给每个用户的相关资源的时间和数量所需的一系列过程。因此，资源分配是理论上实现 NOMA 系统性能最优化的关键技术。

3）误差传播：很明显，一旦 SIC 发生错误，所有其他用户信息都可能被错误译码。然而，当用户数量相当小时，可以使用更强的算法（增加块长度）来补偿错误传播的影响。当某些用户的性能下降时，还可以考虑使用非线性检测技术来抑制误差的传播。尽管已有研究对基本 MIMO 系统中的 SIC 误差传播进行了分析研究，但 SIC 对 NOMA 方案影响的研究尚未提供明确的数学理解。因此，用数学方法分析不完全 SIC 对 NOMA 性能的影响是一个有价值的研究方向。

4）衰落性能分析方面：绝大部分关于 NOMA 的研究工作都是基于简单 Rayleigh 衰落信道，并且假设用户信道间是独立的，然而实际测量表明：Rayleigh 能够很好地表征非

视距（Non-Line-of-Sight，NLoS 传播）环境。在某些应用场景，由于源节点远远高于中继节点和/或目的节点，源节点和中继节点及目的间的传输是通过视距衰落信道（Line-of-Sight，LoS），例如 UAV、卫星通信、星地联合通信等。此外，对于其他均匀散射环境下 NOMA 系统传输方案及衰落性能涉及较少，例如 Rician 衰落信道、Weibull 衰落信道、Beckman 衰落信道、K 衰落信道及 Generalized-K 衰落信道。上述衰落信道能够有效地表征同质传播环境的衰落特征，对于曲面是相关的非线性传播环境，同质衰落信道就无能为力。基于此，非同质衰落信道被提出用于表征曲面相关的衰落环境，常用的非同质衰落信道有：η-μ 衰落信道、κ-μ 衰落信道、α-μ 衰落信道、κ-μ 阴影衰落信道等。因此，基于非同质衰落信道下 NOMA 系统传输技术及衰落性能的研究是一个值得关注的方向。

5）异构网：异构网络（HetNet）是由具有不同传输功率和覆盖范围的节点组成的无线网络。HetNet 在容量和覆盖范围方面具有足够的潜力，可用于下一代无线网络，降低能源消耗。与低功耗节点的低密度部署相比，低功耗节点的高密度部署也可以显著提高能量效率。当前，关于 HetNet 的研究主要有节点协作、优化负载均衡、增强小区间干扰协调等。由于 NOMA 的目标与 HetNet 的目标是一致的，在 HetNet 中具体利用 NOMA 可以带来更大的好处。移动用户的空间分布不均匀也会影响 NOMA 的性能。因此，研究具有空间用户分布的 NOMA 方案的停机性能、遍历容量和用户公平性是一项有价值的工作。

6）载波聚合：为了增加带宽，从而提高用户的数据率，LTE-Advanced 利用了载波聚合（Carrier Aggregation，CA）的概念。CA 的核心思想是为用户分配由两个或多个载波分量组成的聚合资源。每个载波分量只是一个聚合的载体。聚合的安排可以是相邻的分配（载波分量彼此相邻），也可以是非相邻的分配（两者之间有间隙）。因此，可以将 CA 与 NOMA 融合在一起，从而利用两者提供的优势。但是，要做到这一点，用户配对将不同于传统的 NOMA。如果 CA 与传统 NOMA 融合，则 NOMA 用户可能会根据 CA 的数量同时削减多个不同的用户。解决适合 NOMA 的 CA 类型还是一个悬而未决的问题，因此，对 NOMA 中不同类型 CA 的分析是一个有趣的研究方向。

7）硬件方面：当前针对 NOMA 系统的研究总是基于理想射频（Radio Frequency，RF）前端，这在实际的通信系统中通常是不准确的。事实上，对射频收发器的需求不断增加，导致设计目标具有挑战性，包括低成本、低功耗和小体积因素。在这种情况下，直接转换收发器提供了一个有效的射频前端解决方案，因为它们既不需要外部中频滤波器,也不需要镜像抑制滤波器。这样的收发机架构得益于收发机的低成本以及它们可以直接集成到芯片上的能力。然而,RF前端也遭受各种类型的射频损伤,例如本地振荡相位噪声、DC偏移、同相/正交相(In-phase/Quadrature-phase IQ)非平衡、功率放大器非线性[17]。虽然可以通过适当的校准和补偿算法来减少硬件损伤对系统性能的影响,但是由于估计误差和校准不准确,仍会存在一些残留硬件损伤,而这些残留损伤对系统性能会产生重要影响。因此,硬件损伤NOMA系统衰落性能及传输方案的研究具有重大的实际意义。

1.5　本章小结

本章主要针对多址接入技术和5G进行介绍,具体包括:多址接入技术在移动通信系统发展中过程中的演进以及面向5G的NOMA技术;国内外5G研究背景和研究现状;NOMA技术在未来5G中的物联网和移动互联网应用中的优势以及面临的挑战。

参 考 文 献

[1]　DING Z,LIU Y,CHOI J,et al. Application of non-orthogonal multiple access in LTE and 5G networks[J]. IEEE Communications Magazine,2017,55(2):185-191.

[2]　WEI X,ZHENG K,SHEN X. 5G mobile communications[M]. New York:Springer,2016.

[3]　GALDA D,ROHLING H,COSTA E. On the effects of user mobility on the uplink an OFDMA system[C]// The 57th IEEE Semiannual Vehicular Technology Conference. 2003.

[4]　ZHANG D,ZHOU Z,MUMTAZ S,et al. One integrated energy efficiency proposal for 5G IoT Communications [J]. IEEE Internet of Things Journal,2016,3(6):1346-1354.

[5]　ISLAM S M R,AVAZOV N,DOBRE O A,et al. Power-domain non-orthogonal multiple access(NOMA) in 5G systems:potentials and challenges[J]. IEEE Communications Surveys & Tutorials,2016,19(12): 721-742.

[6]　WONG V W,SCHOBER R,NG D W K,Wang L. Key technologies for 5G wireless systems[M]. Cambridge university press,2017.

[7]　李兴旺,张辉,王小旗,等.5G大规模MIMO理论、算法与关键技术[M].北京:机械工业出版社,2017.

[8]　MARCUS M J. 5G and "IMT for 2020 and beyond" [Spectrum Policy and Regulatory Issues][J]. Wireless Communications IEEE,2015,22(4):2-3.

[9]　曹亘,吕婷,李轶群,等.3GPP 5G无线网络架构标准化进展[J].移动通信,2018(1):7-14.

［10］ DEMESTICHAS P,GEORGAKOPOULOS A,TSAGKARIS K,et al. Intelligent 5G networks：managing 5G wireless/mobile broadband［J］. Vehicular Technology Magazine IEEE,2015,10(3)：41-50.

［11］ OSSEIRAN A,MONSERRA I F,MARSCH P. 5G 移动无线通信技术［M］. 陈明,缪庆育,刘愔,译. 北京：人民邮电出版社,2017.

［12］ SAITO Y,KISHIYAMA Y,BENJEBBOUR A,et al. Non-orthogonal multiple access(NOMA) for cellular future radio access［C］. IEEE 77th Vehicular Technology Conference(VTC Spring). 2013.

［13］ PATEL P R,HOLTZMAN J M. Analysis of a simple successive interference cancellation scheme in a DS/CDMA system［J］. IEEE Journal on Selected Areas in Communications,2002,12(5)：796-807.

［14］ LIU Y,QIN Z,ELKASHLAN M,et al. Nonorthogonal multiple access for 5G and beyond［J］. Proceedings of the IEEE,2017,105(12)：2347-2381.

［15］ ISLAM S M R,AVAZOV N,DOBRE OA,et al. Power-domain non-orthogonal multiple access(NOMA) in 5G systems：potentials and challenges［J］. IEEE Communications Surveys & Tutorials, 2017, 19(2)：721-742.

［16］ DING Z,LEI X,KARAGIANNIDIS G K,et al. A survey on non-orthogonal multiple access for 5G networks：research challenges and future trends［J］. IEEE Journal on Selected Areas in Communications,2017,35(10),2181-2195.

［17］ SCHENK T. RF Imperfections in high-rate wireless systems［M］. New York：Springer,2008.

第 2 章

NOMA 的基本原理

本章为基本原理部分，主要介绍 NOMA 及相关技术，影响系统性能的硬件因素及性能评价指标。具体包括 NOMA 基本原理（NOMA 分类、NOMA 分簇、NOMA 功率分配）、协作通信技术、无线信息与能量协同传输技术、无人机通信、硬件损伤及系统性能评价指标。

2.1　概述

多址接入（OMA）技术是蜂窝通信的基础核心技术，它是指允许多个用户共享一个通信信道。蜂窝通信系统从 1G 到 4G 经历了 FDMA、TDMA、CDMA、OFDMA 等多址接入技术。与传统 OMA 相比，NOMA 允许多用户共享相同的资源，无论是在时间、频率、空间还是码域。目前，在 5G 及 B5G 的研究中，NOMA 是一个热门研究课题。

2.1.1　NOMA 分类

本节系统地介绍了多用户共享接入（Multiuser Sharing Access，MUSA）、稀疏码多址接入（Sparse Code Multiple Access，SCMA）、模式分割多址接入（Pattern Division Multiple Access，PDMA）以及 NOMA 四种典型的新型多址技术的原理，详细地描述了基于 NOMA 技术的单基站两用户系统模型和接收机检测算法。多址接入技术的主要目的是增加用户接入的数量，5G 中的多址技术将会在原有多址技术的基础上继续增加接入用户的数量，然而用户数量的增加导致用户之间信号的干扰更加严重。目前，中兴通讯公司提出了基于复数多元码的 MUSA 技术，华为公司提出了基于稀疏码扩频和多维调制的 SCMA 技术，大唐公司提出了基于非正交特征图样的 PDMA 技术，以及日本电信运营商 NTT DoCoMo 提出了基于功率域复用的 NOMA 技术。表 2-1 为四种多址接入技术特征的比较[1]。

表 2-1　四种多址接入技术特征的比较

名称	公司	关键技术	优点	缺点	技术难点
MUSA	中兴通讯	SIC 检测；扩频序列的设计及优化	上行免调度场景；大量用户接入	用户间的干扰较大	扩频序列的设计与优化；与 MIMO 技术的结合
SCMA	华为	多维调制技术；MPA 算法	码本具有一定灵活性，适用场景广泛	很难实现并设计最优的编码	码本的进一步优化；降低 MPA 算法的复杂度
PDMA	大唐	基于 SIC 的图样设计；基于 SIC 的 ML 检测	进行功率域、空域、码域联合或选择性的编码	SIC 检测性能受限；MPA 检测复杂度高	特征图样设计的进一步优化
NOMA	NTT DoCoMo	SIC 检测；功率分配方案	系统用户的公平性较好；提升了系统的频谱利用率和吞吐量	使用场景相对单一	功率分配方案

将四种多址接入技术进行比较后，可以发现，MUSA 技术是一种典型的码域非正交方案，通常在发送端采用扩展序列来区分不同的用户；SCMA 技术利用信息传递算法（Message Passing Algorithm，MPA），适用场景广泛；PDMA 技术通过设计特征图样来区分不同的用户，可以将信号进行码域、空域和功率域联合优化，较为复杂；NOMA 技术通过在功率域上复用来保证用户的公平性和提高系统的频谱效率，以下将详细介绍四种多址接入技术的原理。

（1）MUSA

MUSA 是一种基于复数多元码扩展序列的多用户共享接入技术[2]。用特殊设计的序列将用户的调制符号进行扩频，与传统的 CDMA 系列相比，MUSA 能够增强 SIC 算法的鲁棒性。MUSA 技术主要用于上行链路，在上行链路中，用户使用非正交复数序列对调制符号进行扩频后发送，由于用户与基站之间的距离不同，接收到的信号强度也不同，接收端就基于信号强度采用 SIC 多用户检测算法解调和分离出每个用户的数据。

MUSA 上行链路中发射机和接收机的结构框图如图 2-1 所示。与一般通信系统相比，MUSA 系统增加了扩频模块与 SIC 接收机。假设该系统有 K 个用户，每个用户的数据经过信道编码后进行调制，然后将其调制符号扩展到相同的时频资源上，接着，将其扩频序列传输到多址接入信道中，此时接收到的信号可以表示为

$$y = \sum_{k=1}^{K} h_k s_k x_k + v \qquad (2\text{-}1)$$

式中，$h_k = [h_{k1}, h_{k2}, \cdots, h_{kN}]^T$ 是第 k 个用户的信道增益；$s_k = [s_{k1}, s_{k2}, \cdots, s_{kN}]^T$ 表示扩频序列，N 是扩频序列的长度，满足 $N < K$；v 为加性高斯白噪声（Additive White Gaussian Noise，AWGN）。

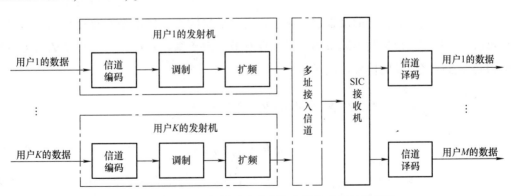

图 2-1　MUSA 上行链路中发射机与接收机的结构框图

式（2-1）可以表示为矩阵形式

$$y = Hx + v \tag{2-2}$$

式中，$x = [x_1, x_2, \cdots, x_K]^T$；$H$ 是用户扩展序列和信道增益组成的等效信道矩阵，H 是一个 $N \times K$ 的信道矩阵，可以表示为

$$H = \begin{bmatrix} h_{11}s_{11} & h_{12}s_{12} & \cdots & h_{1K}s_{1K} \\ h_{21}s_{21} & h_{22}s_{22} & \cdots & h_{2K}s_{2K} \\ \vdots & \vdots & \ddots & \vdots \\ h_{N1}s_{N1} & h_{N2}s_{N2} & \cdots & h_{NK}s_{NK} \end{bmatrix} \tag{2-3}$$

接收机将利用 SIC 技术对叠加的用户信号进行干扰消除，然后恢复出 K 个用户的数据。MUSA 系统在相同时频资源上支持大量用户的高可靠接入，因而可简化系统实现、降低终端能耗和缩短接入时间。另外，MUSA 多址技术具有实现简单、用户接入量较大等优点，比较适用于大用户数量连接的免信令场景。

（2）SCMA

SCMA 是由华为公司提出的一种关键空口技术。SCMA 的基本思想是：在发送端，不同的码字占用不同的传输层，将不同传输层的用户信号进行叠加，然后在相同的时间/频率资源上进行传输。在接收端再将一块资源单元内的信号通过 MPA 进行译码[3]。

SCMA 下行链路中发射机和接收机的结构框图如图 2-2 所示，每个用户的数据经过信道编码后，通过多维调制和稀疏扩频方式，将二进制比特流经过 SCMA 编码器生成二维码字，之后再传输到多址接入信道中。在传输过程中，一般会存在信道衰落和多径时延的问题，利用信道均衡器来补偿造成的码间干扰。MPA 检测是为了区分用户的期望信号和干扰信号，信道译码是将 SCMA 每一层中的有用信号提取出来。在 SCMA 下行链路中，基站将所有的数据发送到所有用户的接收端，对于各用户的接收端，并不是所有接收到的信号均为有效信号，只有用户接收到期望的信号才算有效。由于基站发送到各用户端的信道可能会不相同，各层接收到的信号可定义为

$$\begin{aligned} y_k &= \mathrm{diag}(h_k) \sum_{k=1}^{K} x_k + v_k \\ &= \mathrm{diag}(h_k) \sum_{k=1}^{K} v_k g_k + v_k \end{aligned} \tag{2-4}$$

式中，$x_k = v_k g_k = [x_{1k}, \cdots, x_{Nk}]^T$ 是经过 SCMA 编码后的第 k 层数据层的码字，v_k 为第 k 个用户的稀疏扩频码，g_k 表示第 k 个用户发送的符号；$h_k = [h_{1k}, \cdots, h_{Nk}]^T$ 是基站与用户 k 的天线之间的信道矩阵，h_{ik} 表示衰落信道；$\mathrm{diag}(h_k)$ 表示分别以 h_k 中各元素作

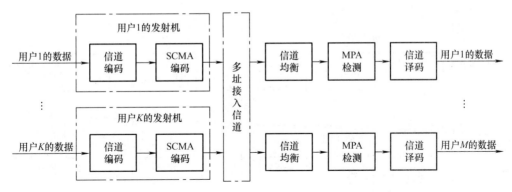

图 2-2 SCMA 下行链路中发射机与接收机的结构框图

为对角线元素的对角矩阵，$\boldsymbol{v}_k = [v_{1k}, v_{2k}, \cdots, v_{Nk}]^T$ 表示 AWGN 向量，且满足 $\boldsymbol{v}_k \sim CN(0, \sigma^2 \boldsymbol{I})$。

下行链路中各用户传输信号的码字和信道增益相对独立，可以通过信道均衡器或者 MPA 检测器消除干扰。在 SCMA 中，每个用户都有各自的码本，每个用户的比特数据都会映射成自身码本里的一个码字，然后叠加在一起发送。因此，SCMA 是一种全新的基于码域的非正交多址方案，能实现系统过载、提高系统频谱效率。此外，为了适应未来多样化的业务需求，可以通过控制 SCMA 码本的稀疏程度来调整系统的频谱效率。

（3）PDMA

PDMA 是一种基于非正交特征图样的多址接入技术[4]。在发送端，将多个用户的信号进行功率域、空域、码域联合或选择性的编码，再传输到多址接入信道中。在接收端对多用户采用 SIC 算法实现多用户检测，然后恢复出用户的数据信息。

PDMA 下行链路中发射机和接收机的结构框图如图 2-3 所示。PDMA 发射机承载着不同用户信号或者同一用户不同信号的资源单元，可以用特征图样进行统一描述，假设给每个用户分配专属的 PDMA 图样，用户 k 的接收信号 $\boldsymbol{y}_k$ 的表达式如下：

$$\boldsymbol{y}_k = \mathrm{diag}(\boldsymbol{h}_k) \boldsymbol{H}_{\mathrm{PDMA}} \boldsymbol{x} + \boldsymbol{v}_k \tag{2-5}$$

式中，$\boldsymbol{h}_k$ 是第 k 个用户的下行信道响应；$\boldsymbol{v}_k$ 是接收端的噪声和干扰，$\boldsymbol{h}_k$ 和 $\boldsymbol{v}_k$ 都是长度为 N 的向量；$\boldsymbol{H}_{\mathrm{PDMA}}$ 表示维度为 $N \times K$ 的 PDMA 等效信道响应矩阵；$\boldsymbol{x} = [x_1, x_2, \cdots, x_K]^T$ 是基站发送的调制符号向量。

PDMA 本质上也是一种基于稀疏扩频的非正交多址接入方案，适用范围更大、处理复杂度较低，比较适应于连续广域覆盖、热点高容量等场景。常见的 PDMA 技术通常是基于

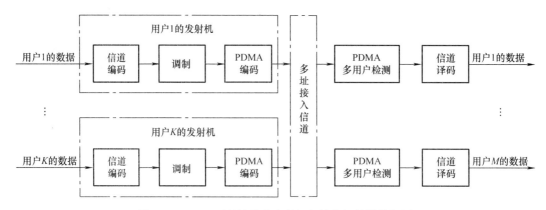

图 2-3　PDMA 下行链路中发射机与接收机的结构框图

功率域、星座域和码域三个维度的。然而，多种类型资源的非正交复用也导致了 PDMA 系统接收机检测算法的高复杂性。

（4）功率域 NOMA

NOMA 是一种功率域复用的非正交多址技术，发射机通过将用户信号在功率域上叠加来实现系统过载[5]。NOMA 的基本思想是：在发送端通过功率复用技术使得多个信号叠加传输，在接收端通过 SIC 算法，实现信号的正确解调。这样可以进一步提高系统的频谱效率，但接收机的复杂度也会变高。NOMA 的本质就是牺牲接收机的复杂度来换取更高的频谱效率。

NOMA 下行链路中发射机和接收机的结构框图如图 2-4 所示。与一般通信系统相比，增加了多用户功率分配模块和 SIC 接收机。下面以一个简单的单基站双用户系统来说明 NOMA 的工作过程。

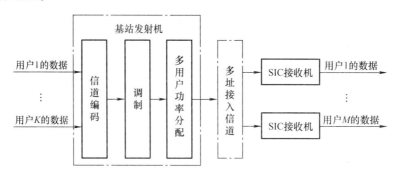

图 2-4　NOMA 下行链路中发射机与接收机的结构框图

考虑该系统由一个基站（S）、一个远端用户（D_f）和一个近端用户（D_n）组成，如图 2-5 所示。其中各个节点均配置单天线，为了保证用户通信的公平性，给 D_f 分配更多的功率，给 D_n 分配较少的功率，D_f 和 D_n 的总传输功率等于基站的总发射功率。所以，基站发送信号 $\sqrt{a_f P_S}\, s_f + \sqrt{a_n P_S}\, s_n$ 到 D_f 和 D_n，其中 s_f 为发送给远端用户 D_f 的信息，s_n 为发送给近端用户 D_n 的信息，a_f 和 a_n 是功率分配因子，且 a_f 和 a_n 满足 $a_f > a_n$，$a_f + a_n = 1$。所以 D_f 和 D_n 接收的信号为

$$y_i = h_i\left(\sqrt{a_f P_S}\, s_f + \sqrt{a_n P_S}\, s_n \right) + v_i, i = \{D_f, D_n\} \tag{2-6}$$

式中，v_i 表示均值为 0、方差为 N_0 的 AWGN，即 $v_i \sim CN(0, N_0)$。在进行信号检测时，D_f 和 D_n 的处理过程不同。在 D_n 接收端，由于 D_f 的信号功率比预期信号更大，D_n 端首先对 D_f 的数据进行信号检测，之后采用 SIC 技术除去干扰，最后 D_n 通过信号检测得到自己期望的信号。而在 D_f 接收端，没有串行干扰消除过程，D_f 直接进行信号检测，检测出自己期望的信号。

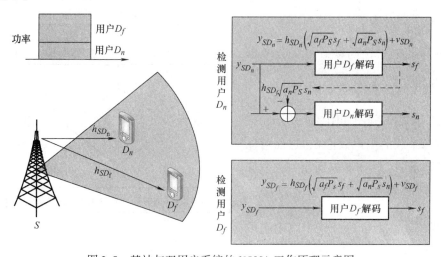

图 2-5　基站与双用户系统的 NOMA 工作原理示意图

2.1.2　NOMA 分簇

用户分簇的基本思想是选择信道质量不同的用户复用在相同的时频资源上，同一簇内不同用户之间的信道差异决定了 NOMA 性能的上限。

对于 NOMA 系统，最佳用户分簇解决方案需要全面搜索。也就是说，对于每个用户，需要考虑用户分簇的所有组合。例如，考虑具有 N 个用户的上行/下行 NOMA 系统，所有可能的分簇数量为 $\Phi = \sum\limits_{i=2}^{N} \binom{N}{i}$。

对于用户数量较多的 NOMA 系统，最佳用户分簇的计算复杂度高。因此，文献［6］研究了一种低复杂度的用户分簇方案，该分簇算法以最大化所有簇内不同用户信道之间的差异之和为目标，并考虑了簇间的公平性。

分簇算法：假设一个基站服务 N 个随机分布的用户，用户的瑞利衰落信道增益分别为 h_1、h_2、$\cdots$、h_N，不存在信道增益完全相同的两个用户，即 $\forall i, j$，如果 $i \neq j$，那么 $h_i \neq h_j$。不失一般性，N 个用户被分成了 m 个簇 C_1、$\cdots$、C_m，对于第 i 个簇 C_i，$1 \leqslant i \leqslant m$，将簇内的用户按照其信道增益的降序进行排列，用 $u_{i,j}$ 表示第 i 个簇中的第 j 个用户，$h_{i,j}$ 为其信道增益，其中，$1 \leqslant j \leqslant k_i$，$k_i$ 表示第 i 个簇的用户数量。定义 $d_i = \sum_{j=1}^{k_i-1} \left| |h_{j+1}|^2 - |h_j|^2 \right|$ 为第 j 个簇内相邻用户间的信道增益差异之和。分簇算法的目标是最大化 $\sum_{i=1}^{m} d_i$，同时为了避免分布不均匀可能导致的簇间公平性问题，还联合考虑了 $\sum_{i=1}^{m} d_i$ 最大时 d_i 的方差。

分簇算法的流程图如图 2-6 所示，第一步确定每个簇的用户数量 k，进而可以得到簇的数量 m；接下来遍历每一种分簇方案，并计算每一种分簇方案对应的 $\sum_{i=1}^{m} d_i$；第三步在所有的分簇方案中选取 $\sum_{i=1}^{m} d_i$ 最大的一种或多种分簇结果，若只有一种分簇使得 $\sum_{i=1}^{m} d_i$ 最大，那么该种分簇最佳，若有多种分簇均能使 $\sum_{i=1}^{m} d_i$ 最大，分别计算这几种分簇对应的 d_i 的方差并执行下一步；第四步，从 $\sum_{i=1}^{m} d_i$ 最大的几种方案中选取 d_i 方差最小的一种或多种，若

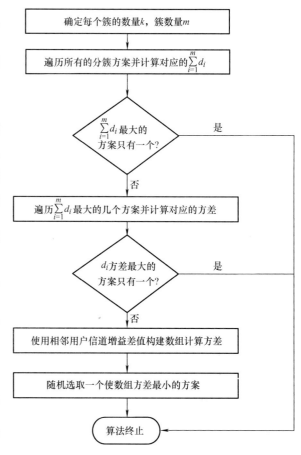

图 2-6　用户分簇算法流程图

只有一种分簇使得方差最小，则该种分簇最佳，算法终止，若存在多种分簇均使得 d_i 方差最小，则遍历这些簇，将这些簇内相邻用户间信道增益的差值 $||h_{j+1}|^2 - |h_j|^2|$ 组成一个数组，并将该数组放入到集合 v 中，其中 $1 \leqslant j \leqslant k-1$，计算集合 v 中每个元素的方差并执行下一步；第五步，选取集合 v 中方差最小的元素对应的分簇作为最佳分簇，若此时还有多种分簇使得集合 v 中元素的方差最小，则可以随机选取其中一种方案。

由于在 NOMA 系统中，上行链路和下行链路信号传输方式不同，考虑用户分簇的关键点也不同，具体分析如下。

（1）下行 NOMA 用户分簇的关键

1）经过 SIC 处理之后，簇中最高信道增益用户的吞吐量不受簇内干扰的影响；相反，它的吞吐量与它自己的信道增益和功率有关。尽管为最高信道增益用户分配的发射功率很低，但其对吞吐量的影响很小。因此，如果最高信道的增益足够高，则传输功率对可达的数据速率的影响可忽略，除非功率非常低。因此，将小区中的高信道增益用户分配到不同的 NOMA 簇中是有益的，因为它们可以显著地提高簇的总吞吐量。

2）为了增加低信道增益用户的吞吐量，将它们与高信道增益用户配对是有益的。原因是高信道增益用户即使在低功率下也可以实现更高的速率，同时为弱信道用户分配大部分功率。因此，下行 NOMA 中的用户分簇的关键点是将最高信道增益用户和最低信道增益用户配对到同一 NOMA 簇中，而第二高信道增益用户和第二低信道增益用户配对到另一个 NOMA 簇中，以此类推。

（2）上行 NOMA 用户分簇的关键

1）在上行 NOMA 簇中，所有用户的信号都有不同的信道增益。为了在基站处执行 SIC，需要保持接收信号的差异性。此外，与下行 NOMA 相反，在单个簇中，任何用户的功率控制都不会增加簇中其他用户的功率预算。

2）单个 NOMA 簇中不同用户的信道差异越大，越有利于消减用户干扰并且提高 NOMA 簇吞吐量。

3）在上行 NOMA 中，高信道增益用户不会干扰弱信道用户。为了实现更高的吞吐量，该用户以其最大功率进行传输。高信道增益用户在每个 NOMA 簇中以其最大功率进行传输是有益的，因为它们可以显著地提高单个簇的吞吐量。

2.1.3　NOMA 功率分配

功率分配不仅关系到各用户信号的检测次序，还影响到系统的可靠性和有效性，因

此，NOMA 系统中的功率分配是近年的研究热点之一。功率分配的目标有三类：最大化公平性、最大化和速率以及最大化能量效率。

文献［7-10］研究了下行 NOMA 系统中的功率分配方案。文献［7］研究了最大化下行 NOMA 系统公平性的功率分配方案，文献［8］建立了最大化下行 NOMA 系统权重和速率的功率分配优化问题，给出了功率分配的闭式解。文献［9］对文献［8］中的功率分配算法进行了改进，提出了一种低复杂度的功率分配方案。对于每个簇包含两用户的多簇下行 NOMA 系统，文献［10］分别研究了最大化公平性、最大化权重和速率，以及最大化能量效率的功率分配方案；Zeng M 将最大化能量效率的功率分配方案扩展到包含任意用户的多簇 NOMA 系统。

很多学者研究了上行 NOMA 系统的功率分配方案。对于包含任意用户的单簇上行 NOMA 系统，Zeng M 以单个用户的最大发射功率和单个用户的最低速率需求作为约束条件，提出了一种最大化能量效率的功率分配方法；对于多簇且每个簇包含两用户的上行 NOMA 系统，Zhai D 利用图论中的最大加权独立集方法求解了最大化系统和速率的功率分配。Ruby R 分别研究了单簇和多簇 NOMA 系统中最大化系统和速率的功率分配方案，对于多簇且每个簇包含任意用户的上行 NOMA 系统，Fang F 推导了最大化系统权重能量效率的功率分配方案；对于多簇且每个簇包含两个用户的上行 NOMA 系统，Lv G 利用拉格朗日对偶方法求解出最大化系统权重和速率的各用户功率。

不同的功率分配方案会直接导致不同用户的传输速率和服务质量，还有一些经典的功率分配方案在 NOMA 中同样可以借鉴，具体包括：穷尽搜索的全空间搜索功率分配方案（Full Search Power Allocation，FSPA）、基于注水原理的迭代注水功率分配方案（Iterative Water-filling Power Allocation，IWPA）、简单的固定功率分配方案（Fixed Power Allocation，FPA）、灵活的分数功率分配方案（Fractional Transmit Power Allocation，FTPA）。

2.2　协作通信

2.2.1　协作协议

如图 2-7 所示，在协作通信系统中通过引入中继，用户和基站之间可以产生独立的传输路径，其中中继信道可以当作是源节点和目的节点之间的直连通信链路的辅助通信链路，这就是协作中继技术[11,12]。协作中继技术可以提高系统的可靠性、吞吐量、系统覆

盖范围以及能量效率，其核心
思想最早可以追溯到 Cover 和
Gamal 对中继信道的理论研
究[13]。Cover 和 Gamal 等人从
信息论的角度分析了由信源、
目的节点和中继节点组成的三
节点系统的信道容量，理论分
析表明通过中继协作的方式可
以有效地提高系统的信道容量。
目前，协作中继技术已经被纳
入新一代通信技术标准，例如
3GPP LTE- A 和 IEEE 802. 16j
WiMAX。1998 年，Sendonaris 等
人首次提出了协作分集的概念，
协作分集作为协作通信的关键

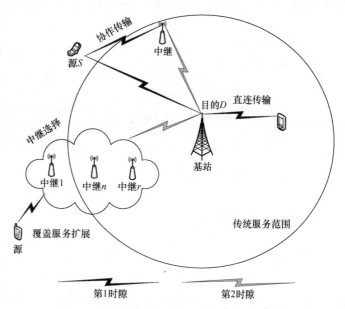

图 2-7　直接传输方案和协作传输方案的区别

技术，其基本思想是在多个用户的通信系统中，用户之间彼此合作，每个用户在传输自己
数据的同时帮助其他用户传输数据，通过共享彼此的天线，形成虚拟的 MIMO 系统，进而
获得分集增益，该技术可以提高系统容量、增大覆盖范围、降低中断概率。后来，
Lenaman 和 Wornell 等人明确提出了两种基本的中继转发协议，即放大转发（Amplify- and-
Forward，AF）和译码转发（Decode- and- Forward，DF）。

　　在 AF 协议下，整个协作通信过程分为两个时隙。如图 2-8 所示，在第一个时隙，信
源发送信号到中继和目的端。在第二时隙，不管信源到中继之间的链路质量如何，中继
首先利用放大因子 G 将接收到的信号 y_r 放大，然后将放大后的信号 $x_r = Gy_r$ 转发给目
的端。

　　在 DF 协议下，其信号传输过程与 AF 协议类似，同样需要两个时隙完成整个协作通信
过程。如图 2-9 所示，在第一个时隙，信源发送信号到中继和目的端。在第二时隙，中继
首先需要译码接收到的信号，如果中继能够成功译码，它将生成新的从信源发送来的信
号，并将其转发到目的端。

　　后来，Lenaman 和 Wornell 等人又提出了固定中继（Fixed Relaying，FR）、选择中继
（Selected Relaying，SR）和增强中继（Incremental Relaying，IR）三种协作中继类型，这三

种类型均可采用 AF 和 DF 两种不同的协议来处理和传输数据。

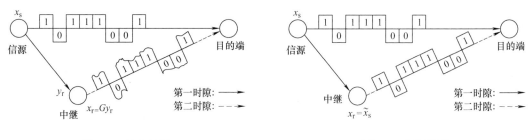

图 2-8　放大转发　　　　　　　　　　　　　图 2-9　译码转发

2.2.2　中继选择

协同通信已被确定为当前和未来无线通信网络的核心技术之一。中继是协作通信系统性能支撑的核心部件，其部署形式和工作状态直接决定该系统的服务效率。在中继技术的帮助下，有可能扩大无线网络的覆盖范围，提高服务质量（QoS）和降低能耗。因此，中继技术引起了学术界和产业界相当大的兴趣。然而，在无线网络中部署多个中继时，随着中继数量的增加，可能会引起额外的中继间干扰和更高的资源消耗。中继选择是提高频谱效率和减小中继间干扰的一种有效措施。

为了便于描述，考虑一个协作中继网络，包含一个源节点 S，N 个译码转发（Decode-and-Forward，DF）中继节点 $R = \{R_1, \cdots, R_N\}$ 和一个目的节点 D，所有节点均为单天线设备。假设由于障碍物或深度衰落，S 和 D 之间直连链路不存在，即 S 和 D 通信均是通过选择的中继 R_n，$1 \leq n \leq N$。整个通信阶段分为两个时隙：第一个时隙，源节点发送数据信息到选择的中继节点 R_n；第二个时隙，R_n 译码接收信息并转发到目的节点。基于上述通信系统，详细介绍随机中继选择、部分中继选择及最优中继选择。

（1）随机中继选择

为了分析的完整性，首先将随机中继选择作为基准进行比较。本节考虑 DF 中继网络，研究了双跳 DF 多中继网络的中下随机中继选择方案。

对于随机中继选择方案，通信系统随机地在通信系统中选择一个中继用于传输，则 SNR 的数学表达式为

$$\gamma = \min_{1 \leq i \leq N} (\gamma_{SR_i}, \gamma_{R_i D}) \tag{2-7}$$

其中，γ_{SR_i} 和 $\gamma_{R_i D}$ 分别为源节点与中继节点和中继节点与目的节点之间的 SINR。

（2）部分中继选择

在一些实际的系统中，节点只能获得一个单跳信道信息，如无线传感器网络、自组织网络、网状网络等。为此，研究者提出基于单跳信道链路质量的部分中继选择方案。在部分中继选择方案中，源节点至选择的中继节点或者选择的中继节点至目的节点的任意一条链路质量作为选择依据。在此，假设以源节点至选择的中继节点为选择对象，则所选择的最优中继序号可表示为

$$n^* = \arg \max_{1 \leq n \leq N} \left(\gamma_{SR_n} \right) \tag{2-8}$$

其中，n^* 为选择的最优中继序号，γ_{SR_n} 为源 S 到第 n 个中继 R_n 之间的信干噪比。

（3）最优中继选择

为了降低实现复杂度和提高频谱效率，研究提出一种基于双跳链路质量的最优中继选择方案。在最优中继选择方案中，最优的中继通过源节点至中继节点和中继节点至目的节点的链路质量最优值来选择，则所选择的最优中继序号可以表示为

$$n^* = \arg \max_{1 \leq n \leq N} \min (\gamma_{SR_n}, \gamma_{R_nD}) \tag{2-9}$$

其中，γ_{R_nD} 为第 n 个中继 R_n 到目的节点 D 之间的信干噪比。

基于上述，本书将在后面章节中对 NOMA 系统的传输方案及衰落性能进行分析，例如中断概率、信道容量、吞吐量、能量效率等。

2.3　信息与能量协同传输

2.3.1　无线能量传输

无线能量传输（Wireless Power Transfer，WPT）是电力应用的一个新概念，由 Nikola Tesla 于 19 世纪 90 年代提出。WPT 是指通过电磁场将电能从电源传输到电力元件或电路的一部分，而不需要有线连接。WPT 系统包括一个连接到主电源的发射机，它将主电源转换为时变电磁场和一个或多个接收设备，以接收和获取来自电磁场的能量。在 WPT 的早期研究中，长距离传输和高功率这两个因素受到了更多的关注，然而，由于电力传输过程的低效率和与高功率应用有关的健康问题导致 WPT 的发展遇到瓶颈[14,15]。因此，大多数 WPT 研究开始于两个不同的区域，即非辐射（近场）和辐射（远场）。上述区域具有不同的特征和不同的 WPT 技术用于转换功率。WPT 的大小取决于功率信标的位置、天线阵方案、

发射功率等因素。然而，由于严重的衰减和阻塞效应，高传输功率的高频信号可能不可行。

2.3.2 携能传输

在信息与能量协同传输（Simultaneous Wireless Information and Power Transfer，SWIPT）中，信息和 RF 能量都从源传输到目标，因此，SWIPT 适用于低功耗运行。无线信息与能量协同传输是最近发展起来的一种技术，它允许携带信息的信号也被用来收集能量，也称携能传输。无线通信网络设计的基本改变需要一种有效的 SWIPT。接收可靠性和信息传输率通常用于评估无线网络的性能，一旦系统中的用户使用 RF 信号进行能量收集，能量收集和信息率之间的权衡就成为性能评估的一个重要因素。如图 2-10 所示，在 SWIPT 系统中，存在四种典型的协议[16]：天线分割、时间切换、功率分割、天线切换。

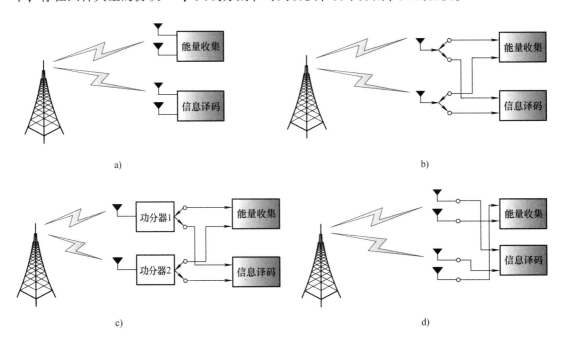

图 2-10　四种典型的 SWIPT 协议

a）天线分割　b）时间切换　c）功率分割　d）天线切换

天线分割结构如图 2-10a 所示，天线阵列分为两组：能量收集器和信息接收器。然后，该 SWIPT 协议允许独立和同时执行能量收集和信息译码。基于时间切换模式的天线架构如图 2-10b 所示，允许网络节点切换使用天线作为信息译码天线或 RF 能量收集，如图 2-10c 所示，将输入功率流分为两段：信息译码和 RF 能量收集。最后，在图 2-10d 中，天线切换协议配置了能量采集天线和信息译码天线。根据不同的信道，并利用空间复用的优势。与时间切换和功率分割协议相比，天线切换协议相对简单，对实际的 SWIPT 架构设计具有一定的吸引力。

图 2-11 为新兴的无线通信领域提供了多种支持 SWIPT 的技术，如大规模多输入多输出、双静态散射无线电、NOMA、多用户 MIMO、宽带无线系统等。

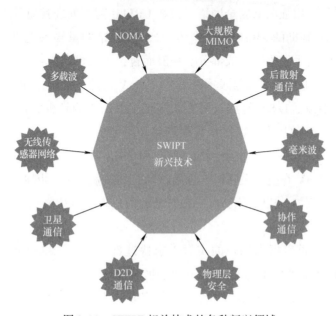

图 2-11　SWIPT 相关技术的各种新兴领域

2.4　无人机通信

未来的 5G 无线接入网希望无缝、无所不在地连接所有东西，支持至少 1000 倍的通信量、1000 亿个连接的无线设备，以及对可靠性、延迟、电池寿命等多方面的要求，而不是目前的 4G 蜂窝网络。如今，物联网（IoT）的普及引发了即将到来的 5G/B5G 无线网络移动数据流量的激增。根据有关报告显示，到 2028 年，全球移动通信流量将达到 1ZB/月。这将导致目前的基础设施面临巨大的容量压力，并在增加资本投资和运营成本方面给电信运营商带来沉重的负担。早期的一些工作致力于异构网络（HetNets）（即，部署各种小单元）来满足这些不断增长的需求。

然而，在意外或紧急情况下（例如救灾和服务恢复），由于业务开支高以及复杂和多

变的环境，部署地面基础设施在经济上是不可行且具有挑战性的。为了解决这一问题，利用无人机（UAV）的智能异构架构被认为是一个很有前途的新范式，可以促进未来无线网络的三种主要使用场景：增强移动宽带场景（Enhanced Mobile Broadbad，eMBB）宽带消费、超可靠低延迟通信场景（Ultrareliable Low-latency Communication，URLLC）和大规模机器通信场景（Massive Machine Type Communication，mMTC）[17]。例如，UAV 可以在受灾地区提供网络服务恢复，增强公共安全网络，或在 URLLC 需要处理其他紧急情况方面发挥核心作用。特别是 UAV 辅助的 eMBB 可以作为 5G 蜂窝网络的重要补充[18]。因此，UAV 被认为是 5G/B5G 无线技术的重要组成部分。一般而言，无人机网络具有以下特点。

1）视距链路：由于在空中通常没有障碍物，UAV 链路的主要成分为无人机和用户之间的视线（Line of Sight，LoS）链路，阴影和多径衰落的影响较少。在更复杂的实际场景中，例如城市区域，地面上的建筑物和其他障碍物可能会阻碍无人机的飞行和信号传输，UAV 信道需要同时考虑 LoS 和非视距（Non-Line of Sight，NLoS）链路。

2）移动性：当 UAV 在空中飞行时，覆盖区域变得多种多样。因此，UAV 能够服务不同类型的地面用户。例如，UAV 能够漫游在服务的用户上方以增强信道条件，从而提高系统吞吐量。

3）灵活性：UAV 可以根据用户的实时需求快速部署，在三维空间内灵活调整位置，使 UAV 网络能够以较低的成本为地面用户提供随需应变服务。

4）UAV 群网络：一群 UAV 能够形成灵活得多 UAV 网络，为地面用户提供无处不在的连接。多 UAV 网络具有灵活性强、提供速度快的特点，是一种快速有效恢复和扩展通信的可行解决方案。

2.5 硬件损伤

在实际的无线通信系统中，射频器件受到多种因素的影响，如相位噪声、功率放大器非线性和 I/Q 非平衡[19]。由于这些损伤，信号在传输过程中会发生失真，从而造成期望信号与实际传输信号不匹配。尽管可以采用一些补偿算法来降低这些损伤对系统性能的影响，但仍然存在一定的残留损伤。下面将详细介绍这几种类型的硬件损伤。

2.5.1 振荡器相位噪声

射频振荡器引起的损伤起源于热噪声，是限制单输入单输出（Single-input Single-output，SISO）正交频分多用复用（Orthogonal Frequency Division Mutiplexing，OFDM）系统性能的主要因素之一。一般而言，振荡器输出幅度的分布是临界的，振荡器输出频率的随机偏差是造成振荡器非理想的主要因素。这些频率偏差通常被建模为随机过渡阶段，因此被称为相位噪声。

振荡过程可以写为

$$a_{TX}(t) = e^{j[2\pi f_c t + \theta_{TX}(t)]} \tag{2-10}$$

$$a_{RX}(t) = e^{-j[2\pi f_c t - \theta_{RX}(t)]} \tag{2-11}$$

式中，$a_{TX}(t)$，和 $a_{RX}(t)$ 分别表示发送端（Transmitter，TX）和接收端（Receiver，RX）的相位噪声。

假设将用于上变频和下变频的振荡器构建为自由运行的振荡器，当 $t \to \infty$ 时，相位误差 $\theta(t)$ 是布朗运动（维纳过程）。相位噪声过程 $\theta(t)$ 的方差随着时间呈线性增长，这取决于振荡器的质量，即 $\sigma_\theta^2 = E[\theta^2(t)] = ct$。因此，相位噪声过程表示为

$$\theta(t) = \sqrt{c}B(t) \tag{2-12}$$

式中，$B(t)$ 是一个标准的布朗运动。由于布朗运动的特性，可以用参数 c 建模随机相位噪声过程。

由于 c 不是描述振荡器特性的主要参数，接下来计算振荡器过程 $a(t)$ 的功率谱密度（Power Spectral Density，PSD）。$a(t)$ 的自相关函数表示为

$$R_{aa}(t, t+\tau) = E[a^*(t)a(t+\tau)] = e^{-\frac{1}{2}z|\tau|}e^{j2\pi f_c \tau} \tag{2-13}$$

假设 $X \sim \mathcal{CN}(0, \sigma^2)$，可以得到

$$E[\exp(jX)] = \exp\left[-\frac{1}{2}E(X^2)\right] \tag{2-14}$$

从式(2-14)可以看出，即使相位噪声过程 $\theta(t)$ 是不稳定的，但是当 $t \to \infty$ 时，振荡器过程 $a(t)$ 却是相当稳定。

定义 $-\infty < f < \infty$，对式(2-14)做傅里叶变换，可以得到它的 PSD 为

$$\begin{aligned} S_a(w) &= F[R_{aa}(t, t+\tau)] \\ &= \int_{-\infty}^{\infty} R_{aa}(t, t+\tau)e^{-jw\tau}d\tau = \frac{c/2}{(\Delta w)^2 + (c/2)^2} \end{aligned} \tag{2-15}$$

式中，$w = 2\pi f$；$\Delta w = 2\pi(f - f_c)$；$F(\cdot)$ 表示傅里叶变换。

定义 $0 < f < \infty$，则单边带 PSD 可以表示为

$$S_{a,ss}(w) = 2S_a(w) = \frac{c}{(\Delta w)^2 + (c/2)^2} \quad (2\text{-}16)$$

2.5.2 I/Q 非平衡

在实际系统中，由于射频前端的建模不够精确，所以 TX/RX 的 I 分量和 Q 分量的完美匹配是不可能的，这将导致 I 分量和 Q 分量的相位和振幅非匹配，从而导致 I/Q 非平衡。例如，用于 I 分量和 Q 分量上变频/下变频的本地振荡器信号之间名义上的 90° 相移产生的误差以及总的 I 分量和 Q 分量的转移振幅的不同。

这些不匹配都可以建模为用于 I 分量和 Q 分量上变频/下变频的本地振荡器信号中的相位或者振幅误差。这相当于对信号路径上的 I/Q 非平衡进行建模。这些非平衡既可以建模为对称的也可以是非对称的。在对称法中，每个分量都会经历一半的相位和幅度非平衡。在非对称法中，I 分量建模为理想的，在 Q 分量中存在误差。不难证明这两种方法是一样的。接下来以不对称法为例进行分析。

对于 I/Q 非平衡来说，用于上变频的非平衡本地振荡器信号可以表示为

$$a_Q(t) = g_T \sin(w_c t + \phi_T) \quad (2\text{-}17)$$

$$a_I(t) = \cos(w_c t) \quad (2\text{-}18)$$

式中，g_T 和 ϕ_T 分别表示 TX 增益和相位非平衡。对于理想的情况，$g_T = 1$，$\phi_T = 0$。在第 n_t 个分量上的 TX 射频信号可以表示为

$$
\begin{aligned}
u_{RF,n_t}(t) &= 2\{R[u_{n_t}(t)]\}\cos(w_c t) - I[u_{n_t}(t)]g_T\sin(w_c t + \phi_T) \\
&= e^{jw_c t}\{R[u_{n_t}(t)] + jg_T e^{j\phi_T}I[u_{n_t}(t)]\} + e^{-jw_c t}\{R[u_{n_t}(t)] - jg_T e^{-j\phi_T}I[u_{n_t}(t)]\}
\end{aligned}
$$
$$(2\text{-}19)$$

定义参数 G_1 和 G_2 分别为

$$G_1 = (1 + g_T e^{j\phi_T})/2 \quad (2\text{-}20)$$

$$G_2 = (1 - g_T e^{-j\phi_T})/2 \quad (2\text{-}21)$$

此时，$u_{RF,n_t}(t)$ 可以写为

$$u_{RF,n_t}(t) = [G_1 u_{n_t}(t) + G_2^* u_{n_t}^*(t)]e^{jw_c t} + [G_1^* u_{n_t}^*(t) + G_2 u_{n_t}(t)]e^{-jw_c t} \quad (2\text{-}22)$$

对于理想情况，$G_1 = 1$，$G_2 = 0$。

考虑 RX 中的非平衡，用于下变频的非平衡本地振荡器信号可以表示为

$$b_Q(t) = g_R \sin(w_c t + \phi_R) \quad (2\text{-}23)$$

$$b_I(t) = \cos(w_c t) \tag{2-24}$$

式中，g_R 和 ϕ_R 分别表示 RX 增益和相位误差。对于理想的情况，$g_R = 1$，$\phi_R = 0$。

射频 RX 信号的下变频可以表示为

$$\begin{aligned}
\hat{y}_{n_r}(t) &= \hat{y}_{I,n_r}(t) + j\hat{y}_{Q,n_r}(t) \\
&= \text{LPF}\big[\cos(w_c t) y_{RF,n_r}(t)\big] + j\text{LPF}\big[-g_R \sin(w_c t + \phi_R) y_{RF,n_r}(t)\big] \\
&= R\big[y_{n_r}(t)\big] + jI\big[g_R e^{-j\phi_R} y_{n_r}(t)\big] \\
&= K_1 y_{n_r}(t) + K_2 y_{n_r}^*(t)
\end{aligned} \tag{2-25}$$

式中，$K_1 = (1 + g_R e^{-j\phi_R})/2$，$K_2 = (1 - g_R e^{j\phi_R})/2$。理想情况下，$K_1 = 1$，$K_2 = 0$。

2.5.3　非线性功率放大器

在无线通信系统中，功率放大器是不可或缺的关键元件。从功率放大器的输入输出信号的关系来看，理想功率放大器的输出应为输入的线性函数。然而，在实际系统中，为了提高功率放大器的效率，通常采用高功率的放大器。由于高功率放大器固有的非线性特性，导致通过的信号产生非线性失真。按照记忆效应，非线性放大器可以分为两大类：有记忆非线性放大器和无记忆非线性放大器。本节的重点是分析无记忆非线性功率放大器。

非线性功率放大器失真主要表现在幅度失真和相位失真两个方面，分别表示输入信号幅度和输出信号幅度、输入信号幅度与输出信号相位之间的非线性关系。非线性的输入一般是幅度和相位带通信号。因此，输入信号表示为

$$u_{in}(t) = A(t) e^{j\phi(t)} \tag{2-26}$$

非线性函数 $g(\cdot)$ 输出信号表示为

$$u_{out}(t) = g\big[u_{in}(t)\big] = g_A\big[A(t)\big] e^{j\{\phi(t) + g_\phi[A(t)]\}} \tag{2-27}$$

式中，$g_A(\cdot)$ 和 $g_\phi(\cdot)$ 分别表示功率放大器的幅度-幅度（Amplitude-to-Amplitude，AM-AM）和功率放大器的幅度-相位（Amplitude-to-Phase，AM-AP）特性。

2.6　系统性能指标

在无线通信系统中，理论分析系统性能的结果可为工业界系统的设计和产品的研发提供一定的理论支持和指导。一般理论评价系统性能的指标主要是频谱利用率、中断概率（OP）、遍历和速率（Ergodic Sum Rate，ESR）、吞吐量、误码率等[20]。主要研究 NOMA DH AF 协作中继系统的 OP、ESR 和吞吐量。

2.6.1　平均信息噪声比

SNR 是用于表征无线通信系统性能最常用、最便于理解和分析的性能评价指标。通常情况下，SNR 定义为接收端输出信息功率与噪声功率之比。在传统的 SNR 中，噪声是指始终存在的热噪声。在无线通信衰落环境中，瞬时 SNR 很难获得，通常使用平均 SNR 作为性能评价指标，其中"平均"是针对衰落变量概率分布的统计平均。从数学上来讲，假设 γ 表示接收端输出瞬时 SNR（随机变量），则平均 SNR 可表示为

$$\bar{\gamma} \triangleq \int_0^\infty \gamma p_\gamma(\gamma)\,\mathrm{d}\gamma \tag{2-28}$$

式中，$p_\gamma(\gamma)$ 为 γ 的概率密度函数（Probability Density Function，PDF）。为了分析方便，有时将式(2-28) 表示为矩量母函数（Moment Generating Function，MGF）形式

$$M_\mathrm{r}(s) \triangleq \int_0^\infty p_\gamma(\gamma)\mathrm{e}^{sr}\mathrm{d}\gamma \tag{2-29}$$

对式(2.20) 求关于 s 的一阶导数，并令 $s=0$ 可得到式(2-30) 的结果

$$\bar{\gamma} = \frac{\mathrm{d}M_\mathrm{r}(s)}{\mathrm{d}s}\bigg|_{s=0} \tag{2-30}$$

换而言之，如果能够获得瞬时 SNR 的 MGF（或许有闭式表达式），可以通过对 MGF 求关于 s 的微分来得到平均 SNR。

在无线通信系统中，针对多信道系统，经常需要分析系统输出 SNR 的分集增益，常用的接收算法为最大比合并（Maximal-Ratio Combining，MRC），则利用 MRC 后系统输出的 SNR 可表示为

$$\gamma = \sum_{l=1}^L \gamma_l \tag{2-31}$$

式中，L 为接收合并的信道数目。此外，在实际系统中，经常假设多个信道之间是相互独立的，即 $\gamma_l\big|_{l=1}^L$ 为相互独立的随机变量。在这种情况下，系统 SNR 的 MGF $M_\gamma(s)$ 能够表示为每个信道的 MGF 的乘积

$$M_\gamma(s) = \prod_{l=1}^L M_{\gamma_l}(s) \tag{2-32}$$

对于大多数衰落信道统计模型，系统 MGF 通常能够计算出闭式表达式。

相比之下，即使假设信道相互独立，系统 SNR 的 PDF 需要各个信道 PDF $p_{\gamma_l}(\gamma_l)\big|_{l=1}^L$ 的卷积，求出上述 PDF 的闭式表达式也面临巨大挑战。即使每个信道的 PDF 具有相同的函

数形式，系统 SNR 的评估也面临巨大的挑战，而 MGF 方法能够避开上述问题。

2.6.2　信道容量

ESR 也是分析无线通信系统在衰落信道下性能的一个重要度量指标。在无线通信系统中，ESR 是指在差错概率趋于无限小的条件下，系统在衰落信道条件下所能达到的最大数据速率。在 NOMA AF 中继系统中，ESR 是指所有用户的遍历速率（Ergodic Rate，ER）的总和。点对点 ER 的数学表达式为：

$$R_{\text{ave}} = \text{E}\big[\log_2(1 + \gamma|h|^2)\big]$$
$$= \int_0^\infty \log_2(1 + \gamma x)f_{|h|^2}(x)\,\mathrm{d}x \tag{2-33}$$

式中，$\text{E}[\cdot]$ 表示期望；$f_{|h|^2}(\cdot)$ 表示信道增益 $|h|^2$ 的 PDF。

2.6.3　中断概率

当考虑非各态历经（遍历）信道时，中断概率（Outage Probability，OP）性能更适合于表征系统瞬时衰落性能。一般而言，中断概率定义为系统输出瞬时 SNR 低于固定阈值 γ_{th} 的概率

$$P_{\text{out}} \triangleq \text{P}\gamma(\gamma \leqslant \gamma_{\text{th}}) \tag{2-34}$$

从数学上来讲，式（2-34）可以重新表述为积分形式

$$P_{\text{out}} = \int_0^{\gamma_{\text{th}}} p_\gamma(\gamma)\,\mathrm{d}\gamma = F_\gamma(\gamma_{\text{th}}) \tag{2-35}$$

式中，$F_\gamma(\gamma_{\text{th}})$ 为 $\gamma = \gamma_{\text{th}}$ 时的累积分布函数（Cumulative Distribution Function，CDF）。由于 PDF 和 CDF 间的关系式为 $p_\gamma(\gamma) = \mathrm{d}F_\gamma(\gamma)/\mathrm{d}\gamma$，另外 $F_\gamma(0) = 0$，则两个函数的拉普拉斯变换关系式可表示为

$$\hat{F}_\gamma(s) = \frac{\hat{p}_\gamma(s)}{s} \tag{2-36}$$

由于 MGF 正是 PDF 的拉普拉斯负变换，即

$$\hat{p}_\gamma(s) = M_\gamma(-s) \tag{2-37}$$

因此，系统中断概率能够表示为 $M_\gamma(-s)/s$ 的拉普拉斯变换

$$P_{\text{out}} = \frac{1}{2\pi\mathrm{j}} \int_{\sigma-\mathrm{j}\infty}^{\sigma+\mathrm{j}\infty} \frac{M_\gamma(-s)}{s}\exp(s\gamma_{\text{th}})\,\mathrm{d}s \tag{2-38}$$

式中，σ 为复平面 s 中积分收敛区域。逆拉普拉斯评价方法已经受到广泛关注。

2.6.4 衰落量

平均 SNR、中断概率以及平均误符号率是用于评价通信系统衰落性能的重要指标，其中平均 SNR 由于只涉及瞬时 SNR 的一阶矩阵具有计算简洁的优势。然而，在分集合并的情况下，上述性能评价指标不能够获得所有分集增益。如果分集优势仅仅限于平均 SNR，则可以简单地通过增加发射功率获得。重要的是分集系统的幅度用于减少由衰落引起的波动，而减少信号包络相对方差不能够仅仅通过增加发射功率获得。为了获得上述对系统性能的影响，提出衰落量（Amout of Fading，AF）的概念，AF 用于测量通信系统的衰落程度，其定义为输出端瞬时 SNR 的方差与平均 SNR 的平方之比。

$$AF = \frac{\mathrm{var}[\gamma]}{(\mathrm{E}[\gamma])^2} = \frac{\mathrm{E}[\gamma^2] - (\mathrm{E}[\gamma])^2}{(\mathrm{E}[\gamma])^2} \tag{2-39}$$

上述公式可以表示为 MGF 形式

$$AF = \frac{\mathrm{d}^2 M_\gamma(s)\,|_{s=0} - [\mathrm{d}M_\gamma(s)\,|_{s=0}]^2}{[\mathrm{d}M_\gamma(s)\,|_{s=0}]^2} \tag{2-40}$$

由于式(2-39) 中定义的 AF 在合并器的输出端计算，因此 AF 反映特殊合并技术的分集行为以及衰落信道的统计特征。

2.6.5 平均中断周期

在一些通信方案中（自适应发送方案），上述性能评价指标不能够为系统设计和部署提供足够信息。在这种情况下，中断频率和平均中断周期被广泛用于表征发送符号率、交织深度、包长度以及时隙周期等。

正如上述所讨论，在噪声受限系统中，中断概率定义为输出 SNR 小于某一特定阈值的概率。平均中断周期（又称为平均衰落）是用于测量平均多久系统处于中断状态。根据定义，平均中断周期的数学表达式为

$$T(\gamma_{\mathrm{th}}) = \frac{P_{\mathrm{out}}}{N(\gamma_{\mathrm{th}})} \tag{2-41}$$

式中，P_{out} 为式(2-15) 中定义的中断概率，$N(\gamma_{\mathrm{th}})$ 是中断频率或等价于输出 SNR 在阈值 γ_{th} 处的平均通过率，其数学表达式能够通过著名的 Rice 公式获得

$$N(\gamma_{\mathrm{th}}) = \int_0^\infty \dot{\gamma} f_{\gamma,\dot{\gamma}}(\gamma_{\mathrm{th}}, \dot{\gamma}) \mathrm{d}\dot{\gamma} \tag{2-42}$$

式中，$N(\gamma_{\text{th}}) = \int_0^\infty \dot{\gamma} f_{\gamma,\dot{\gamma}}(\gamma_{\text{th}}, \dot{\gamma}) \mathrm{d}\dot{\gamma}$ 为 γ 与其时间导数 $\dot{\gamma}$ 的联合 PDF。

2.6.6 平均误符号率

误符号率（Symbol Error Probability，SEP）是所有性能评价指标中最复杂的一个，其原因在于条件 SEP 是瞬时 SNR 非线性函数，也是调制/检测算法的非线性函数。例如，在多信道条件下，平均 SEP 不像平均 SNR 针对每个信道性能进行简单的平均。此种情况下，MGF 方法可以有效地简化多信道条件下平均 SEP 的分析。

评价通信系统 SEP 性能，其通用表达式涉及高斯 Q 函数。在慢衰落条件下，瞬时 SNR 是一个时不变随机变量，则 SEP 的 PDF 可表示为

$$P_s = \mathrm{E}\left[Q(\alpha\sqrt{\gamma})\right]$$
$$= \int_0^\infty Q(\alpha\sqrt{\gamma}) p_\gamma(\gamma) \mathrm{d}\gamma \tag{2-43}$$

式中，α 是个与调制/检测相关的常量，例如 $\alpha = 2\sin(\pi/M)$ 表示 M-PSK 调制[4]；$Q(\cdot)$ 为 Q 函数，可以表示为以下两种形式：

$$Q(\cdot) = \frac{1}{2\pi} \int_x^\infty \exp\left(-\frac{y^2}{2}\right) \mathrm{d}x \tag{2-44}$$

$$Q(\cdot) = \frac{1}{2\pi} \int_x^\infty \exp\left(-\frac{x^2}{2\sin^2\theta}\right) \mathrm{d}\theta \tag{2-45}$$

通常情况下，利用式(2-44) 计算式(2-43) 的结果是非常困难的，其原因在于高斯 Q 函数的积分下限存在 $\sqrt{\gamma}$。利用式(2-45) 的 Q 函数表达式，则式(2-43) 的 SEP 可以进一步表示为以下双重积分形式

$$P_s = \int_0^\infty \frac{1}{\pi} \int_0^{\pi/2} \exp\left(-\frac{\alpha^2\gamma}{2\sin^2\theta}\right) \mathrm{d}\theta\, p_\gamma(\gamma) \mathrm{d}\gamma$$
$$= \frac{1}{\pi} \int_0^{\pi/2} \int_0^\infty \exp\left(-\frac{\alpha^2\gamma}{2\sin^2\theta}\right) \mathrm{d}\gamma\, p_\gamma(\gamma) \mathrm{d}\theta \tag{2-46}$$

式(2-46) 的内部积分可以看作关于 γ 的拉普拉斯变换。MGF 可以看作关于瞬时 SNR 的 PDF $p_\gamma(\gamma)$ 拉普拉斯负变换。因此，式(2-46) 可以表示为如下形式

$$P_s = \frac{1}{\pi} \int_0^{\pi/2} M_\gamma\left(-\frac{\alpha^2}{2\sin^2\theta}\right) \mathrm{d}\theta \tag{2-47}$$

此外，平均 SEP 也可以表示为如下通用形式[8]

$$P_s = \mathrm{E}\left[\alpha Q\left(\sqrt{2\beta\gamma}\right)\right] \tag{2-48}$$

式中，$Q(\cdot)$ 为式（2-48）所定义的 Q 函数；α 和 β 为调制常量，例如，当 $\alpha=1$ 和 $\beta=1$ 时，表示使用 BPSK 调制，当 $\alpha=2$ 和 $\beta=\sin^2(\pi/M)$ 时，表示使用 M-ary PSK 调制。利用 Q 函数与补误差函数和梅杰-G 函数的关系[9,10]

$$Q(x) = \frac{1}{2}\mathrm{erfc}\left(\frac{x}{\sqrt{2}}\right) \tag{2-49}$$

$$\mathrm{erfc}\left(\sqrt{x}\right) = \frac{1}{\pi}G_{1,2}^{2,0}\left[x \,\middle|\, \begin{matrix} 1 \\ 0,1/2 \end{matrix}\right] \tag{2-50}$$

结合式（2-49）、式（2-50）和各种衰落信道的 PDF，式（2-48）的平均 SEP 可以进一步简化得到闭式表达式。

2.6.7 吞吐量

与 OP 一样，系统的吞吐量也是一个非常重要的评估标准。吞吐量是指单位时间内成功传送的数据数量，测量时一般以比特、字节、分组等为单位。吞吐量是衡量一个系统在特定压力下的稳定性，当有突发数据需要传输时，不会出现系统崩溃的现象。一般情况下，吞吐量越高，系统的性能就会越好，用户的服务质量随之也会越好。在无线协作中继系统中，吞吐量较好的系统能在单位时间内传递更多的数据，减少数据的丢失，并可避免额外的能源消耗。基于理论分析的吞吐量的数据结果，可以估计出实际设计的系统是否达到了预期的目标。

目前，主要分析 D_f 和 D_n 的系统性能，根据 D_f 和 D_n 的 OP 确切闭式表达式 $P_{\mathrm{out}}^{D_f}$ 和 $P_{\mathrm{out}}^{D_n}$，定义系统吞吐量为

$$T = R_{D_f}\left(1 - P_{\mathrm{out}}^{D_f}\right) + R_{D_n}\left(1 - P_{\mathrm{out}}^{D_n}\right) \tag{2-51}$$

其中，R_{D_f} 和 R_{D_n} 分别表示 D_f 和 D_n 的速率阈值。

2.7 本章小结

本章是基础理论部分，主要内容包括 NOMA 技术、协作通信、信息与能量协同传输、无人机通信、硬件损伤以及通信系统性能评价指标。其中，NOMA 部分包括 NOMA 分类、NOMA 分簇以及 NOMA 功率分配；协作通信包括协作协议和中继选择；信息与能量协同传输包括无线能量传输和携能传输；硬件损伤主要包括振荡器相位噪声、I/Q 非平衡和非线

性功率放大器三种损伤类型；性能评价指标包括平均信噪比、信道容量、中断概率、衰落量、平均中断周期、平均误符号率及吞吐量。

参 考 文 献

[1] 赵小亚. 非正交多址接入传输技术及衰落性能研究[D]. 焦作：河南理工大学,2019.

[2] EID E M,FOUDA M,ELDIEN A S T,et al. Performance analysis of MUSA with different spreading codes using ordered SIC methods[C]// The 12th International Conference on Computer Engineering and Systems (ICCES). 2017.

[3] 罗琳. 中继系统新型多址技术研究[D]. 北京：北京邮电大学,2017.

[4] NIKOPOUR H,BALIGH H. Sparse code multiple access[C]// The IEEE International Symposium on Personal Indoor & Mobile Radio Communications. 2013.

[5] LI X,LIU M,DENG D,et al. Power beacon assisted wireless power cooperative relaying using NOMA with hardware impairments and imperfect CSI[J]. AEU-International Journal of Electronics and Communications, 2019,108(8):275-286.

[6] LI X,LI J,LI L. Performance analysis of impaired SWIPT NOMA relaying networks over imperfect weibull channels[J]. IEEE Systems Journal,2019:1-4.

[7] TIMOTHEOU S,KRIKIDIS I. Fairness for non-orthogonal multiple access in 5G systems[J]. IEEE Signal Processing Letters,2015,22(10):1647-1651.

[8] WANG J,PENG Q,HUANG Y,et al. Convexity of weighted sum rate maximization in NOMA systems[J]. IEEE Signal Processing Letters,2017,24(9):1323-1327.

[9] P SINDHU,DEEPAK K,ABDUL H K M. A novel low complexity power allocation algorithm for downlink NOMA Networks[C]// 2018 IEEE Recent Advances in Intelligent Computational Systems(RAICS),Thiruvananthapuram,India:IEEE,2018,36-40.

[10] ZHU J,WANG J,HUANG S,et al. On optimal power allocation for downlink non-orthogonal multiple access systems[J]. Journal on Selected Areas in Communication,2017,35(12):2744-2757.

[11] PROAKIS J,SALEHI M. 数字通信[M]. 2 版. 张力军,张宗橙,宋荣方,等译. 北京：电子工业出版社,2011.

[12] LIU K JR,SADEK A K,SU W,et al. Cooperative Communications and Networking[M]. Cambridge University Press,2009.

[13] COVER T,THOMAS J,Wiley J. Elements of information theory[M]. Beijing:Tsinghua University Press,2003.

[14] SHINOHARA N. Power without wires[J]. IEEE Microwave Magazine,2011,12(7):S64-S73.

[15] 卢晓梅. 认知无线电系统的携能关键技术研究[D]. 北京：北京邮电大学,2015.

[16] JAYAKODY D N,THOMPSON T,CHATZINOTAS S,et al. Wireless information and power transfer:a new paradigm for green communications[M]. Springer International Publishing,2018.

[17] LI B,FEI. Z,ZHANG Y. UAV communications for 5G and beyond:recent advances and future trends[J]. IEEE Internet of Things Journal,2019,6(2):2241-2263.

[18] NAMUDUI K,CHAUMTTE S,KIM J H,et al. UAV networks and communications[M]. Cambridge University Press,2018.

[19] SCHENK T. RF imperfections in high-rate wireless systems[M]. New York,USA:Springer,2008.

[20] SIMON M K,ALOUINI M S. Digital communication over fading channels:a unified approach to performance analysis[M]. 2nd ed. NJ,USA:Wiley,2005.

第3章

衰 落 信 道

由于空间中存在不同种类的物体，通过无线介质传输的信号会发生不同程度的反射、散射、折射及衍射等物理现象。在室外，这些物体主要是由不同物理特性的移动障碍物和固定障碍物构成。根据障碍物的性质、大小和信号的频率，可以修正相位、幅度等信号参数。因此，接收到的信号是由反射、衍射、散射等各种过程产生的多个分量的集合，导致接收到的信号幅度和功率电平发生瞬间变化。在发送端或接收端以及周围物体移动的情况下，接收功率电平的这些变化将会更加严重。此外，周围物体的性质也对接收到的功率电平的波动有显著影响。这种变化本质上是随机的，可以通过不同的概率分布来建模，这些概率分布可能会根据情况而变化。这种接收功率随时间和位置的变化称为衰落。对这些变化的精确分析是非常困难的，在许多情况下甚至是不可能的。然而，通过分析上述变化的统计特征，能够比较准确地估计信道的特征。因此，本章主要介绍几种典型的衰落信道及其统计特征。

3.1　衰落信道简介

信道的衰落特性主要取决于信道条件，这两个用于表征信道条件的参数分别是信道的相干带宽和相干时间。相干时间和相干带宽分别依赖于多径分量的多普勒频移和延迟扩展。众所周知，多普勒频移发生在通信过程中，当发射机和接收机之间存在相对运动时，发射机和接收机可能是同向运动也可能是反向运动。当同向运动时，发射机和接收机会离得更近；而当反向运动时，发射机和接收机会离得更远。因此，多普勒频移的影响可能是正面的，也可能是负面的。这实际上增加或者减少了信号的频率，多普勒扩展和相干时间的关系可以表示为[1]

$$T_c \approx \frac{1}{f_d} \tag{3-1}$$

式中，T_c 为信道的相干时间；f_d 最大多普勒扩展。通常，相干时间被定义为信道脉冲响应保持不变的时间周期。

相干带宽是衰落信道的另一个特征，其定义为信道的频率响应是恒定的或平坦的频带。信道的相干带宽与多径分量的最大延迟扩展有关，其表达式为[1]

$$f_c \approx \frac{1}{\tau_d} \tag{3-2}$$

式中，f_c 为相干带宽；τ_d 为最大延时扩展。

3.1.1　快衰落信道和慢衰落信道

区分慢衰落和快衰落对于衰落信道的数学建模和通信系统在这些信道上的性能评估具有重要意义。根据信道的相干时间和信号的符号持续时间，衰落信道分为快衰落信道和慢衰落信道。如果符号持续时间周期小于信道相干时间，该信道称为慢衰落信道。如果信道的脉冲响应变化率大于符号持续时间，则信道为快衰落信道。在慢衰落中，一个特定的衰落水平会影响许多连续的符号，从而导致突发错误，而在快衰落中，衰落会在符号之间进行解相关。在这后一种情况，当通信接收机的决定是基于对两个或多个符号时间（例如差分相干或编码通信）上接收信号的观察时，有必要考虑一个符号间隔内的衰落信道变化到下一个符号。这是通过一系列相关模型完成的，这些模型本质上取决于特定的传播环境和潜在的通信场景。这些不同的自相关模型及其相应的功率谱密度在表 3-1 中形成，方便地将快速衰减过程的方差归一化[2]。

表 3-1　各种类型衰落过程的相关性和频谱特性

衰落谱类型	衰落自相关	归一化 PSD
矩形	$\sin(2\pi f_d T_s)/(2\pi f_d T_s)$	$(2f_d)^{-1}; |f|\leq f_d$
高斯	$\exp[-(\pi f_d T_s)^2]$	$\exp[-(f/f_d)^2](\sqrt{\pi}f_d)^{-1}$
陆地移动	$J_0(2\pi f_d T_s)$	$[\pi^2(f^2-f_d^2)]^{-1/2}; |f|\leq f_d$
一阶巴特沃斯	$\exp(-2\pi|f_d T_s|)$	$[\pi f_d(1+f/f_d)^2]^{-1}$
二阶巴特沃斯	$\exp(-2\pi|f_d T_s|)[\cos(\pi f_d T_s/\sqrt{2})+\sin(\pi f_d T_s/\sqrt{2})]$	$[1+16(f/f_d)^4]^{-1}$

3.1.2　频率平坦衰落和频率选择性衰落

通常，衰落信道分为平坦衰落信道和频率选择性衰落信道。如果传输信号的所有频谱分量都受到类似的影响，则衰落称为频率非选择性衰落或等效频率平坦衰落，其影响可能是衰减或者相位变化，这种情况通常为窄带系统。如果信号的频谱分量收到不同的幅度和相位的影响，则衰落信道成为频率选择性衰落信道。这适用于传输带宽大于信道相干带宽的宽带系统。

3.2 常用衰落信道

3.2.1 瑞利（Rayleigh）衰落信道

当接收信号中不存在视距分量时，可以将衰落信道建模为瑞利分布，其衰落幅度的概率分布函数（Probability Distribution Function，PDF）表示为[1]

$$f_X(x) = \frac{2x}{\Omega} e^{-\frac{x^2}{\Omega}}, x \geqslant 0 \tag{3-3}$$

式中，$\Omega = E(X^2)$ 表示衰落功率；$E(\cdot)$ 表示期望。

当幅度服从瑞利分布时，瞬时信噪比（Signal-to-Noise Ratio，SNR）服从指数分布，其 PDF 表达式为

$$f_\gamma(\gamma) = \frac{1}{\overline{\gamma}} e^{-\frac{\gamma}{\overline{\gamma}}}, \gamma \geqslant 0 \tag{3-4}$$

式中，γ 表示瞬时 SNR；$\overline{\gamma}$ 表示平均 SNR。

3.2.2 莱斯（Rician）衰落信道

莱斯衰落适用于 LoS 场景，这里多径分量包含一个比其他成分有更高强度的确定分量。莱斯分布也被称为 Nakagami-n 分布[2]，其幅度的 PDF 表示为

$$f_X(x) = \frac{2(1+K)}{\Omega} x e^{-K-\frac{(1+K)x^2}{\Omega}} I_v\left(2x\sqrt{\frac{K(1+K)}{\Omega}}\right), x \geqslant 0 \tag{3-5}$$

式中，K 是莱斯分布的衰落因子；$I_v(\cdot)$ 表示第一类贝塞尔函数，阶数为 v。莱斯分布和 Nakagami-n 分布的不同之处在于分布参数的定义不同，分别为 K 和 n。二者之间满足关系 $K = n^2$。K 是确定分量的功率与多径分量功率之比，取值范围为零到无穷。

在莱斯分布中，SNR 的 PDF 表示为[3]

$$f_\gamma(\gamma) = \frac{2(1+K)}{\overline{\gamma}} e^{-K-\frac{(1+K)\gamma}{\overline{\gamma}}} I_0\left(2x\sqrt{\frac{K(1+K)\gamma}{\overline{\gamma}}}\right), \gamma \geqslant 0 \tag{3-6}$$

不同的莱斯衰落参数 K 值对应不同的信道条件。比如，当 $K = \infty$ 代表无衰落，$K = 0$ 则表示瑞利衰落。因此，莱斯分布可以对存在 LoS 和衰落程度较低的衰落场景进行建模。

3.2.3 Hoyt 衰落信道

当衰落信道比瑞利衰落环境更严重时，采用 Hoyt 分布建模衰落信道。Hoyt 衰落也被称为 Nakagami-q 衰落。Hoyt/Nakagami-q 衰落幅度的 PDF 可以表示为[4]

$$f_X(x) = \frac{1+q^2}{\Omega} x e^{-\frac{(1+q^2)2x^2}{4q^2\Omega}} I_v\left(\frac{1-q^4}{4q^2\Omega}x^2\right), x \geq 0 \tag{3-7}$$

式中，q 是 Hoyt 分布的衰落参数，q 的取值范围是 $[0, 1]$；I_v 是第一类贝塞尔函数，阶数为 v。

利用 Hoyt 衰落幅度的分布和任意变量的转换方法，得到 Hoyt 衰落瞬时 SNR 的 PDF 为

$$f_\gamma(\gamma) = \frac{1+q^2}{2q\bar{\gamma}} e^{-\frac{(1+q^2)2\gamma}{4q^2\bar{\gamma}}} I_0\left(\frac{1-q^4}{4q^2\bar{\gamma}}\gamma\right), \gamma \geq 0 \tag{3-8}$$

式中，衰落参数 q 表示衰落的严重程度。$q=0$ 代表最严重的衰落，$q=1$ 表示最轻的衰落。注意到，$q=1$ 时，Hoyt 衰落相当于瑞利衰落；$q=0$ 时，Hoyt 衰落相当于单边带高斯衰落。

3.3 广义衰落信道

3.3.1 Nakagami-m 衰落信道

Nakagami-m 分布在 20 世纪 40 年代由 Nakagami 提出[4]。在 Nakagami-m 衰落模型中，将接收到的信号建模为簇群，每个簇群都有一些分散的多径成分，不同簇的延迟扩展要比单个簇内多径成分的延迟扩展大。假设每个簇都有相同的功率，在该模型中，衰落信号的包络 X 可以表示为

$$X^2 = \sum_{i=0}^{n}(I_i^2 + Q_i^2) \tag{3-9}$$

式中，n 是接收信号中簇的个数；I_i 和 Q_i 分别表示第 i 个簇的同相和正交相分量。另外，I_i 分量和 Q_i 分量是相互独立的随机变量，其均值为 0，方差为 $E(I_i^2) = E(Q_i^2) = \sigma^2$。

因此，衰落幅度可以表示为 $X^2 = \sum_{i=0}^{n}(R_i^2)$ 且 $R_i^2 = I_i^2 + Q_i^2$。由于 I_i 分量和 Q_i 分量均为高斯分布，所以每个 R_i^2 也都服从指数分布。就 SNR 的分布而言，它等于幅度分布的平

方。在这种情况下，SNR 是相互独立的伽马分布变量之和，所以 SNR 的 PDF 服从伽马分布，可表示为

$$f_\gamma(\gamma) = \frac{m^m \gamma^{m-1}}{\bar{\gamma}^m \Gamma(m)} \exp\left(-\frac{m\gamma}{\bar{\gamma}}\right), \gamma \geq 0 \tag{3-10}$$

式中，$\Gamma(\cdot)$ 为伽马函数；$\bar{\gamma}$ 为信号的平均功率，参数 m 是 Nakagami-m 衰落参数，表示信道受到多径衰落影响的程度，其范围为 1/2 到无穷。

Nakagami-m 分布包含两种衰落信道，当 $m = 1/2$ 时，该分布表示单边带高斯分布；当 $m = 1$ 时，表示瑞利分布。

3.3.2 α-μ 衰落信道

最初为了解决统计问题，提出了 Stacy 分布，后来，M. D. Yacoub 将其应用到无线通信中，重命名为 α-μ 分布。α-μ 分布也可用于在非均匀障碍物组成的环境中衰落信道的建模，这些障碍物在本质上是非线性的。

正如 Nakagami-m 衰落模型，α-μ 衰落也将接收到的信号视为多径成分的簇的集合。假设簇不是确定分量，不同簇的延迟扩展要比簇内多径成分的延迟扩展更大，假设每个簇的平均功率相同，该模型与其他模型的不同之处在于对功率的定义。在 α-μ 分布中，衰落幅度被定义为在衰落信号中接收功率的第 α 根。在所有其他的衰落模型中，衰落幅度被定义为在衰落信号中接收功率的平方根。接收到的多路径簇和衰落幅度之间的服务关系为[5]

$$X^\alpha = \sum_{i=1}^{n} (I_i^2 + Q_i^2) \tag{3-11}$$

式中，n 表示簇的数量；I_i 和 Q_i 分别表示第 i 个簇的合成信号的同相和正交相分量。另外 I_i 和 Q_i 是相互独立的随机变量，其均值为零，方差为 $E(I_i^2) = E(Q_i^2) = \sigma^2$。其实 α-μ 分布与 Nakagami-m 分布是一样的，参数 α 在一定的衰落条件下引入了非线性函数。这种情况下，X^α 服从 Gamma 分布，表示为平方 Gamma 随机分布的和。可以通过随机变换得到接收衰落信号幅度 X 的 PDF 为

$$f_X(x) = \frac{\alpha \mu^\mu x^{\alpha\mu-1}}{\Omega_\alpha^{\alpha\mu} \Gamma(\mu)} e^{-\mu\left(\frac{x}{\Omega_\alpha}\right)^\alpha}, \mu \geq 0, \alpha \geq 0, x \geq 0 \tag{3-12}$$

式中，Ω_α 是衰落幅度 X 的 α 根平均值，其被定义为 $\Omega_\alpha = \sqrt[\alpha]{E(X^\alpha)}$。定义衰落参数 $\mu > 0$ 为簇的数量，其本质上是离散的。为了使 μ 的值连续，定义 μ 为[6]

$$\mu = \frac{E(X^\alpha)^2}{E[X^\alpha - E(X)^\alpha]}, \mu > 0 \tag{3-13}$$

在 $\alpha\text{-}\mu$ 分布中，接收 SNR 的 PDF 为

$$f_\gamma(\gamma) = \frac{\alpha\mu^\mu \gamma^{\frac{\alpha\mu}{2}-1}}{2\Gamma(\mu)\bar{\gamma}^{\frac{\alpha\mu}{2}}} e^{-\mu\left(\frac{x}{\bar{\gamma}}\right)^{\frac{\alpha}{2}}}, \mu > 0, \alpha > 0, \gamma \geqslant 0 \tag{3-14}$$

3.3.3 $\eta\text{-}\mu$ 衰落信道

$\eta\text{-}\mu$ 衰落是由 M. D. Yacoub 提出作为一种建模不同衰落环境的广义分布[7]。$\eta\text{-}\mu$ 分布也适用于建模非视距环境。作为一个广义衰落分布，许多研究人员普遍使用 $\eta\text{-}\mu$ 衰落分布来进行无线通信系统的分析。像 Nakagami-m 衰落，$\eta\text{-}\mu$ 分布也建模一种广义衰落场景，包含由反射不同物理性质的障碍物、散射元件等组成的不均匀环境。

类似于 Nakagami-m 衰落模型，在 $\eta\text{-}\mu$ 衰落中，假设接收信号中的多路径成分是簇群的形式，并且簇群没有任何主导或者视距传输成分。每个簇群都有一些分散的多路径成分。不同簇群的延迟扩展相对大于簇群内多路径成分的延迟扩展。假设每个簇群具有相同的平均功率。然而，参数 η 使它不同于 Nakagami-m 衰落。定义 η 为同相分量的功率与接收到的信号的正交相位分量的功率之比。在这样的模型中，衰落信号的包络线 X 可以用不同统计参数的 Nakagami-m 衰落信号的包络线 X 表示，如式(3-15) 所示。

$$X^2 = \sum_{i=0}^{n} (I_i^2 + Q_i^2) \tag{3-15}$$

式中，n 表示接收信号中簇的数量；I_i 和 Q_i 分别表示由此产生的信号中第 i 簇同相和正交相位成分。I_i 和 Q_i 是由簇群的多路径成分组成，可以假设为均值为零的高斯分布，也就是 $\mathrm{E}(I_i) = \mathrm{E}(Q_i) = 0$。在 $\eta\text{-}\mu$ 衰落中，来自 Nakagami-m 衰落的变化表示方差，这与 I_i 和 Q_i 的功率是相同，I_i 和 Q_i 的功率分别为 $\mathrm{E}(I_i^2) = \sigma_{I_i}^2$ 和 $\mathrm{E}(Q_i^2) = \sigma_{Q_i}^2$。

在 Nakagami-m 衰落模型中，衰落幅度可以表示为 $X^2 = \sum\limits_{i=0}^{n} (R_i^2)$，其中 $R_i^2 = I_i^2 + Q_i^2$。由于 I_i 和 Q_i 服从方差不同的高斯分布，可知 R_i^2 不再服从指数分布。这种情况下，$\eta\text{-}\mu$ 衰落幅度的PDF可以表示为[7,8]

$$f_X(x) = \frac{4\sqrt{\pi}\mu^{\mu+\frac{1}{2}}h^\mu}{\Gamma(\mu)H^{\mu-\frac{1}{2}}\Omega^{\mu+\frac{1}{2}}} x^{2\mu} e^{-\frac{2\mu h x^2}{\Omega}} I_{\mu-\frac{1}{2}}\left(\frac{2\mu H x^2}{\Omega}\right), x \geqslant 0 \tag{3-16}$$

式中，$\mu > 0$ 是直接与簇的数量 n 相关的衰落参数；$\Gamma(\cdot)$ 是伽马函数；$I_v(\cdot)$ 是修正的第一类贝塞尔函数，阶数为 v。$\mu = \dfrac{n}{2}$，为了使 μ 的值变为连续的值，定义 $\mu = \dfrac{1}{2V(X^2)}$

$\left[1+\left(\dfrac{H}{h}\right)^2\right]$，$V(\cdot)$ 表示方差，H 和 h 是衰落参数 η 的函数，由于存在两种方式定义衰落参数 η，所以存在两种形式的 η-μ 衰落信道。

（1）η-μ 衰落：形式 1

在这种形式下，假设每个簇内复合信号的同相和正交相位相互独立，其功率不同。η 被定义为同相功率与正交相位功率之比，也就是 $\eta=\dfrac{\sigma_{I_i}^2}{\sigma_{Q_i}^2}$。假设接收信号中所有簇的 η 是固定的。在这种情况下，η 的取值范围是 $[0,\infty]$，H 和 h 是 η 的函数，分别被定义为 $H=\dfrac{\eta^{-1}-\eta}{4}$ 和 $h=\dfrac{2+\eta^{-1}+\eta}{4}$。从定义式中可以观察到，当 $\eta=1$ 时，H 和 h 的值是对称的。也就是说，对于 $0<\eta<1$ 和 $1\leq\eta<\infty$ 两种取值范围，H 和 h 的值是相同的。这意味着对于这两种取值范围，接收信号的幅度的统计特性保持不变。

（2）η-μ 衰落：形式 2

在这种形式下，假设每个簇内复合信号包络的同相和正交相位是相关的，其功率相同。在这种形式下，η 被定义为同相成分与正交成分的相关函数，也就是说，$\eta=\dfrac{\mathrm{E}(I_i,\ Q_i)}{\mathrm{E}(I_i^2)}$ 或者 $\eta=\dfrac{\mathrm{E}(I_i,\ Q_i)}{\mathrm{E}(Q_i^2)}$。假设接收信号中所有簇内同相和正交相位之间的相关参数是相同的。在这种情况下，η 的取值范围为 $(-1,1)$，H 和 h 是 η 的函数，分别被定义为 $H=\dfrac{\eta}{1-\eta^2}$ 和 $h=\dfrac{1}{1-\eta^2}$。从定义式中可以观察到，当 $\eta=0$ 时，H 和 h 的值是对称的。因此，考虑 $0\leq\eta<1$ 或者 $-1<\eta\leq0$ 两种取值范围，H 和 h 的值是一样的。在这种形式下，比值 $\dfrac{H}{h}$ 简化为 η。

以上两种形式是不同的，但是对于某些衰落参数值，形式 1 和形式 2 的分布是相互匹配的。参数 μ 是以相同的方式定义的。因此，为了关联形式 1 和形式 2，需要建立形式 1 和形式 2 的参数 η 之间的关系（虽然以不同的方式定义）。这个关系可以通过前面讨论的两种格式的比值 $\dfrac{H}{h}$ 来给出：[9]

$$\eta_{\text{format2}}=\frac{1-\eta_{\text{format1}}}{1+\eta_{\text{format1}}} \tag{3-17}$$

就分布而言，信噪比等于振幅分布的平方。所以，可以说 X^2 的 PDF 等于信噪比。η-μ

分布的瞬时 SNR 的 PDF 表示为[7,8]

$$f_\gamma(\gamma) = \frac{2\sqrt{\pi}\mu^{\mu+\frac{1}{2}}h^\mu}{\Gamma(\mu)H^{\mu-\frac{1}{2}}\bar{\gamma}^{\mu+\frac{1}{2}}}\gamma^{\mu-\frac{1}{2}}\mathrm{e}^{\frac{-2\mu h\gamma}{\bar{\gamma}}}\mathrm{I}_{\mu-\frac{1}{2}}\left(\frac{2\mu H\gamma}{\bar{\gamma}}\right), \gamma \geqslant 0 \tag{3-18}$$

式中，$\mu > 0$ 表示衰落参数，定义为 $\mu = \dfrac{1}{2V(p_{\eta-\mu})}\left[1+\left(\dfrac{H}{h}\right)^2\right]$。

3.3.4 κ-μ 衰落信道

κ-μ 衰落是由 M. D. Yacoub 提出作为一种建模不同衰落环境的广义分布[10]。不像 Nakagami-m 和 η-μ 衰落模型，κ-μ 分布适用于建模视距环境。作为一个广义衰落分布，许多研究人员普遍使用 κ-μ 衰落分布来进行无线通信系统的分析。像 Nakagami-m 和 η-μ 分布，κ-μ 分布也可以建模一种广义衰落场景，包含由反射不同物理性质的障碍物、散射元件等组成的不均匀环境。

类似于 Nakagami-m 和 η-μ 衰落模型，在 κ-μ 分布中，假设接收信号中的多路径成分是簇群的形式。每个簇都有一些分散的多路径成分。不同簇群的延迟扩展相对大于簇群内多路径成分的延迟扩展。假设每个簇群具有相同的平均功率。不像 η-μ 衰落，与 Nakagami-m 衰落类似的是，在 κ-μ 衰落中，同相和正交分量是独立的，并且具有相同的功率。然而，假设每个簇具有相同的视距成分的主导成分。在这个模型中，不同于 Nakagami-m 和 η-μ 衰落，衰落信号的包络 X 表示为

$$X^2 = \sum_{i=0}^{n}\left[(I_i+p_i)^2+(Q_i+q_i)^2\right] \tag{3-19}$$

式中，n 表示接收信号中簇的数量；(I_i+p_i) 和 (Q_i+q_i) 分别表示由此产生的信号中第 i 个簇同相和正交相位成分；相互独立分量 I_i 和 Q_i 服从均值为零，方差相同的高斯分布，也就是 $\mathrm{E}(I_i)=\mathrm{E}(Q_i)=0$；$p_i$ 和 q_i 分别是接收信号中第 i 个簇的同相分量和正交分量的均值。同相分量和正交分量的非零均值表明在接收到的信号簇中存在一个主导分量。

正如 Nakagami-m 和 η-μ 衰落模型，衰落幅度表示为 $X^2 = \sum_{i=0}^{n}(R_i^2)$，其中 $R_i^2 = (I_i+p_i)^2+(Q_i+q_i)^2$。由于 I_i 和 Q_i 服从高斯分布，所以 R_i^2 服从非中心卡方分布。在这种情况下，κ-μ 衰落幅度的 PDF 表示为[8,10]

$$f_X(x) = \frac{2\mu(1+\kappa)^{\frac{\mu+1}{2}}}{\kappa^{\frac{\mu-1}{2}}\mathrm{e}^{\mu\kappa}\Omega^{\frac{\mu+1}{2}}}x^\mu\mathrm{e}^{-\frac{\mu(1+\kappa)x^2}{\Omega}}\mathrm{I}_{\mu-1}\left(2\mu x\sqrt{\frac{\kappa(1+\kappa)}{\Omega}}\right), x \geqslant 0 \tag{3-20}$$

式中，κ 是主导（视距）成分与分散成分的总功率的比值；$\mu > 0$ 是一个衰减参数，其值与接收信号中簇群的数量 n 直接相关。由于 n 的值是离散的，所以 μ 的值也是离散的。为了使参数 μ 变为连续的值，定义 $\mu = \dfrac{1}{V(X^2)}\dfrac{1 + 2\kappa}{(1 + \kappa)^2}$。

衰落信道下的信噪比随接收信号振幅的平方而变化。因此，就分布而言，信噪比的 PDF 等于振幅分布的平方。利用随机变量转换技术，由式（3-18）中振幅的 PDF 可得信噪比的 PDF。κ-μ 分布的瞬时 SNR 的 PDF 表示为

$$f_\gamma(\gamma) = \frac{\mu(1+\kappa)^{\frac{\mu+1}{2}}}{\kappa^{\frac{\mu-1}{2}}e^{\mu\kappa}\bar{\gamma}^{\frac{\mu+1}{2}}}\gamma^{\frac{\mu-1}{2}}e^{-\frac{\mu(1+\kappa)\gamma}{\bar{\gamma}}}I_{\mu-1}\left(2\mu\sqrt{\frac{\kappa(1+\kappa)\gamma}{\bar{\gamma}}}\right), \gamma \geqslant 0 \tag{3-21}$$

式中，$\mu = \dfrac{1}{V(\gamma)}\dfrac{1 + 2\kappa}{(1 + \kappa)^2}$。

3.3.5 κ-μ 阴影衰落信道

κ-μ 阴影分布的衰落模型是对 κ-μ 分布的物理模型的推广。一个由波簇构成的信号在非均匀环境中传播，在每个簇内，假设多径波具有相同功率的散射波和任意功率的确定分量。即使散射波具有随机相位和相似的延迟时间，但是簇间的延迟时间传播是相对较大的。κ-μ 模型中假定每个集群中有一个确定分量，而在 κ-μ 阴影模型中，由于阴影的存在，假设所有簇的确定分量是随机波动的。

从 κ-μ 阴影分布的物理模型来看，衰落信号包含同相分量和正交分量，其功率 W 可以表示为

$$W = \sum_{i=1}^{n}(X_i + \xi p_i)^2 + (Y_i + \xi q_i)^2 \tag{3-22}$$

式中，n 是自然数；X_i 和 Y_i 是相互独立的高斯变量，其均值为零、方差为 σ^2；p_i 和 q_i 是实数；ξ 是一个 Nakagami-m 随机变量，$E(\xi^2) = 1$。

简而言之，信号包络的分布和信号功率的分布命名为 κ-μ 阴影。式（3-21）的模型表明在阴影放大系数 ξ 服从 κ-μ 分布的条件下，信号功率 W 的条件概率 PDF 表示为[8,11,12]

$$f_{W|\xi}(W;\xi) = \frac{1}{2\sigma^2}\left(\frac{w}{\xi^2 d^2}\right)^{\frac{n-1}{2}}e^{-\frac{w+d^2}{2\sigma^2}}I_{n-1}\left(\frac{\xi d}{\sigma^2}\sqrt{w}\right) \tag{3-23}$$

式中，$d^2 = \displaystyle\sum_{i=1}^{n}p_i^2 + q_i^2$ 是确定分量的平均功率；$I_v(\cdot)$ 是第一类贝塞尔函数[12]。正如文献

[8] 中所述，式(3-22) 中的自然数 n 可以用非负数 μ 代替，这样分布函数更普遍和灵活。定义 $\kappa = d^2 / (2\sigma^2\mu)$，当 μ 是一个自然数时，参数 κ 为确定分量的总功率和散射波的总功率之比。在许多实际分析中，任意变量 γ 代表瞬时 SNR。因此，考虑 $\gamma \triangleq \bar{\gamma}W/\overline{W}$，其中 $\bar{\gamma} \triangleq$ $\mathrm{E}(\gamma)$，$\overline{W} = \mathrm{E}(W) = d^2 + 2\sigma^2\mu$。

就随机变量 γ 而言，式(3-20) 可以重写为

$$f_{\gamma\,|\,\xi}(\gamma;\xi) = \frac{\mu(1+\kappa)^{\frac{\mu+1}{2}}}{\bar{\gamma}\kappa^{\frac{\mu-1}{2}}\mathrm{e}^{\xi^2\mu\kappa}}\left(\frac{\gamma}{\xi^2\bar{\gamma}}\right)^{\frac{\mu-1}{2}}\mathrm{e}^{-\frac{\mu(1+\kappa)\gamma}{\bar{\gamma}}}\mathrm{I}_{\mu-1}\left(2\mu\xi\sqrt{\frac{\kappa(1+\kappa)\gamma}{\bar{\gamma}}}\right) \tag{3-24}$$

令 $\gamma \sim S_{\kappa\mu}(\bar{\gamma};\,\kappa,\,\mu,\,m)$ 表示 κ-μ 阴影随机变量，均值为 $\bar{\gamma}$，κ、μ 和 m 为非负整数形状参数。根据式(3-21)，κ-μ 阴影分布的 PDF 表示为

$$f_{\gamma}(\gamma) = \frac{\mu^\mu m^m (1+\kappa)^\mu}{\Gamma(\mu)\bar{\gamma}(\mu\kappa+m)^m}\left(\frac{\gamma}{\bar{\gamma}}\right)^{\mu-1}\mathrm{e}^{-\frac{\mu(1+\kappa)\gamma}{\bar{\gamma}}}{}_1F_1\left(m,\mu;\frac{u^2(1+\kappa)\gamma}{\mu\kappa+m}\frac{\gamma}{\bar{\gamma}}\right) \tag{3-25}$$

其中，${}_1F_1(\cdot)$ 为合流超几何函数[12]。

κ-μ 阴影模型是一个通用的衰落模型，可用于建模多种类型的无线衰落信道，例如单边带高斯衰落（$\mu = 0.5$，$\kappa \to 0$，$m \to \infty$）、瑞利衰落（$\mu = 1$，$\kappa \to 0$，$m \to \infty$）、Nakagami-m 衰落（$\mu = m$，$\kappa \to 0$，$m \to \infty$）、莱斯衰落（$\mu = 1$，$\kappa = K$，$m \to \infty$，K 为莱斯因子）、κ-μ 衰落（$m \to \infty$）和莱斯阴影衰落（$\mu = 1$，$\kappa = K$）[13]。

3.4　信道系数的 MATLAB 实现

为了实现无线信道，需要产生随机噪声和信道系数。信道系数假设为所有多径分量的集合响应，因此可以根据传播环境，假设信道服从前面讨论的任何一种衰落模型的概率分布。鉴于 MATLAB 是无线通信系统仿真中的常用软件，接下来将讨论使用 MATLAB 生成各种信道系数的方法及 MATLAB 实现。在所有的信道系数生成过程中，假设所有接收信道的相位在 $0 \sim 2\pi$ 范围内均匀分布。

3.4.1　瑞利（Rayleigh）衰落信道

Rayleigh 衰落信道是最常用、最简单的衰落信道，常用于表征非视距无线传播环境。数学上，Rayleigh 部分变量表示为两个独立的零均值、单位方差高斯（Gaussian）分布随机变量平方和。因此，生成 Rayleigh 衰落信道系数的 MATLAB 代码为

```
1   h = (1/sqrt(2))* (randn +j* randn);
```

其中，$1/\sqrt{2}$ 用于归一化生成衰落信道系数的方差。同理，如果考虑的系统在发射机和接收机上有多个天线，即系统为多输入多输出（MIMO）通信系统时，生成信道系数矩阵的 MATLAB 代码为

```
1  H=  (1/sqrt(2))* (randn(Nr,Nt) +j* randn(Nr,Nt));
```

其中，信道矩阵系数的维度为 $Nr \times Nt$，对应于 Nt 个发送天线 Nr 个接收天线的 MIMO 系统信道矩阵。为了模拟接收信号中存在 LoS 或优势分量时的衰落分布，Rician 分布起到了重要作用。

3.4.2 莱斯（Rician）衰落信道

Rayleigh 衰落信道能够表征 NLoS 衰落环境，但是当接收信号中存在 LoS 或者确定分量的情况，Rayleigh 衰落信道不能够有效地表征。为了模拟接收信号中存在 LoS 或确定分量时的衰落分布，Rician 分布被提出。生成 Rician 分布衰落信道系数与 Rayleigh 衰落信道类似。在 Rician 衰落信道系数生成时，LoS 分量的同相部分是一个常数，其值依赖于 Rician 分布的衰落因子 K。因此，单 Rician 分布衰落信道的 MATLAB 代码为

```
1  hi = sqrt(K/(K +1) ) + sqrt(1/(2*(K +1)))*randn;
2  hq = sqrt(1/(2*(K +1)))* randn;
3  h = hi + j*hq;
```

其中，因子 $\sqrt{K/(K+1)}$ 和 $\sqrt{1/[2(K+1)]}$ 用于表示 LoS 或确定分量与归一化衰落信号功率的比。同理，MIMO 系统衰落信道矩阵系数的 MATLAB 代码为

```
1  Hi = sqrt(K/(K +1)) + sqrt(1/(1/(2*(K +1))))*randn(Nr,Nt);
2  Hq = sqrt(1/(1/(2*(K +1))))*randn(Nr,Nt);
3  H = Hi + j*Hq;
```

上述信道矩阵系数的生成假设为独立同分布的随机变量。根据上面的 h 和 H 的代码可以看出，当 K 趋于无穷时，所有的系数值变为 1，则此时为无衰落环境。然而，当 Rician 因子为 0 时，Rician 衰落信道等价于 Rayleigh 衰落信道。因此，Rician 衰落信道能够表征从无衰落环境到 Rayleigh 衰落环境[14]。

3.4.3 Hoyt 衰落信道

在衰落程度小于 Rayleigh 衰落信道的传播环境，Rician 衰落信道能够很好地表征。

当衰落信道比瑞利衰落环境更严重时，采用 Hoyt（Nakagami-q）分布建模衰落信道。与 Rician 衰落信道不同，Hoyt 衰落信道不存在 LoS 或确定分量。与 Rayleigh 相比，Hoyt 考虑接收信号的同相和正交相非等功率。因此，Hoyt 衰落信道系数的 MATLAB 代码为

```
1   h = (1/(sqrt(1+q^2)))*(randn+j*q*randn);
```

其中，参数 q 表述衰落的严重程度。同理，MIMO 系统衰落信道矩阵系数的 MATLAB 代码为

```
1   H =   (1/(sqrt(1+q^2)))*(randn(Nr,Nt)+j*q*randn(Nr,Nt));
```

3.4.4　Nakagami-m 衰落信道

当多径分量的集合在接收端形成簇时，接收信号服从 Nakagami-m 分布。根据 3.3.1 节物理信道模型所述，Nakagami-m 衰落信道簇的数目与衰落参数 m 有关。首先，根据物理模型，Nakagami-m 衰落分布已经被证明适用于 NLOS 传播环境。然而，一些数据实验表明 Rician 衰落信道为 Nakagami-m 分布的一种特殊情况。根据式(3-9)，Nakagami-m 衰落信道系数的生成可以用下述 MATLAB 代码表示：

```
1   function h = nakagami_m(m)
2   n = 0;
3   for i = 1:2*m
4   n = n + randn^2;
5   end
6   n = n/(2*m);
7   phi = 2*pi*rand;
8   h = sqrt(n)*cos(phi)+j*sqrt(n)*sin(phi);
```

上述代码用于生成单变量 Nakagami-m 衰落信道系数，适用于单输入单输出（Single-Input Single-Output，SISO）通信系统。在生成 Nakagami-m 时，首先生成 Nakagami-m 衰落信号的平方变分，然后利用均布相位分量将其转换为复包络形式[15]。进行稍微修改，可以得到独立同分布衰落信道系数

```
1   function H = akagami_m(m,Nr,Nt)
2   n = zeros(Nr,Nt);
```

```
3   for i =1:2 *m
4   n =n + randn(Nr,Nt)^2;
5   end
6   n =n/(2 *m);
7   phi =2 *pi *rand(Nr,Nt);
8   H = (n. ^(1/2)). *cos(phi) +j *(n. ^(1/2)) *sin(phi);
```

上述方法根据物理模型生成 Nakagami-m 分布衰落信道系数。在物理模型中，参数 m 定义为接收信号中多径分量簇的数目。另外，通过 Nakagami-m 分数的性质可知，通信系统的 SNR 服从 Gamma 分布。因此，Nakagami-m 分布衰落信道的系数可由 Gamma 分布随机变量得到。要做到这一点，需要将 Nakagami-m 分布的参数 m 关联到 Gamma 分布参数上。在 MATLAB 中，利用 gamrnd 函数可以生成 Gamma 分布随机变量，它含有两个参数，形状参数 Φ 和尺度参数 Θ。Φ 和 Θ 与 Nakagami-m 衰落参数 m 有关 $\Phi = m$ 和 $\Theta = \bar{\gamma}/m$，其中 $\bar{\gamma}$ 为信号的平均 SNR。因此，可以使用以下 MATLAB 代码生成一个 Nakagami-m 分布式衰落信道系数：

```
1   n =gamrnd(m,a_SNR/m);
2   phi =2 *pi *rand;
3   h = (n^(1/2)) *cos(phi) +j *(n^(1/2)) *sin(phi);
```

其中，a_SNR 信号的平均 SNR 或者 Gamma/Nakagami-m 分布随机变量的方差。同理，MIMO 通信系统信道矩阵系数可以由以下 Matlab 代码生成。

```
1   n =gamrnd(m,a SNR/m,Nr,Nt);
2   phi =2 *pi *rand(Nr,Nt);
3   H = (n. ^0.5). *cos(phi) +j *(n. ^0.5). *sin(phi);
```

3.5　本章小结

本章主要针对无线通信环境中的衰落信道进行介绍，包括快衰落信道、慢衰落信道、频率平坦衰落信道和频率选择性衰落信道。首先，介绍几种常用的衰落信道，包括 Rayleigh、Rician 和 Hoyt 衰落信道；接着，为了更好地表征不同场景的衰落环境，介绍 Nakagami-m、α-μ、η-μ、κ-μ 及 κ-μ 阴影等几种衰落信道；最后，针对几种常见的衰落信道给出 MATLAB 实现代码。

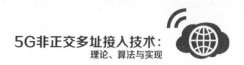

参 考 文 献

［1］ SIMON M K ,MOHAMED S A. Digital communication over fading channels,second edition［M］// Wiley-IEEE Press,2006.

［2］ MASON J. Error probability evaluation of systems employing differential detection in a Rician fading environment and Gaussian noise［J］. IEEE Transactions on Communications,1987,35:39-46.

［3］ LORD R F R S. On the resultant of a large number of vibrations of the same pitch and of arbitrary phase［J］. Philosophical Magazine,1964,10(60):73-78.

［4］ RICE S O. Statistical properties of a sine wave plus random noise［J］. Bell System Technical Journal,1948,27(1):109-157.

［5］ ZHU Y ,XIN Y ,KAM P Y . Outage probability of Rician fading relay channels［J］. IEEE Transactions on Vehicular Technology,2006,57(4):1-6.

［6］ 赵钊. 上行 NOMA 系统中的用户分簇和功率分配［D］. 北京:北京邮电大学,2018.

［7］ YACOUB M D. The α-μ distribution:a physical fading model for the stacy distribution［J］. IEEE transactions on vehicular technology,2007,56(1):27-34.

［8］ MAGABLEH A M,MATALGAH M M. Moment generating function of the generalized α-μ distribution with applications［J］. IEEE Communications Letters,2009,13(6):411-413.

［9］ YACOUB M D. The η-μ distribution:a general fading distribution［C］// In Proceedings IEEE 52 nd Vehicular Technology Conference. 2000:872-877.

［10］ YACOUB M D. The κ-μ distribution and the η-μ distribution［J］. IEEE Antennas and Propagation Magazine,2007,49(1):68-81.

［11］ COSTA D B D,YACOUB M D. The η-μ joint phase – envelope distribution［J］. IEEE Antennas and Wireless Propagation Letters,2007(6):195-198.

［12］ YACOUB M D. The κ-μ distribution:a general fading distribution［C］// In Proceedings IEEE 54th Vehicular Technology Conference. 2001:1427-1431.

［13］ PARIS J F. Statistical characterization of κ-μ shadowed fading［J］. IEEE Transactions on Vehicular Technology,2014,63(2):518-526.

［14］ GRADSHTEYN I S,RYZHIK I M. Table of Integrals,Series and Products［J］. Mathematics of Computation,2007,20(96):1157-1160.

［15］ LI X,LI J,LI L,et al. Effective rate of MISO systems over κ-μ shadowed fading channels［J］. IEEE Access,2017(5):10605-10611.

第 4 章

硬件损伤和非完美 CSI 对多中继网络的性能

本章研究双跳 DF 多中继网络性能，其中考虑了硬件的两个实际的有害因素：硬件损伤和非完美信道状态信息（Channel State Information，CSI）。通过 DF 多中继节点，实现源节点和目的节点之间的通信，假设两条链路服从独立非同分布的 α-μ 分布。为了提高系统的性能，考虑三种典型的中继选择方案，所提方案根据源节点到中继节点或者中继节点到目的节点的链路质量选在最优的中继节点。为了评估所提方案的性能，本章考虑中断概率和遍历容量两种典型的性能评价指标。首先，推导给出确切的和高 SNR 渐进中断概率性能的闭式表达式，利用所推导的闭式表达式，得到目的节点的分集增益性能。研究表明系统的中断概率性能受限于硬件损伤和非理想 CSI。此外，由于非零估计误差的存在，系统的分集增益在高 SNR 情况下趋近于 0。然后，本章研究所提中继选择方案的遍历容量，推导给出遍历容量上界和高 SNR 情况下遍历容量的渐进表达式。为了获得更深入的理解，通过射线展开，获得高 SNR 斜率和高 SNR 功率偏移量这两个指标。结果表明，由于硬件损伤和非完美 CSI 的存在，遍历容量存在速率上限，导致高 SNR 斜率为零，高 SNR 功率偏移量有限。

4.1 研究背景

4.1.1 研究现状

协同通信已被确定为当前和未来无线通信网络的核心技术之一，借助于中继，能够扩大无线网络的覆盖范围，提高服务质量（QoS）和降低能源消耗[1]。鉴于上述原因，协作通信受到学术界和产业界的广泛关注。然而，在无线网络中部署多个中继时，随着中继数量的增加，可能会引起额外的中继间干扰和更高的资源消耗，中继选择被认为是提高频谱效率、减小继电器间干扰的一种有效措施。

在此背景下，研究者们致力于各种中继选择策略的研究，其中最优中继选择方案和部分选择方案是最常见的两种中继选择方案[2]。最初的最优中继选择方案是由 Bletsas 等人提出的，后来诸多学者对其进行了推广。研究者根据最大的端到端信噪比选择中继，提出一种最优的中继选择方案。针对多源路径分布的情况，研究者提出一种多源中继选择方案，研究结果表明该方案在 3 个以上中继节点协作网络性能优于分布式时空码。在文献［3］中，对于任意信噪比以及任意可用的译码器转发中继数，推导出了基于无编码阈值的最优中继选择方案的中断概率和误码率的解析闭式表达式。针对认知译码转发中继网络，研究

者提出四种中继选择方案用于提高其安全性能，并推出安全中断容量的闭式表达式。

最优中继选择方案的主要特征是需要获得源节点–中继节点和中继节点–目的节点的链路，这无疑增加了信令开销和功率消耗。为了解决上述问题，Krikids 等人提出一种部分中继选择方案，该方案根据源节点–中继节点或者中继节点–目的节点的链路质量来进行选择。针对干扰受限环境，文献［4］推导出了部分中继选择方案下系统中断概率的闭式表达式，所选择的最佳中继是通过第一跳的 CSI 选择的。考虑到非完美 CSI，研究提出一种有效的部分中继选择方案用以提高系统性能，其中中继选择取决于信道的统计 CSI 和瞬时 CSI。除了上述研究成果，研究者针对 CSI 辅助双跳 AF 中提出的基于 Nakagami-m 衰落信道的三种部分中继选择方案，对所提中继选择方案根据信道幅度进行中继选择。

上述文献的一个共同特点是理想的硬件和完美的 CSI 收发机，这两个假设对于实际应用来说都是理想化的。实际上，通信系统收发机射频器件受到各种非理想因素的制约，例如相位噪声、I/Q 非平衡、功率放大器非线性及量化误差[5]。尽管这些非理想因素的影响能利用一些补偿和校准算法进行消除，但是由于估计误差、非精确校准及各种类型的噪声，仍然会存在一些残留的影响。基于此，诸多学者研究残留损伤条件下协作通信系统性能的影响，分析硬件参数对系统性能的影响。针对双向 AF 中继系统，研究者收发端残留损伤系统性能，推导出系统中断概率和误符号率的分析闭式表达式。考虑 Nakagami-m 衰落信道，瑞典林雪平大学的 Bjornson 研究了硬件损伤条件下双跳 AF 和 DF 中继系统性能，推导出系统中断概率和遍历容量的闭式表达式。根据 MMSE 准则，研究提出 MIMO 双向中继系统联合源和中继的预编码方案，所提预编码方案能够有效地提高安全性能。为了进一步提高系统性能，将多天线技术引入协作通信中，研究存在硬件损伤条件下 AF 中继系统的性能，推导给出系统遍历容量的闭式表达式。为了补偿由硬件损伤造成的性能损失，提出一种基于和功率受限和单天线功率受限的最优波束赋形方案。在认知网络空间调制系统的启发下，研究者推导了频谱共享系统平均误概率和平均误码率的严格上界的封闭表达式。此外，针对双跳 DF 中继系统，研究者提出硬件损伤和通道干扰条件下最优选择和部分最优中继选择方案。然而，以往研究成果的主要局限性是假设在接收机中具有完美的 CSI，在实际应用中，由于量化误差、估计误差、有限的反馈和相干间隔时间，CSI 总是非完美的。诸多学者致力于研究非完美 CSI 对无线通信系统的影响。假设在信道估计误差未可获知的情况下，利用 S-Procedure 法求解半定规划问题，设计了最优波束形成矢量。研究者分析通道干扰、非完美 CSI、导频污染和天线相关性对双向中继系统性能的影响。因此，研究非完美实际场景下无线通信系的传输性能及影响因素是非常重要的。

4.1.2　研究动机及相关工作

前期的研究工作为进一步深入研究硬件损伤对单中继网络的影响奠定了坚实的基础，然而硬件损耗和非完美 CSI 对中继选择策略的联合影响的研究仍处于起步阶段。近年来，许多学者致力于硬件损伤和非完美 CSI 对系统性能联合影响的研究。针对最优中继选择方案，郭克峰博士研究了存在硬件损伤条件下双向多中继系统性能，分析了硬件损伤参数对系统性能的影响。Duy 博士等人分析了硬件损伤和通道干扰对最优和部分最优中继策略的 DF 中继网络的影响，推导得到了中断概率和遍历容量的精确和渐近封闭表达式。上述研究的主要局限性在于假设收发端具有理想 CSI。因此，有研究者分析了硬件损伤和非完美 CSI 对无线通信系统的联合影响，还分析了收发端硬件损伤和非完美 CSI 对 SIC 检测的点对点 MIMO 系统中断概率性能的联合影响。针对秩为 1 的 Rician 衰落信道，研究者分析硬件损伤和非完美 CSI 对多用户通信系统性能的影响，推导出系统遍历容量的闭式表达式。针对标签调制 OFDM 系统，研究者评估存在信道估计误差和硬件损伤条件对系统性能。在文献 [7] 中，Solanki 博士等人分析了硬件损伤和信道估计误差对频谱共享 DF 多中继系统中断概率性能的影响。研究者研究了在存在 RF 硬件损伤和信道估计误差的情况下，下行中继网的随机传输性能。

然而，分析硬件损伤和非完美 CSI 对协作多中继网络在各种衰落信道下的性能仍然是一个有待研究的领域。针对这些问题已经有一些研究成果，并利用了众所周知的 Gamma 变量的特性。然而，这些成果都是基于均匀衰落环境的假设。

4.1.3　主要贡献

鉴于上述分析讨论，本章针对存在硬件损伤和非完美 CSI 下协作多跳 DF 多中继系统的性能进行了全面的研究。本研究假设协作中继两条链路服从 α-μ 分布，该分布广泛用于表征非均匀衰落环境。基于不同的参数设置，α-μ 能够包含不同的衰落信道：例如，Rayleigh 衰落信道（$\alpha = 2$，$\mu = 1$）、单边带高斯（$\alpha = 1$，$\mu = 1$）、Weibull（$\alpha = m$，$\mu = 1$）、Nakagami-m（$\alpha = 2$，$\mu = m$）和 Gamma（$\alpha = 1$），并且 α-μ 分布能够用于表征大尺度衰落后者复合衰落信道。中继选择方案分为主动选择和被动选择两类，两类中继选择方案对于中断都是最优的。此外，本研究考虑三种典型的中继选择方案：随机中继选择、最优中继选择和部分中继选择。本研究的主要贡献和创新如下。

1）考虑两种实际不利的非理想因素：硬件损伤和非完美 CSI，提出三种不同的中继选

择方案，在源节点参与协作传输之前选择一个中继。为了比较方便，随机中继选择方案作为一个比较基准。随机中继选择方案的核心思想是：随机地选择其中一个中继进行信息传输。最优中继选择方案的核心思想是：根据源节点-中继节点和中继节点-目的节点的链路质量选择一个最优的中继进行信息传输。部分中继选择方案的核心思想是：根据源节点-中继节点和中继节点-目的节点中的任意一个链路质量选择一个最优的中继进行信息传输。

2）推导出随机中继选择、最优中继选择和部分中继选择方案下系统中断概率的闭式表达式。为了进一步获得系统和硬件损伤参数对系统性能的影响，研究高 SNR 下系统中断概率的渐进行为。研究表明由于非 0 估计误差的存在，三种中继选择方案系统中断概率存在误码平台。对于随机中继选择，高 SNR 趋于下渐进中断概率是一个固定的非 0 常量，其值仅仅依赖于信道的衰落参数。

3）研究三种中继选择方案下系统中断概率的高 SNR 分集增益。研究表明：非理想条件下，由于估计误差的存在，三种中继选择方案下系统的分集增益为 0。在理想条件下，最优中继选择和部分中继选择方案系统分集增益依赖于中继数目和衰落参数，而随机中继选择方案系统分集增益仅仅取决于系统的衰落参数。

4）研究三种中继选择方案下系统遍历容量，推导出系统遍历容量上界的闭式表达式。为了分析系统和硬件损伤参数对系统性能的影响，进行了高 SNR 下系统容量渐进分析。研究表明：由于失真噪声和信道估计误差的存在，系统的遍历容量在高 SNR 下存在容量平台。

5）研究系统高 SNR 斜率和高 SNR 功率偏移。注意高 SNR 斜率也指自由度或者最大复用增益。研究表明：高 SNR 功率斜率仅仅取决于信道的衰落参数、硬件损伤和信道估计误差，因此三种中继选择方案具有相同的斜率。然而，由于高 SNR 功率偏移的存在，它们的遍历是不同的。此外，对于理想条件，由于非理想因素的存在，系统的高 SNR 斜率和功率偏移分别为 0 和无穷。对于非理想条件，三种中继选择方案下高 SNR 斜率均为 0.5，而三种中继选择方案下高 SNR 功率偏移是固定非 0 常量，其值依赖于中继数目和衰落参数。

4.2　系统模型

如图 4-1 所示多中继系统包含一个源节点 S、N 个中继节点 $R = \{R_1，\cdots，R_N\}$ 和一个目的节点 D，所有节点均配置一根天线。S 和 D 之间的通信仅通过从 N 个继电器中选择的一个中继，由于障碍和/或严重的阴影，S 和 D 之间的直接连接不存在。源节点和中继节点的通信过程分为两个时隙：第一个时隙，源节点发送信息到选择的中继节点 R_n，$1 \leqslant n \leqslant N$；第二个时隙，$R_n$ 译码接收信息并转发至中继节点。

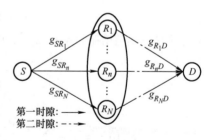

图4-1 多中继系统模型

在实际应用中，由于存在估计误差和反馈误差等因素，完美 CSI 是不可用的。在本研究中，假设发送端得到的反馈是零延迟和无误差的，这意味着无论接收端拥有什么，发送端都有完整的 CSI 估计值。通过一些估计算法获得实际信道 g_i 的估计值 $\hat{g}_i$，其中 $i \in \{SR_n, R_nD\}$。假设实际信道 g_i 和估计信道 $\hat{g}_i$ 为联合遍历和稳态过程，利用线性 MMSE 估计，信道系数能够建模为

$$g_i = \hat{g}_i + e_i, i \in \{SR_n, R_nD\} \tag{4-1}$$

式中，e_i 为信道估计误差，服从复高斯分布 $e_i \sim CN(0, \sigma_{e_i}^2)$。注意：实际上，信道估计误差是 SNR 的函数，例如 $\sigma_{e_i}^2 \propto 1/(1 + \bar{\lambda}_i)$，其中 $\bar{\lambda}_i$，$i = \{SR_n, R_nD\}$ 为发射信号的平均功率。为了保持数学上的可追踪性，本研究假设 $\sigma_{e_i}^2$ 遵循一个零均值复高斯随机变量。考虑硬件损伤模型和信道估计模型，中继 R_n 和目的端接收可以表示为

$$y_i = (\hat{g}_i + e_i)(s_i + \eta_{t,i}) + \eta_{r,i} + v_i, i \in \{SR_n, R_nD\} \tag{4-2}$$

式中，$P_i = E_{s_i}[|s_i|^2]$ 为信道的平均发射功率；v_i 为接收端复高斯噪声 $v_i \sim CN(0, N_i)$；$\eta_{t,i}$ 和 $\eta_{r,i}$ 分别为发送和接收端的失真噪声，其分布服从

$$\eta_{t,i} \sim CN(0, \kappa_{t,i}^2 P_i), \eta_{r,i} \sim CN(0, \kappa_{r,i}^2 P_i |g_i|^2) \tag{4-3}$$

式中，$\kappa_{t,i}$ 和 $\kappa_{r,i}$ 分为来自发送端和接收端的硬件损伤电平，其值为大于等于 0 数，当 $\kappa_{t,i} = \kappa_{r,t} = 0$ 时，系统的收发端为理想硬件。$\kappa_{t,i}$ 和 $\kappa_{r,i}$ 为与 EVM 相关的参数。在无线通信中，EVM 是表征 RF 收发机质量的常用参数，定义为期望信号与实际射频信号失配的大小。对一个给定的 g_i，接收端失真噪声的功率为

$$E_{\eta_{t,i}, \eta_{r,i}}\{|g_i \eta_{t,i} + \eta_{r,i}|^2\} = P_i |g_i|^2 (\kappa_{t,i}^2 + \kappa_{r,i}^2) \tag{4-4}$$

正如文献 [6] 所示，$\kappa_{t,i}$ 服从复高斯分布，$\kappa_{t,i}$ 为在信道条件下的复高斯分布，即真实分布是失真噪声和衰落信道分布的复高斯分布的乘积。

结合式(4-3) 和式(4-4)，式(4-2) 可以表示为

$$y_i = (\hat{g}_i + e_i)(s_i + \eta_i) + v_i, i \in \{SR_n, R_nD\} \tag{4-5}$$

式中，η_i 为收发端硬件损伤失真参数 $\eta_i \sim CN(0, \kappa_i^2 P_i)$，满足 $\kappa_i = \sqrt{\kappa_{t,i}^2 + \kappa_{r,i}^2}$。当 $\kappa_{t,i} = \kappa_{r,t} = 0$ 和 $\sigma_{e_{SR_n}}^2 = \sigma_{e_{R_nD}}^2 = 0$ 时，式(4-5) 退化成理想条件的情况，则式(4-5) 简化为

$$y_i = g_i s_i + v_i, i \in \{ SR_n, R_n D \} \tag{4-6}$$

定义估计信道增益为 $\rho_i = |\hat{g}_i|^2$，则 ρ_i 服从近似 $\alpha\text{-}\mu$ 分布，其 PDF 和 CDF 分别可以表示为

$$f_{\rho_i}(x) = \frac{\alpha_i}{2\beta_i^{\frac{\alpha_i \mu_i}{2}}\Gamma(\mu_i)} x^{\frac{\alpha_i \mu_i}{2}-1} \exp\left[-\left(\frac{x}{\beta_i}\right)^{\frac{\alpha_i}{2}}\right] \tag{4-7}$$

$$F_{\rho_i}(x) = 1 - \sum_{m=1}^{\mu_i-1} \frac{e^{-\left(\frac{x}{\beta_i}\right)^{\frac{\alpha_i}{2}}}}{m!} \left(\frac{x}{\beta_i}\right)^{\frac{\alpha_i m}{2}} \frac{\alpha_i}{2\beta_i^{\frac{\alpha_i \mu_i}{2}}\Gamma(\mu_i)} x^{\frac{\alpha_i \mu_i}{2}-1} \exp\left[-\left(\frac{x}{\beta_i}\right)^{\frac{\alpha_i}{2}}\right] \tag{4-8}$$

式中，$\alpha_i \geq 0$ 表示非线性幂指数；$\mu_i \geq 0$ 为与多径簇的数目相关的参数；$\beta_i = \mathrm{E}[x]\Gamma(\mu_i)/\Gamma(\mu_i + 2/\alpha_i)$，$\mathrm{E}[x] = \hat{r}_i^2 \Gamma(\mu_i + 2/\alpha_i)/[\mu_i^{2/\alpha_i}\Gamma(\mu_i)]$，其中 $\hat{r}_i^2$ 为随机变量幅度的平方根，表示为 $\hat{r}_i = \sqrt[\alpha_i]{\mathrm{E}(R^{\alpha_i})}$。

因此，中继 R_n 和目的端接收 SINR 分别为

$$\gamma_{SR_n} = \frac{\rho_{SR_n}}{\rho_{SR_n}\kappa_{SR_n}^2 + \sigma_{e_{SR_n}}^2(1+\kappa_{SR_n}^2) + \dfrac{1}{\hat{\lambda}_{SR_n}}} \tag{4-9}$$

$$\gamma_{R_n D} = \frac{\rho_{R_n D}}{\rho_{R_n D}\kappa_{R_n D}^2 + \sigma_{e_{R_n D}}^2(1+\kappa_{R_n D}^2) + \dfrac{1}{\hat{\lambda}_{R_n D}}} \tag{4-10}$$

式中，$\kappa_{SR_n} = \sqrt{\kappa_{t,SR_n}^2 + \kappa_{r,SR_n}^2}$ 和 $\kappa_{R_n D} = \sqrt{\kappa_{t,R_n D}^2 + \kappa_{r,R_n D}^2}$ 分别来自远端到中继和中继到目的端链路收发硬件损伤电平；$\hat{\lambda}_{SR_n} = P_{SR_n}/N_{SR_n}$ 和 $\hat{\lambda}_{R_n D} = P_{R_n D}/N_{R_n D}$ 分别是源节点和中继节点处的发送 SNR。当 $\kappa_{t,i} = \kappa_{r,t} = 0$ 和 $\sigma_{e_{SR_n}}^2 = \sigma_{e_{R_n D}}^2 = 0$ 时，式(4-9) 和式(4-10) 变成理想情况。

根据 DF 中继协议准则，源节点和目的节点之间链路的有效 SINR 为源节点-中继节点和中继节点-目的节点 SINR 的最小值，具体可以表示为

$$\gamma^{\mathrm{DF}} = \min(\gamma_{SR_n}, \gamma_{R_n D}) \tag{4-11}$$

结合式(4-9) 和式(4-10)，可以得到非理想条件和理想条件下端到端 SINR 分别为

$$\gamma^{\mathrm{DF,ni}} = \min\left(\frac{\rho_{SR_n}}{\rho_{SR_n}\kappa_{SR_n}^2 + \sigma_{e_{SR_n}}^2(1+\kappa_{SR_n}^2) + \dfrac{1}{\hat{\lambda}_{SR_n}}}, \frac{\rho_{R_n D}}{\rho_{R_n D}\kappa_{R_n D}^2 + \sigma_{e_{R_n D}}^2(1+\kappa_{R_n D}^2) + \dfrac{1}{\hat{\lambda}_{R_n D}}}\right) \tag{4-12}$$

$$\gamma^{\mathrm{DF,id}} = \min(\hat{\lambda}_{SR_n}\rho_{SR_n}, \hat{\lambda}_{R_n D}\rho_{R_n D}) \tag{4-13}$$

式中，ni 和 id 分别表示非理想情况和理想情况。不同于式(4-13) 的理想条件，式(4-12) 端到端 SINR 不仅依赖于衰落参数，还受限于失真噪声和信道估计误差。

4.3 中断概率分析

考虑硬件损伤和非完美 CSI，分析三种中继选择方案的 $\alpha\text{-}\mu$ 衰落信道下多中继系统中断概率性能。

4.3.1 随机中继选择方案

为了分析的完整性，首先将随机中继选择作为比较的基准。以随机中继选择为例，研究了 DH-DF 多中继网络的性能。

（1）中断概率

中断概率是指系统的端到端 SINR 低于某一确定的阈值 γ_{th} 的概率，其数学表达式可以表示为

$$P_{\text{out}}(\gamma_{\text{th}}) = \Pr\{\gamma < \gamma_{\text{th}}\} \tag{4-14}$$

在随机中继协议下，随机地选择一个中继用于传输数据到目的节点。因此，存在硬件损伤和非完美 CSI 条件下，所选择的中继的接收 SINR 可以表示为

$$\gamma^{\text{DF,ni}} = \min_{i=SR_n,R_nD}\left(\frac{\rho_i}{\rho_i\kappa_i^2 + \sigma_{e_i}^2(1+\kappa_i^2) + \dfrac{1}{\hat{\lambda}_i}}\right) \tag{4-15}$$

理想条件下，所选择中继的接收 SINR 可以进一步简化为

$$\gamma^{\text{DF,id}} = \min_{i=SR_n,R_nD}(\rho_i\hat{\lambda}_i) \tag{4-16}$$

基于式(4-14)的定义，下述定理给出 $\alpha\text{-}\mu$ 衰落信道下双跳 DF 多中继系统中断概率性能。

定理 4.1：$\alpha\text{-}\mu$ 衰落信道，系统中断概率的闭式表达式可以表示为

● 非理想条件（$\kappa_{SR_n} = \kappa_{R_nD} \neq 0$ 和 $\sigma_{e_{SR_n}} = \sigma_{e_{R_nD}} \neq 0$）

$$P_{\text{out}}^{\text{RRS,ni}}(\gamma_{\text{th}}) = \begin{cases} 1 - \displaystyle\sum_{m=1}^{\mu_{SR_n}-1}\sum_{l=0}^{\mu_{R_nD}-1}\frac{\theta_n^{\frac{\alpha_{SR_n}^m}{2}}\phi_n^{\frac{\alpha_{R_nD}^l}{2}}}{m!l!}\exp\left[-\left(\theta_n^{\frac{\alpha_{SR_n}^m}{2}}+\phi_n^{\frac{\alpha_{R_nD}^l}{2}}\right)\right] & \gamma_{\text{th}} < \dfrac{1}{\max(\kappa_{SR_n}^2,\kappa_{R_nD}^2)} \\ 1 & \gamma_{\text{th}} \geq \dfrac{1}{\max(\kappa_{SR_n}^2,\kappa_{R_nD}^2)} \end{cases} \tag{4-17}$$

● 理想条件（$\kappa_{SR_n} = \kappa_{R_nD} = 0$ 和 $\sigma_{e_{SR_n}} = \sigma_{e_{R_nD}} = 0$）

$$P_{\text{out}}^{\text{RRS,id}}(\gamma_{\text{th}}) = 1 - \sum_{m=1}^{\mu_{SR_n}-1} \sum_{l=0}^{\mu_{R_nD}-1} \frac{\gamma_{\text{th}}^{\frac{\alpha_{SR_n}^m + \alpha_{R_nD}^l}{2}}}{m!l!(\beta_{SR_n}\hat{\lambda}_{SR_n})^{\alpha_{SR_n}^2/2}(\beta_{R_nD}\hat{\lambda}_{R_nD})^{\alpha_{R_nD}^2/2}} \exp\left[-\left(\theta_n^{\frac{\alpha_{SR_n}^m}{2}} + \phi_n^{\frac{\alpha_{R_nD}^l}{2}}\right)\right]$$

$$(4\text{-}18)$$

式中，$\theta_n = c_1\gamma_{\text{th}}/[\beta_{SR_n}(a_1 - b_1\gamma_{\text{th}})]$；$\phi_n = c_2\gamma_{\text{th}}/[\beta_{R_nD}(a_2 - b_2\gamma_{\text{th}})]$。其中 $a_1 = 1$，$a_2 = 1$，$b_1 = \kappa_{SR_n}^2$，$b_2 = \kappa_{R_nD}^2$，$c_1 = \sigma_{e_{SR_n}}^2(1 + \kappa_{SR_n}^2) + 1/\hat{\lambda}_{SR_n}$，$c_2 = \sigma_{e_{R_nD}}^2(1 + \kappa_{R_nD}^2) + 1/\hat{\lambda}_{R_nD}$。

证明： 根据式(4-15)，式(4-14) 的中断概率可以表示为

$$P_{\text{out}}^{\text{RRS,ni}}(\gamma_{\text{th}}) = \Pr(\gamma_{SR_n} \leqslant \gamma_{\text{th}}) + \Pr(\gamma_{R_nD} \leqslant \gamma_{\text{th}}) - \Pr(\gamma_{SR_n} \leqslant \gamma_{\text{th}})\Pr(\gamma_{R_nD} \leqslant \gamma_{\text{th}}) \quad (4\text{-}19)$$

式(4-18) 满足的条件是 $\gamma_{\text{th}} < 1/\max(\kappa_{SR_n}^2, \kappa_{R_nD}^2)$；当 $\gamma_{\text{th}} \geqslant 1/\max(\kappa_{SR_n}^2, \kappa_{R_nD}^2)$ 时，中断概率为1。因此，式(4-19) 可以进一步表示为

$$P_{\text{out}}^{\text{RRS,ni}}(\gamma_{\text{th}}) = F_{\gamma_{SR_n}}(\gamma_{\text{th}}) + F_{\gamma_{R_nD}}(\gamma_{\text{th}}) - F_{\gamma_{SR_n}}(\gamma_{\text{th}})F_{\gamma_{R_nD}}(\gamma_{\text{th}}) \quad (4\text{-}20)$$

利用式(4-20)，能够得到

$$F_{\gamma_{SR_n}}(\gamma_{\text{th}}) = \Pr\left(\frac{\rho_{SR_n}}{\rho_{SR_n}\kappa_{SR_n}^2 + c_1} \leqslant \gamma_{\text{th}}\right) \quad (4\text{-}21)$$

利用式(4-8)，式(4-21) 的表达式可以进一步表示为

$$F_{\gamma_{SR_n}}(\gamma_{\text{th}}) = 1 - \sum_{m=0}^{\mu_{SR_n}-1} \frac{e^{-\left[\frac{c_1\gamma_{\text{th}}}{\beta_{SR_n}(1-\kappa_{SR_n}^2\gamma_{\text{th}})}\right]^{\frac{\alpha_{SR_n}}{2}}}}{m!}\left[\frac{c_1\gamma_{\text{th}}}{\beta_{SR_n}(1 - \kappa_{SR_n}^2\gamma_{\text{th}})}\right]^{\frac{\alpha_{SR_n}}{2}} \quad (4\text{-}22)$$

同理，$F_{\gamma_{R_nD}}(\gamma_{\text{th}})$ 可以表示为

$$F_{\gamma_{SR_n}}(\gamma_{\text{th}}) = 1 - \sum_{m=0}^{\mu_{R_nD}-1} \frac{e^{-\left[\frac{c_2\gamma_{\text{th}}}{\beta_{R_nD}(1-\kappa_{R_nD}^2\gamma_{\text{th}})}\right]^{\frac{\alpha_{R_nD}}{2}}}}{m!}\left[\frac{c_2\gamma_{\text{th}}}{\beta_{R_nD}(1 - \kappa_{R_nD}^2\gamma_{\text{th}})}\right]^{\frac{\alpha_{R_nD}^m}{2}} \quad (4\text{-}23)$$

将式(4-22) 和式(4-23) 代入式(4-20)，可以得到定理4.1 中式(4-17) 的结论。

令 $\kappa_{t,i} = \kappa_{r,i} = 0$ 和 $\sigma_{e_{SR_n}}^2 = \sigma_{e_{R_nD}}^2 = 0$，通过一些化简操作，可以得到式(4-18) 的结论。

证明完毕。

虽然导出的表达式可以用封闭的形式表示，并且可以有效地求值，但是它并没有提供有关参数对 OP 影响的有用见解。为此，以下推论将探讨高信噪比下的渐进中断行为。

推论4.1： 在高 SNR 条件下（$\hat{\lambda}_{SR}$ 和 $\hat{\lambda}_{R_nD}$ 趋于无穷），系统的渐进中断概率可以表示为

● 非理想条件

$$P_{\text{out}}^{\text{RRS,ni}}(\gamma_{\text{th}}) = \begin{cases} \dfrac{\theta_n^{\frac{\alpha_{SR_n}\mu_{SR_n}}{2}}}{\Gamma(\mu_{SR_n}+1)} + \dfrac{\phi_n^{\frac{\alpha_{R_nD}\mu_{R_nD}}{2}}}{\Gamma(\mu_{R_nD}+1)} - \dfrac{\theta_n^{\frac{\alpha_{SR_n}\mu_{SR_n}}{2}}\phi_n^{\frac{\alpha_{R_nD}\mu_{R_nD}}{2}}}{\Gamma(\mu_{SR_n}+1)\Gamma(\mu_{R_nD}+1)} & \gamma_{\text{th}} < \dfrac{1}{\max(\kappa_{SR_n}^2,\kappa_{R_nD}^2)} \\[4mm] 1 & \gamma_{\text{th}} \geqslant \dfrac{1}{\max(\kappa_{SR_n}^2,\kappa_{R_nD}^2)} \end{cases}$$

$$\text{(4-24)}$$

- 理想条件

$$P_{\text{out}}^{\text{RRS,id}}(\gamma_{\text{th}}) = \frac{\varphi_n^{\frac{\alpha_{SR_n}\mu_{SR_n}}{2}}}{\Gamma(\mu_{SR_n}+1)} + \frac{\vartheta_n^{\frac{\alpha_{R_nD}\mu_{R_nD}}{2}}}{\Gamma(\mu_{R_nD}+1)} - \frac{\varphi_n^{\frac{\alpha_{SR_n}\mu_{SR_n}}{2}}\vartheta_n^{\frac{\alpha_{R_nD}\mu_{R_nD}}{2}}}{\Gamma(\mu_{SR_n}+1)\Gamma(\mu_{R_nD}+1)} \tag{4-25}$$

证明： 利用文献 [7] 的方法，式(4-7) 和式(4-8) 可以表示泰勒展开级数形式。当 $\hat{\lambda}_{SR_n}$ 和 $\hat{\lambda}_{R_nD}$ 趋于无穷时，泰勒展开式的第一项为级数和的主项。因此，式(4-7) 和式(4-8) 可以分别进一步简化为

$$f_{\rho_i}(x) = \frac{\alpha x^{\frac{\alpha_i\mu_i-1}{2}}}{2\beta_i^{\frac{\alpha_i\mu_i}{2}}\Gamma(\mu_i)} + o(x), x \geqslant 0 \tag{4-26}$$

$$F_{\rho_i}(x) = \frac{1}{\Gamma(\mu_i+1)}\left(\frac{x}{\beta_i}\right)^{\frac{\alpha_i\mu_i}{2}} + o(x), x \geqslant 0 \tag{4-27}$$

利用式(4-26) 和式(4-27)，式(4-9) 和式(4-10) 的 CDF 分别可以表示为

$$F_{\gamma_{SR_n}}(\gamma_{\text{th}}) \approx \frac{\theta_n^{\alpha_{SR_n}\mu_{SR_n}}}{\Gamma(\mu_{SR_n}+1)} \tag{4-28}$$

$$F_{\gamma_{R_nD}}(\gamma_{\text{th}}) \approx \frac{\theta_n^{\alpha_{R_nD}\mu_{R_nD}}}{\Gamma(\mu_{R_nD}+1)} \tag{4-29}$$

将式(4-28) 和式(4-29) 代入式(4-20)，通过化简可以得到式(4-24) 的结论。

同理，令 $\kappa_{t,i} = \kappa_{r,i} = 0$ 和 $\sigma_{e_{SR_n}}^2 = \sigma_{e_{R_nD}}^2 = 0$，通过一些化简操作，可以得到式(4-25) 的结论。证明完毕。

(2) 分集增益

为了得到更深入的理解，研究渐进中断概率的分集阶数。根据文献 [8]，分集阶数的定义为

$$d(\hat{\lambda}_{SR_n}, \hat{\lambda}_{R_nD}) = -\lim_{\hat{\lambda}_{SR_n}, \hat{\lambda}_{R_nD} \to \infty} \frac{P_{\text{out}}^i(\hat{\lambda}_{SR_n}, \hat{\lambda}_{R_nD})}{\lg(\hat{\lambda}_{SR_n}, \hat{\lambda}_{R_nD})}, \tag{4-30}$$

式中，i 表示随机中继选择方案、最优中继选择方案和部分中继选择方案中的任意一种。

基于上述定义，随机中继选择方案在高 SNR 下的分集阶数有下述推论。

推论 4.2：在高 SNR 条件下，中断概率的分集阶数可以表示为

- 非理想条件

$$d^{\text{RRS,ni}}(\hat{\lambda}_{SR_n}, \hat{\lambda}_{R_nD}) = 0 \tag{4-31}$$

- 理想条件

$$d^{\text{RRS,id}}(\hat{\lambda}_{SR_n}, \hat{\lambda}_{R_nD}) = \min\left(\frac{\alpha_{SR_n}\mu_{SR_n}}{2}, \frac{\alpha_{R_nD}\mu_{R_nD}}{2}\right) \tag{4-32}$$

证明：非理想条件下，式（4-24）的主项为求和项的第一项和第二项

$$P_{\text{out}}^{\text{RRS,ni}} = \frac{\theta_n^{\frac{\alpha_{SR_n}\mu_{SR_n}}{2}}}{\Gamma(\mu_{SR_n}+1)} + \frac{\phi_n^{\frac{\alpha_{R_nD}\mu_{R_nD}}{2}}}{\Gamma(\mu_{R_nD}+1)} \tag{4-33}$$

注意式（4-33）是一个常量，与 $\hat{\lambda}_{SR_n}$ 和 $\hat{\lambda}_{R_nD}$ 无关。将式（4-33）带入分集阶数的定义式（4-30），通过一些化简操作，可以得到式（4-31）的结论。

理想条件下，式（4-25）的主项为第一项和第二项之和

$$P_{\text{out}}^{\text{RRS,id}} = \frac{\varphi_n^{\frac{\alpha_{SR_n}\mu_{SR_n}}{2}}}{\Gamma(\mu_{SR_n}+1)} + \frac{\vartheta_n^{\frac{\alpha_{R_nD}\mu_{R_nD}}{2}}}{\Gamma(\mu_{R_nD}+1)} \tag{4-34}$$

式（4-34）可以进一步表示为

$$P_{\text{out}}^{\text{RRS,id}} \propto \left(\frac{1}{\hat{\lambda}_{SR_n}}\right)^{\frac{\alpha_{SR_n}\mu_{SR_n}}{2}} \text{或者} \left(\frac{1}{\hat{\lambda}_{R_nD}}\right)^{\frac{\alpha_{R_nD}\mu_{R_nD}}{2}} \tag{4-35}$$

将式（4-35）带入式（4-30），经过一下化简操作，可以得到式（4-32）的结论。

证明完毕。

结论：推论 4.1 和推论 4.2 对推导出的分析结果提供了一些见解：在理想的高 SNR 条件下，系统的有效 SINR 存在一个上界 $1/\max(\kappa_{SR_n}^2, \kappa_{R_nD}^2)$。当 $\gamma_{\text{th}} \geqslant 1/\max(\kappa_{SR_n}^2, \kappa_{R_nD}^2)$ 时，中断概率为 1。当 $\gamma_{\text{th}} < 1/\max(\kappa_{SR_n}^2, \kappa_{R_nD}^2)$ 时，随着平均 SNR 趋于无穷，中断概率存在一个错误平台

$$\frac{\theta_n^{\frac{\alpha_{SR_n}\mu_{SR_n}}{2}}}{\Gamma(\mu_{SR_n}+1)} + \frac{\phi_n^{\frac{\alpha_{R_nD}\mu_{R_nD}}{2}}}{\Gamma(\mu_{R_nD}+1)} + \frac{\theta_n^{\frac{\alpha_{SR_n}\mu_{SR_n}}{2}}\phi_n^{\frac{\alpha_{R_nD}\mu_{R_nD}}{2}}}{\Gamma(\mu_{SR_n}+1)\Gamma(\mu_{R_nD}+1)} \tag{4-36}$$

从而导致分集阶数为 0。此外，当失真噪声和信道估计误差的值增加时，中断概率性能逐

渐降低。理想条件高 SNR 条件下，中断概率随着 SNR 的增加趋于无穷，其值仅仅依赖于衰落参数和平均 SNR，分集阶数为 $\min(\alpha_{SR_n}\mu_{SR_n}/2,\ \alpha_{R_nD}\mu_{R_nD}/2)$。最后，理想和非理想条件下，随机中继选择方案的中断概率与中继天线数无关。

4.3.2 最优中继选择方案

为了降低实现复杂度和提高频谱效率，研究者提出的最优中继选择方案，选择最佳的中继将源信号转发到目的节点。接下来，针对最优中继选择方案，分析双跳 DF 多中继系统的中断概率性能。

（1）中断概率

对于最优中继选择方案，根据源节点-中继节点和中继节点-目的节点的链路质量，选择一个最优的中继。相应的数学表达式为

$$n^* = \arg\max_{1 \le n \le N}\min(\gamma_{SR_n},\gamma_{R_nD}) \tag{4-37}$$

基于上述定义，α-μ 衰落信道下，硬件损伤和非完美 CSI 多中继系统的中断概率由以下定理给出。

定理 4.2： 在 α-μ 衰落信道下，系统中断概率闭式表达式可以表示为

● 非理想条件

$$P_{\text{out,ni}}^{\text{ORS}}(\gamma_{\text{th}}) = \begin{cases} \prod\limits_{n=1}^{N}\left[1 - \sum\limits_{m=1}^{\mu_{SR_n}-1}\sum\limits_{l=1}^{\mu_{R_nD}-1}\dfrac{\theta_n^{\frac{\alpha_{SR_n}m}{2}}\phi_n^{\frac{\alpha_{R_nD}l}{2}}}{m!\,l!}\mathrm{e}^{-\left(\theta_n^{\frac{\alpha_{SR_n}}{2}}+\phi_n^{\frac{\alpha_{R_nD}}{2}}\right)}\right] & \gamma_{\text{th}} < \dfrac{1}{\max(\kappa_{SR_n}^2,\kappa_{R_nD}^2)} \\[3mm] 1 & \gamma_{\text{th}} \ge \dfrac{1}{\max(\kappa_{SR^2},\kappa_{R_nD}^2)} \end{cases}$$

$$\tag{4-38}$$

● 理想条件

$$P_{\text{out,id}}^{\text{ORS}}(\gamma_{\text{th}}) = \prod_{n=1}^{N}\left[1 - \sum_{m=1}^{\mu_{SR_n}-1}\sum_{l=1}^{\mu_{R_nD}-1}\frac{\mathrm{e}^{-\left(\varphi_n^{\frac{\alpha_{SR_n}}{2}}+\vartheta_n^{\frac{\alpha_{R_nD}}{2}}\right)}}{m!\,l!}\frac{\gamma_{\text{th}}^{\frac{\alpha_{SR_n}l+\alpha_{R_nD}m}{2}}}{(\beta_{SR_n}\lambda_{SR_n})^{\frac{\alpha_{SR_n}m}{2}}(\beta_{R_nD}\lambda_{R_nD})^{\frac{\alpha_{R_nD}l}{2}}}\right] \tag{4-39}$$

证明： 根据式（4-37），式（4-14）可以表示为

$$P_{\text{out,ni}}^{\text{ORS}}(\gamma_{\text{th}}) = \Pr\left[\max_{1 \le n \le N}\min(\gamma_{SR_n},\gamma_{R_nD}) \le \gamma_{\text{th}}\right]$$

$$= \prod_{n=1}^{N}\left[\Pr(\gamma_{SR_n} \le \gamma_{\text{th}}) + \Pr(\gamma_{\gamma_{R_nD}} \le \gamma_{\text{th}}) - \Pr(\gamma_{SR_n} \le \gamma_{\text{th}})\Pr(\gamma_{\gamma_{R_nD}} \le \gamma_{\text{th}})\right]$$

$$\tag{4-40}$$

式(4-39) 满足的条件是 $\gamma_{th} < 1/\max(\kappa_1^2, \kappa_2^2)$。当 $\gamma_{th} \geq 1/\max(\kappa_1^2, \kappa_2^2)$ 时，中断概率为 1。根据 CDF 的定义，式(4-39) 可以进一步表示为

$$P_{out}^{ORS,id}(\gamma_{th}) = \prod_{n=1}^{N} \left[F_{\gamma_{SR_n}}(\gamma_{th}) + F_{\gamma_{\gamma_{R_nD}}}(\gamma_{th}) - F_{\gamma_{SR_n}}(\gamma_{th}) F_{\gamma_{\gamma_{R_nD}}}(\gamma_{th}) \right] \quad (4-41)$$

将式（4-22）和式（4-23）代入式(4-41)，通过一些化简操作，可以得到式(4-38) 的结论。

对于理想条件，令 $\kappa_{t,i} = \kappa_{r,i} = 0$ 和 $\sigma_{e_{SR_n}}^2 = \sigma_{e_{R_nD}}^2 = 0$，通过一些化简操作，可以得到式(4-39) 的结论。

同理，尽管定理 4.2 给出了中断概率的闭式表达式，并且可以有效地求值，但是它并没有提供有关参数对中断概率性能影响的有效见解。为此，以下推论将探讨高信噪比下的渐进中断行为。

推论 4.3：*高 SNR 条件下，系统的渐进中断概率可以表示为*

● 非理想条件

$$P_{out}^{ORS,ni}(\gamma_{th}) = \prod_{n=1}^{N} \left(\frac{\theta_n^{\frac{\alpha_{SR_n}\mu_{SR_n}}{2}}}{\Gamma(\mu_{SR_n}+1)} + \frac{\phi_n^{\frac{\alpha_{R_nD}\mu_{R_nD}}{2}}}{\Gamma(\mu_{R_nD}+1)} - \frac{\theta_n^{\frac{\alpha_{SR_n}\mu_{SR_n}}{2}} \phi_n^{\frac{\alpha_{R_nD}\mu_{R_nD}}{2}}}{\Gamma(\mu_{SR_n}+1)\Gamma(\mu_{R_nD}+1)} \right) \quad (4-42)$$

● 理想条件

$$P_{out}^{ORS,id}(\gamma_{th}) = \prod_{n=1}^{N} \left(\frac{\varphi_n^{\frac{\alpha_{SR_n}\mu_{SR_n}}{2}}}{\Gamma(\mu_{SR_n}+1)} + \frac{\vartheta_n^{\frac{\alpha_{R_nD}\mu_{R_nD}}{2}}}{\Gamma(\mu_{R_nD}+1)} - \frac{\varphi_n^{\frac{\alpha_{SR_n}\mu_{SR_n}}{2}} \vartheta_n^{\frac{\alpha_{R_nD}\mu_{R_nD}}{2}}}{\Gamma(\mu_{SR_n}+1)\Gamma(\mu_{R_nD}+1)} \right) \quad (4-43)$$

证明：具体证明参考推论 4.1。

证明完毕。

上述研究结论是针对独立非同分布 α-μ 衰落，对于独立同分布 α-μ 衰落信道，系统中断概率由推论 4.4 给出。

推论 4.4：*独立同分布 α-μ 衰落，系统中断概率简化为*

● 非理想条件

$$P_{out}^{ORS,ni}(\gamma_{th}) = \left[1 - \sum_{m=1}^{\mu-1} \frac{(\hat{\theta}_n\hat{\phi}_n)^{\frac{\alpha m}{2}}}{(m!)^2} e^{-\left(\hat{\theta}_n^{\frac{\alpha}{2}} + \hat{\phi}_n^{\frac{\alpha}{2}}\right)} \right]^N \quad (4-44)$$

● 理想条件

$$P_{out}^{ORS,id}(\gamma_{th}) = \left[1 - \sum_{m=1}^{\mu-1} \frac{e^{-2\left(\frac{\gamma_{th}}{\beta\hat{\lambda}}\right)^{\frac{\alpha}{2}}}}{(m!)^2} \left(\frac{\gamma_{th}}{\beta\hat{\lambda}}\right)^{\frac{\alpha m}{2}} \right]^N \quad (4-45)$$

式中，$\hat{\theta}_n = c_1'\gamma_{th}/[\beta(a_1 - b_1\gamma_{th})]$，$c_1' = \sigma_{e_{SR_n}}^2(1 + \kappa_{SR_n}^2) + 1/\hat{\lambda}$；$\hat{\phi}_n = c_2'\gamma_{th}/[\beta(a_2 - b_2\gamma_{th})]$，$c_2' = \sigma_{e_{R_nD}}^2(1 + \kappa_{R_nD}^2) + 1/\hat{\lambda}$。

证明：详细的证明思路参考定理 4.1。

证明完毕。

(2) 分集阶数

针对最优中继选择方案，下面的推论将给出高 SNR 情况下系统的分集阶数。

推论 4.5：高 SNR 条件下，系统分集阶数为

- 非理想条件

$$d_{out}^{ORS,ni}(\hat{\lambda}_{SR_n}, \hat{\lambda}_{R_nD}) = 0 \tag{4-46}$$

- 理想条件

$$d_{out}^{ORS,id}(\hat{\lambda}_{SR_n}, \hat{\lambda}_{R_nD}) = \prod_{n=1}^{N} \min\left(\frac{\alpha_{SR_n}\mu_{SR_n}}{2}, \frac{\alpha_{R_nD}\mu_{R_nD}}{2}\right) \tag{4-47}$$

证明：非理想条件，式(4-42) 的主项为其第一项和第二项之和，数学表达式为

$$P_{out}^{ORS,ni}(\gamma_{th}) = \prod_{n=1}^{N}\left[\frac{\theta_n^{\frac{\alpha_{SR_n}\mu_{SR_n}}{2}}}{\Gamma(\mu_{SR_n} + 1)} + \frac{\phi_n^{\frac{\alpha_{R_nD}\mu_{R_nD}}{2}}}{\Gamma(\mu_{R_nD} + 1)}\right] \tag{4-48}$$

式(4-48) 是一个与源节点端和中继节点端 SNR 无关的量。将式(4-48) 代入式(4-30)，经过一些化简操作，能够得到式(4-46) 的结果。

理想条件，式(4-43) 的主项为

$$P_{out}^{ORS,id}(\gamma_{th}) = \prod_{n=1}^{N}\left[\frac{\varphi_n^{\frac{\alpha_{SR_n}\mu_{SR_n}}{2}}}{\Gamma(\mu_{SR_n} + 1)} + \frac{\vartheta_n^{\frac{\alpha_{R_nD}\mu_{R_nD}}{2}}}{\Gamma(\mu_{R_nD} + 1)}\right] \tag{4-49}$$

同理，将式(4-49) 代入式(4-30)，经过一些化简操作，可以得到式(4-47) 的结论。

对于独立同分布 α-μ 衰落信道，式(4-47) 的结果可以进一步简化为

$$d_{out}^{ORS,ni}(\hat{\lambda}_{SR_n}, \hat{\lambda}_{R_nD}) = \frac{N\alpha\mu}{2} \tag{4-50}$$

证明：令 $\alpha_{SR_n} = \alpha_{R_nD} = \alpha$，$\mu_{SR_n} = \mu_{R_nD} = \mu$，$\hat{\lambda}_{SR_n} = \hat{\lambda}_{R_nD} = \hat{\lambda}$，$\beta_{SR_n} = \beta_{R_nD} = \beta$，经过一些化简操作，可以得到上述结果。

结论：由推论 4.3 到推论 4.5 可以看出，对于非理想条件，系统有效 SINR 存在一个上界，该上界值依赖于硬件损伤电平 κ_{SR_n} 和 κ_{R_nD}。当 $\gamma_{th} < 1/\max(\kappa_{SR_n}^2, \kappa_{R_nD}^2)$ 时，随着平均 SNR 趋于无穷，系统渐进中断概率错误平台存在一个下界

$$\left[1 - \sum_{m=1}^{\mu-1} \frac{(\hat{\theta}_n \hat{\phi}_n)^{\frac{\alpha m}{2}}}{(m!)^2} e^{-\left(\hat{\theta}_n^{\frac{\alpha}{2}} + \hat{\phi}_n^{\frac{\alpha}{2}}\right)}\right]^N$$

导致分集阶数为0。此外，当失真噪声和信道估计误差值较大时，随着中断概率的增长，硬件损伤和非完美CSI会降低中断概率性能。对于理想条件，系统渐进中断概率随着平均SNR的增加趋于无穷，其分集增益为$N\alpha\mu/2$。最后，对于非理想条件，系统中断概率由衰落参数、失真噪声、信道估计误差和中继数目决定，然而对于理想条件，系统中断概率依赖于衰落参数和中继数目。

4.3.3　部分中继选择方案

在一些实际系统中，节点只能获得一跳的CSI，例如无线传感器网络、自组织网络和Mesh网络[9]。为此，研究者提出了部分中继选择方案，所提方案利用源节点-中继节点（第一跳）和中继节点-目的节点（第二跳）中的一个。因此，本章研究基于部分中继选择方案双跳DF多中继系统的中断概率性能[10]。

（1）中断概率

对于部分中继选择方案，根据源节点-中继节点或者中继节点-目的节点的任意链路选择最优中继，本章利用第一跳链路质量选择最优中继，选择的最优中继可以表述如下。

$$n^* = \arg \max_{1 \leq n \leq N} (\gamma_{SR_n}) \tag{4-51}$$

针对$\alpha\text{-}\mu$衰落信道，硬件损伤和非完美CSI条件下，双跳多中继系统中断概率性能由定理4.3给出。

定理4.3：$\alpha\text{-}\mu$衰落信道，系统中断概率的闭式表达式可以表示为

- 非理想条件

$$P_{\text{out}}^{\text{PRS,ni}}(\gamma_{\text{th}}) = \begin{cases} 1 - \sum_{l=0}^{\mu_{R_nD}-1} \frac{e^{-\phi_n^{\frac{\alpha_{R_nD}}{2}}}}{l!} \phi_n^{\frac{\alpha_{R_nD}l}{2}} \left[1 - \prod_{n=1}^{N}\left(1 - \sum_{m=0}^{\mu_{SR_n}-1} \frac{e^{-\theta_n^{\frac{\alpha_{SR_n}}{2}}}}{m!} \theta_n^{\frac{\alpha_{SR_n}m}{2}}\right)\right] & \gamma_{\text{th}} < \frac{1}{\max(\kappa_{SR_n}^2, \kappa_{R_nD}^2)} \\ 1 & \gamma_{\text{th}} \geq \frac{1}{\max(\kappa_{SR_n}^2, \kappa_{R_nD}^2)} \end{cases}$$

$$\tag{4-52}$$

- 理想条件

$$P_{\text{out}}^{\text{PRS,id}}(\gamma_{\text{th}}) = 1 - \sum_{l=0}^{\mu_{R_nD}-1} \frac{e^{-\vartheta_n^{\frac{\alpha_{R_nD}}{2}}}}{l!} \vartheta_n^{\frac{\alpha_{R_nD}l}{2}} \left[1 - \prod_{n=1}^{N}\left(1 - \sum_{m=0}^{\mu_{SR_n}-1} \frac{e^{-\varphi_n^{\frac{\alpha_{SR_n}}{2}}}}{m!} \varphi_n^{\frac{\alpha_{SR_n}m}{2}}\right)\right] \tag{4-53}$$

证明： 由 DF 的协议，式(4-40) 的中断概率可以表示为

$$P_{\text{out}}^{\text{PRS,ni}}(\gamma_{\text{th}}) = \Pr\big[\min(\gamma_{SR_{n*}}, \gamma_{R_nD}) \leq \gamma_{\text{th}}\big]$$

$$= F_{\gamma_{SR_{n*}}}(\gamma_{\text{th}}) + F_{\gamma_{R_n*D}}(\gamma_{\text{th}}) + F_{\gamma_{SR_{n*}}}(\gamma_{\text{th}}) + F_{\gamma_{R_n*D}}(\gamma_{\text{th}}) \tag{4-54}$$

根据式(4-51)，第一跳的接收 SNR 为

$$\gamma_{SR_{n*}} = \max(\gamma_{SR_1}, \gamma_{SR_2}, \cdots, \gamma_{SR_N}) \tag{4-55}$$

故，$\gamma_{SR_{n*}}$ 的 CDF 为

$$F_{\gamma_{SR_{n*}}}(\gamma_{\text{th}}) = \prod_{n=1}^{N} \Pr(\gamma_{SR_n} \leq \gamma_{\text{th}}) \tag{4-56}$$

利用式(4-22) 的结论，式(4-56) 可以进一步表述为

$$F_{\gamma_{SR_{n*}}}(\gamma_{\text{th}}) = \prod_{n=1}^{N}\left(1 - \sum_{m=0}^{\mu_{SR_n}-1} \frac{e^{-\left[\frac{c_1\gamma_{\text{th}}}{\beta_{SR_n}(1-\kappa_{SR_n}^2\gamma_{\text{th}})}\right]^{\frac{\alpha_{SR_n}}{2}}}}{m!}\left[\frac{c_1\gamma_{\text{th}}}{\beta_{SR_n}(1-\kappa_{SR_n}^2\gamma_{\text{th}})}\right]^{\frac{\alpha_{SR_n}}{2}}\right) \tag{4-57}$$

此外，对于部分中继选择方案，第二跳接收 SINR 为

$$F_{\gamma_{R_n*D}}(\gamma_{\text{th}}) = F_{\gamma_{R_nD}}(\gamma_{\text{th}}) \tag{4-58}$$

其中，$F_{\gamma_{R_nD}}(\gamma_{\text{th}})$ 由式(4-23) 给出。

因此，$F_{\gamma_{R_n*D}}(\gamma_{\text{th}})$ 可以表示为

$$F_{\gamma_{R_n*D}}(\gamma_{\text{th}}) = 1 - \sum_{l=0}^{\mu_{R_nD}-1} \frac{e^{-\left[\frac{c_2\gamma_{\text{th}}}{\beta_{R_nD}(1-\kappa_{R_nD}^2\gamma_{\text{th}})}\right]^{\frac{\alpha_{R_nD}}{2}}}}{l!}\left[\frac{c_2\gamma_{\text{th}}}{\beta_{R_nD}(1-\kappa_{R_nD}^2\gamma_{\text{th}})}\right]^{\frac{\alpha_{R_nD}l}{2}} \tag{4-59}$$

将式(4-59) 和式(4-57) 代入式(4-54)，经过一下化简操作，可以得到式(4-52) 的结论。

对于理想条件，令 $\kappa_{t,i} = \kappa_{r,i} = 0$ 和 $\sigma_{e_{SR_n}}^2 = \sigma_{e_{R_nD}}^2 = 0$，通过一些化简操作，可以得到式(4-52) 的结论。

尽管定理4.3 的结论能够表示成闭式形式，并且能够有效地通过标准的仿真软件进行评估，但是它并没有提供关于参数对系统性能影响的充分见解。接下来，将对高 SNR 条件下的中断性能进行渐近分析，给出系统中断概率性能的闭式表达式。

推论4.6： 高 SNR 条件下，系统中断概率的渐进表达式为

- 非理想条件

$$P_{\text{out}}^{\text{PRS,ni}} = \frac{\phi_n^{\frac{\alpha_{R_nD}\mu_{R_nD}}{2}}}{\Gamma(\mu_{R_nD}+1)} - \prod_{n=1}^{N}\left[\frac{\theta_n^{\frac{\alpha_{SR_n}\mu_{SR_n}}{2}}}{\Gamma(\mu_{SR_n}+1)}\right]\left[\frac{\phi_n^{\frac{\alpha_{R_nD}\mu_{R_nD}}{2}}}{\Gamma(\mu_{R_nD}+1)}-1\right] \tag{4-60}$$

- 理想条件

$$P_{\text{out}}^{\text{PRS,id}} = \frac{\vartheta_n^{\frac{\alpha_{R_nD}\mu_{R_nD}}{2}}}{\Gamma(\mu_{R_nD}+1)} - \prod_{n=1}^{N}\left(\frac{\varphi_n^{\frac{\alpha_{SR_n}\mu_{SR_n}}{2}}}{\Gamma(\mu_{SR_n}+1)}\right)\left(\frac{\vartheta_n^{\frac{\alpha_{R_nD}\mu_{R_nD}}{2}}}{\Gamma(\mu_{R_nD}+1)}-1\right) \tag{4-61}$$

证明： 根据式(4-55)，高 SNR 条件下，第一跳 SNR 的 CDF 为

$$F_{\gamma_{SR_{n*}}}(\gamma_{\text{th}}) = \Pr(\gamma_{SR_{n*}} \leqslant \gamma_{\text{th}})$$

$$= \prod_{n=1}^{N} F_{\gamma_{SR_n}}(\gamma_{\text{th}}) \tag{4-62}$$

其中，$F_{\gamma_{SR_n}}(\gamma_{\text{th}})$ 由式(4-22)给出。

另外，第二跳的 CDF 为

$$F_{\gamma_{R_{n*}D}}(\gamma_{\text{th}}) = \frac{\left[\dfrac{c_2\gamma_{\text{th}}}{\beta_{R_nD}(a_2-b_2\gamma_{\text{th}})}\right]^{\frac{\alpha_{R_nD}\mu_{R_nD}}{2}}}{\Gamma(\mu_{R_nD}+1)} \tag{4-63}$$

结合式(4-62)和式(4-63)，通过一些化简操作，可以得到式(4-60)的结论。

令 $\kappa_{t,i}=\kappa_{r,i}=0$ 和 $\sigma_{e_{SR_n}}^2=\sigma_{e_{R_nD}}^2=0$，通过一些化简操作，可以得到式(4-61)的结论。

证明完毕。

当衰落信道为独立同分布的 α-μ 衰落信道时，推论 4.6 的结论简化为推论 4.7。

推论 4.7： 独立同分布的 α-μ 衰落信道，系统渐进中断概率为

● 非理想条件

$$P_{\text{out}}^{\text{PRS,ni}} = 1 - \sum_{m=0}^{\mu-1} \frac{\mathrm{e}^{-\hat{\phi}_n^{\frac{\alpha}{2}}}\hat{\phi}_n^{\frac{\alpha m}{2}}}{m!}\left[1-\left(1-\frac{\mathrm{e}^{-\hat{\theta}_n^{\frac{\alpha}{2}}}\hat{\theta}_n^{\frac{\alpha m}{2}}}{m!}\right)^N\right] \tag{4-64}$$

● 理想条件

$$P_{\text{out}}^{\text{PRS,id}} = 1 - \sum_{m=0}^{\mu-1} \frac{\mathrm{e}^{-\left(\frac{\gamma_{\text{th}}}{\beta\hat{\lambda}}\right)^{\frac{\alpha}{2}}}}{m!}\left(\frac{\gamma_{\text{th}}}{\beta\hat{\lambda}}\right)^{\frac{\alpha m}{2}}\left[1-\left(1-\frac{\mathrm{e}^{-\left(\frac{\gamma_{\text{th}}}{\beta\hat{\lambda}}\right)^{\frac{\alpha}{2}}}}{m!}\left(\frac{\gamma_{\text{th}}}{\beta\hat{\lambda}}\right)^{\frac{\alpha m}{2}}\right)^N\right] \tag{4-65}$$

证明： 参考推论 4.4 的证明方法。

证明完毕。

（2）分集阶数

接下来，将针对高 SNR 下部分中继选择方案的分集阶数进行分析，详细过程如推论 4.8 所述。

推论 4.8： 高 SNR 条件下，系统分集阶数为

- 非理想条件

$$d^{\text{PRS,ni}} = 0 \qquad (4\text{-}66)$$

- 理想条件

$$d^{\text{PRS,id}} = \min\left(\prod_{n=1}^{N} \frac{\alpha_{SR_n}\mu_{SR_n}}{2}, \frac{\alpha_{R_nD}\,\mu_{R_nD}}{2}\right) \qquad (4\text{-}67)$$

证明：证明过程参考推论 4.5 和 4.6。

证明完毕。

当信道为独立同分布 α-μ 衰落信道，式(4-67) 可进一步简化为

$$d^{\text{PRS,id}}(\hat{\lambda}) = \frac{\alpha\mu}{2} \qquad (4\text{-}68)$$

结论：由推论 4.6 ~ 4.8 可知，对于非理想条件，高 SNR 下渐进中断概率下界为

$$\frac{\phi_n^{\frac{\alpha_{R_nD}\mu_{R_nD}}{2}}}{\Gamma(\mu_{R_nD}+1)} - \prod_{n=1}^{N}\left[\frac{\theta_n^{\frac{\alpha_{SR_n}\mu_{SR_n}}{2}}}{\Gamma(\mu_{SR_n}+1)}\right]\left[\frac{\phi_n^{\frac{\alpha_{R_nD}\mu_{R_nD}}{2}}}{\Gamma(\mu_{R_nD}+1)} - 1\right]$$

从而导致分集阶数为 0。产生上述现象的原因是硬件损伤和信道估计的存在，在高 SNR 下中断概率为固定常量。对于理想条件，分集阶数是一个固定常量，其值依赖于 $\prod_{n=1}^{N} \frac{\alpha_{SR_n}\mu_{SR_n}}{2}$ 和 $\alpha_{R_nD}\mu_{R_nD}/2$ 的最小值。这意味着当中继天线很大时，分集阶数由中继节点和目的节点链路间的衰落参数决定。此外，当信道为独立同分布 α-μ 衰落时，分集阶数为常量 $\alpha\mu/2$，其值依赖于衰落参数。最后，还可以看出最优中继选择方案和部分最优选择方案下系统中断概率性能随着中继选择的增加而逐渐提高。

4.4 遍历容量分析

实际通信系统中，遍历容量是评估系统性能的另一个关键指标。因此，考虑硬件损伤和非完美 CSI，研究随机中继选择、最优中继选择和部分中继选择方案下多中继系统的遍历容量性能，其定义为

$$C = \min_{i=SR_n,R_nD} \frac{1}{2} \mathrm{E}\left[\log_2(1+\gamma_i)\right], i=\{SR_n,R_nD\} \qquad (4\text{-}69)$$

其中，γ_{SR_n} 和 γ_{R_nD} 分别表示源节点-中继节点和中继节点-目的节点间的 SINR。

4.4.1 随机中继选择方案

正如4.3.1节一样，随机中继选择作为与最优中继选择和部分中继选择方案性能比较的基准进行研究。接下来，将对随机中继选择方案下多中继系统遍历容量进行研究。

（1）遍历容量

对于随机中继选择方案，随机地选择其中一个中继节点用于信息传输。因此，该方案下的遍历容量可以表示为

$$C^{\mathrm{RRS}} = \min_{i=SR_n, R_nD} \frac{1}{2} \mathrm{E}\left\{ \log_2 \left(1 + \frac{\rho_i}{\rho_i \kappa_i^2 + \sigma_{e_i}^2 (1 + \kappa_i^2) + \frac{1}{\hat{\lambda}_i}} \right) \right\} \tag{4-70}$$

其中，期望操作针对随机变量 ρ_i 进行。

在进行系统遍历容量分析时，得到系统遍历容量确切闭式表达式非常困难，为了解决这一问题，本章对其近似遍历容量进行分析。为此，下述定理给出存在硬件损伤和非完美 CSI 下，$\alpha\text{-}\mu$ 衰落信道多中继系统近似遍历容量。

定理 4.4：$\alpha\text{-}\mu$ 衰落信道，系统中遍历容量上界为

● 非理想条件

$$C^{\mathrm{RRS,ni}} \leqslant \frac{1}{2} \log_2 \left(1 + \min_{i=SR_n, R_nD} \frac{\beta_i \varepsilon_i}{\beta_i \kappa_i^2 \varepsilon_i + \Gamma(\mu_i) \varpi_i} \right) \tag{4-71}$$

● 理想条件

$$C^{\mathrm{RRS,id}} \leqslant \frac{1}{2} \log_2 \left(1 + \min_{i=SR_n, R_nD} \frac{\beta_i \hat{\lambda}_i \varepsilon_i}{\Gamma(\mu_i)} \right) \tag{4-72}$$

式中，$\varepsilon_i = \Gamma(\mu_i + 2/\alpha_i)$；$\varpi_i = \sigma_{e_i}^2 (1 + \kappa_i^2) + 1/\hat{\lambda}_i$。

证明：利用文献［11］的结论，有下述表达式

$$C^{\mathrm{RRS,ni}} \leqslant \frac{1}{2} \min_{i=SR_n, R_nD} \log_2 \left[1 + \mathrm{E}(\gamma_i) \right] \tag{4-73}$$

利用式(4-9) 和式(4-10)，非理想条件下，系统遍历容量上界为

$$C^{\mathrm{RRS,ni}} \approx \frac{1}{2} \min_{i=SR_n, R_nD} \log_2 \left[1 + \frac{\mathrm{E}(\rho_i)}{\mathrm{E}(\rho_i) \kappa_i^2 + \sigma_{e_i}^2 (1 + \kappa_i^2) + \frac{1}{\hat{\lambda}_i}} \right]$$

$$= \frac{1}{2} \log_2 \left[1 + \min_{i=SR_n, R_nD} \frac{\mathrm{E}(\rho_i)}{\mathrm{E}(\rho_i) \kappa_i^2 + \sigma_{e_i}^2 (1 + \kappa_i^2) + \frac{1}{\hat{\lambda}_i}} \right] \tag{4-74}$$

理想条件下，系统遍历容量上界为

$$C^{\text{RRS,id}} \approx \frac{1}{2} \min_{i = SR_n, R_nD} \log_2 \left[1 + \hat{\lambda}_i \mathrm{E}(\rho_i) \right]$$

$$= \frac{1}{2} \log_2 \left[1 + \min_{i = SR_n, R_nD} \hat{\lambda}_i \mathrm{E}(\rho_i) \right] \tag{4-75}$$

利用下列的积分等式

$$\int_0^\infty x^m \exp(-\beta x^n) \, \mathrm{d}x = \frac{\Gamma(r)}{n\beta^r}, r = \frac{m+1}{n} \tag{4-76}$$

式(4-75)的期望可以表示为

$$\mathrm{E}(\rho_i) = \frac{\beta_i \Gamma(\mu_i + 2/\alpha_i)}{\Gamma(\mu_i)} \tag{4-77}$$

将式(4-77)代入式(4-74)和式(4-75)，经过一些化简操作，可以得到定理4.4的结论。
证明完毕。

定理4.4表明系统的遍历容量存在一个上界，所得遍历容量上界能够表示成闭式表达式。4.5节的仿真分析可以得出，所得的遍历容量上界适用于所有SNR，并且在理想条件和非理想条件下均保持较高的拟合度。对于非理想条件，系统遍历容量上界依赖于平均发射功率、衰落参数、失真噪声、信道估计误差。对于理想条件下，系统遍历容量上界仅仅取决于发射功率和衰落参数。

为了获得更深入的理解，下面将对遍历容量进行高SNR渐进分析。

推论4.9：高SNR条件下，系统渐进遍历容量为

● 非理想条件

$$\overline{C}^{\text{RRS,ni}} \approx \frac{1}{2} \log_2 \left[1 + \min_{i = SR_n, R_nD} \frac{\beta_i \varepsilon_i}{\beta_i \kappa_i^2 \varepsilon_i + \Gamma(\mu_i) \left(\varpi_i - \frac{1}{\hat{\lambda}_i} \right)} \right] \tag{4-78}$$

● 理想条件

$$\overline{C}^{\text{RRS,id}} \leqslant \frac{1}{2} \log_2 \left[\min_{i = SR_n, R_nD} \frac{\beta_i \hat{\lambda}_i \varepsilon_i}{\Gamma(\mu_i)} \right] \tag{4-79}$$

证明：根据定理4.4的证明，令$\hat{\lambda}_{SR_n}$和$\hat{\lambda}_{R_nD}$趋于无穷，经过一些化简操作，能够得到推论4.9结论。

证明完毕。

推论9表明，在非理想条件下，由于硬件损伤和非完美CSI的存在，系统在高SNR情

况下存在一个容量平台，并且该容量平台与发射功率无关。在理想条件下，系统遍历容量随着 SNR 的增加而对数增加。

（2）高 SNR 斜率和高 SNR 功率偏移

为了获得更深入的见解，本节将研究高 SNR 斜率和高 SNR 功率偏移这两个指标，上述两个指标能够有效地表征系统高 SNR 遍历容量，其定义为[12]

$$\overline{C} = S_\infty \left(\log_2 \hat{\lambda}_i - L_\infty \right) + o(1), i = \{ SR_n, R_n D \} \tag{4-80}$$

式中，$\hat{\lambda}$ 为平均 SNR；S_∞ 和 L_∞ 分别表示高 SNR 斜率和高 SNR 功率偏移。如文献［12］所述，上述两个指标定义为

$$S_\infty = \lim_{\hat{\lambda}_i \to \infty} \frac{\overline{C}^{\text{RRS}}}{\log_2(\hat{\lambda}_i)} \tag{4-81}$$

$$L_\infty = \lim_{\hat{\lambda}_i \to \infty} \left(\log_2 \hat{\lambda}_i - \frac{\overline{C}^{\text{RRS}}}{S_\infty} \right) \tag{4-82}$$

推论 4.10：系统高 SNR 斜率和高 SNR 功率偏移分别为

● 非理想条件

$$S_\infty = 0, L_\infty = \infty \tag{4-83}$$

● 理想条件

$$S_\infty = \frac{1}{2}, L_\infty = \min_{i = SR_n, R_n D} \left(\log_2 \left(\frac{\Gamma(\mu_i)}{\varepsilon_i \beta_i} \right) \right) \tag{4-84}$$

证明：将式（4-78）和式（4-79）代入式（4-81）和式（4-82），分别等到非理想和理想情况下高 SNR 斜率

$$S_\infty^{\text{RRS,ni}} = \lim_{\hat{\lambda}_i \to \infty} \min_{i = SR_n, R_n D} \frac{\log_2 \left[1 + \dfrac{\beta_i \varepsilon_i}{\beta_i \kappa_i^2 \varepsilon_i + \Gamma(\mu_i)(\varpi_i - 1/\hat{\lambda}_i)} \right]}{2\log_2(\hat{\lambda}_i)} \tag{4-85}$$

$$S_\infty^{\text{RRS,id}} = \lim_{\hat{\lambda}_i \to \infty} \min_{i = SR_n, R_n D} \frac{\log_2(\beta_i \hat{\lambda}_i \varepsilon_i)}{2\log_2(\hat{\lambda}_i)} \tag{4-86}$$

令 $\hat{\lambda}_i$ 趋于无穷，通过一些化简操作，能够得到式（4-83）和式（4-84）中关于高 SNR 斜率的结论。

对于 L_∞，将式（4-71）、式（4-85）、式（4-72）和式（4-86）分别代入式（4-82）中，通过一些化简操作，可以得到式（4-83）和式（4-84）中关于高 SNR 功率偏移的结论。

证明完毕。

结论：在非理想条件下，随着发射功率趋于无穷，$\overline{C}^{RRS,ni}$ 趋近于一个固定常量，从而导致高 SNR 斜率为 0，高 SNR 功率偏移为无穷。这意味着由于失真噪声和信道估计误差的存在，高 SNR 斜率和高 SNR 功率偏移与其他参数无关。对于理想条件，高 SNR 斜率为 0.5，而与平均发射功率、衰落参数、失真噪声和信道估计误差均无关。高 SNR 功率偏移为一个固定常量，仅仅依赖于 $\log_2(\Gamma(\mu_i)/(\varepsilon_i\beta_i))$ 中的最小值。

4.4.2 最优中继选择方案

为了降低实现复杂度和提高频谱效率，研究这出最优中继选择方案，考虑硬件损伤和非完美 CSI，本节分析双跳 DF 多中继系统遍历容量性能。

（1）遍历容量

正如前面所述，最优中继选择方案是指根据源节点-中继节点和中继节点-目的节点两跳的链路质量，选择最优的中继。则其对应的遍历容量为

$$C^{ORS} = \max_{1 \le n \le N} \min_{i = SR_n, R_nD} \frac{1}{2}\mathrm{E}\big[\log_2(1+\gamma_i)\big] \tag{4-87}$$

同理，获得遍历容量的闭式表达式是一个巨大的条件，为了解决这一问题，考虑 α-μ 衰落信道，本研究给出存在硬件损伤和非完美 CSI 下双跳 DF 多中继系统遍历容量的上界。

定理 4.5：α-μ 衰落信道，系统遍历容量的上界为

● 非理想条件

$$C^{ORS,ni} = \frac{1}{2}\log_2\left(1 + \max_{1 \le n \le N} \min_{i = SR_n, R_nD} \frac{\beta_i\varepsilon_i}{\beta_i\kappa_i^2\varepsilon_i + \Gamma(\mu_i)\varpi_i}\right) \tag{4-88}$$

● 理想条件

$$C^{ORS,id} = \frac{1}{2}\log_2\left(1 + \max_{1 \le n \le N} \min_{i = SR_n, R_nD} \frac{\beta_i\varepsilon_i\hat{\lambda}_i}{\Gamma(\mu_i)}\right) \tag{4-89}$$

证明：利用文献［11］的结论，可以得到

$$C^{ORS,ni} \le \max_{1 \le n \le N} \min_{i = SR_n, R_nD} \frac{1}{2}\log_2\big[1 + \mathrm{E}(\gamma_i)\big] \tag{4-90}$$

利用式(4-9) 和式(4-10)，可以得到系统遍历容量的上界为

$$C^{ORS,ni} = \frac{1}{2}\log_2\left(1 + \max_{1 \le n \le N} \min_{i = SR_n, R_nD} \frac{\mathrm{E}(\rho_i)}{\mathrm{E}(\rho_i)\kappa_i^2 + \sigma_{e_i}^2(1+\kappa_i^2) + \frac{1}{\hat{\lambda}_i}}\right) \tag{4-91}$$

结合式（4-26），通过一些化简操作，可以得到式（4-88）的结论。

针对理想条件，遍历容量的上界为

$$C^{\mathrm{ORS,id}} \leq \max_{1 \leq n \leq N} \min_{i=SR_n, R_nD} \frac{1}{2}\log_2\left[1 + \hat{\lambda}_i \mathrm{E}(\rho_i)\right] \tag{4-92}$$

将式（4-77）代入式（4-92），可以得到定理4.5中关于理想条件的结论。

证明完毕。

定理4.5表明硬件损伤和非完美CSI对系统遍历容量有不利影响，因此系统遍历容量上界存在速率平台。这意味着平均发射功率对系统的遍历容量并不总是有益的。针对理想条件，系统遍历容量上界随着SNR增加对数增加。在接下来的推论中，主要针对高SNR条件下系统渐进遍历容量进行分析。

推论4.11： 高SNR条件下，系统渐进遍历容量为

● 非理想条件

$$\overline{C}^{\mathrm{ORS,ni}} \leq \frac{1}{2}\log_2\left[1 + \max_{1 \leq n \leq N} \min_{i=SR_n, R_nD} \frac{\beta_i \varepsilon_i}{\beta_i \kappa_i^2 \varepsilon_i + \Gamma(\mu_i)\left(\varpi - \dfrac{1}{\hat{\lambda}_i}\right)}\right] \tag{4-93}$$

● 理想条件

$$\overline{C}^{\mathrm{ORS,id}} \leq \max_{1 \leq n \leq N} \min_{i=SR_n, R_nD} \frac{1}{2}\log_2\left[\frac{\beta_i \varepsilon_i \hat{\lambda}_i}{\Gamma(\mu_i)}\right] \tag{4-94}$$

证明： 利用定理4.5的结论，令 $\hat{\lambda}_{SR_n}$ 和 $\hat{\lambda}_{R_nD}$ 趋于无穷，通过一些化简操作，可以得到推论4.11的结论。

证明完毕。

由定理4.11可知，非理想条件，系统渐进遍历容量是一个固定常量，其值由衰落参数、失真噪声和信道估计误差来决定。理想条件，系统渐进遍历容量随着平均SNR对数增加。

（2）高SNR斜率和高SNR功率偏移

为了获得更深入的见解，下面的推论分析了系统遍历容量在高SNR下的高SNR斜率和高SNR功率偏移。

推论4.12：

● 非理想条件

$$S_{\infty}^{\mathrm{ORS,ni}} = 0, L_{\infty}^{\mathrm{ORS,ni}} = \infty \tag{4-95}$$

- 理想条件

$$S_{\infty}^{\mathrm{ORS,id}} = \frac{1}{2}, L_{\infty}^{\mathrm{ORS,id}} = \max_{1 \leq n \leq N} \min_{i = SR_n, R_nD} \left[\log_2 \left(\frac{\beta_i \varepsilon_i}{\Gamma(\mu_i)} \right) \right] \tag{4-96}$$

证明： 将式（4-88）和式（4-89）代入式（4-81）和式（4-82），通过一些化简操作，可以得到推论4.12的结论。

证明完毕。

结论： 非理想条件，由于高 SNR 条件下，系统渐进遍历容量为固定常量，导致高 SNR 斜率为 0，高 SNR 功率偏移为无穷。这意味着由于硬件损伤和非完美 CSI 的存在，系统的遍历容量不能够仅仅通过增加平均 SNR 来增加。理想条件下，系统高 SNR 斜率为 1/2，其值与平均 SNR、衰落参数、失真噪声和信道估计误差无关。高 SNR 功率偏移为一个固定常量，其值由 $\log_2 \{ \beta_i / [\varepsilon_i \Gamma(\mu_i)] \}$ 的最大值决定。

4.4.3　部分中继选择方案

在一些实际的通信环境中，最优中继选择方案无法实施，例如无线传感器网络、自组织网络和 Mesh 网络。为此，部分中继选择方案是提高系统频谱效率的一种有效方案。因此，接下来主要针对部分中继选择方案下双跳 DF 多中继系统遍历容量性能进行研究。

（1）遍历容量

根据遍历容量的定义，部分中继选择方案下系统遍历容量为

$$C^{\mathrm{PRS}} = \mathrm{E} \left[\min \left(\frac{1}{2} \left(\log_2 \left(1 + \max_{1 \leq n \leq N} (\gamma_{SR_n}) \right) \right), \frac{1}{2} \left(\log_2 (1 + \gamma_{R_nD}) \right) \right) \right] \tag{4-97}$$

考虑硬件损伤和非完美 CSI，定理 4.6 将给出 α-μ 衰落信道下双跳 DF 多中继系统遍历容量性能。

定理 4.6： α-μ 衰落信道，系统遍历容量上界为

- 非理想条件

$$C^{\mathrm{PRS,ni}} \leq \min \left(\frac{1}{2} \left(\log_2 \left(1 + \max_{1 \leq n \leq N} \frac{\beta_{SR_n} \varepsilon_{SR_n}}{\beta_{SR_n} \kappa_{SR_n}^2 \varepsilon_{SR_n} + \Gamma(\mu_{SR_n}) \varpi_{SR_n}} \right) \right), \right.$$
$$\left. \frac{1}{2} \left(\log_2 \left(1 + \frac{\beta_{R_nD} \varepsilon_{R_nD}}{\beta_{R_nD} \kappa_{R_nD}^2 \varepsilon_{R_nD} + \Gamma(\mu_{R_nD}) \varpi_{R_nD}} \right) \right) \right) \tag{4-98}$$

- 理想条件

$$C^{\mathrm{PRS,id}} \leq \min \left(\frac{1}{2} \log_2 \left(1 + \max_{1 \leq n \leq N} \left(\frac{\beta_{SR_n} \varepsilon_{SR_n} \hat{\lambda}_i}{\Gamma(\mu_{SR_n})} \right) \right), \frac{1}{2} \left(\log_2 \left(1 + \frac{\beta_{R_nD} \varepsilon_{R_nD} \hat{\lambda}_i}{\Gamma(\mu_{R_nD})} \right) \right) \right) \tag{4-99}$$

式中，$\varepsilon_{SR_n} = \Gamma(\mu_{SR_n} + 2/\alpha_{SR_n})$；$\varepsilon_{R_nD} = \Gamma(\mu_{R_nD} + 2/\alpha_{R_nD})$；$\varpi_{SR_n} = \sigma^2_{e_{SR_n}}(1 + \kappa^2_{SR_n}) + \dfrac{1}{\hat{\lambda}_{SR_n}}$；

$\varpi_{R_nD} = \sigma^2_{e_{R_nD}}(1 + \kappa^2_{R_nD}) + \dfrac{1}{\hat{\lambda}_{R_nD}}$。

证明：利用杰森不等式，式（4-97）能够重新表述为

$$C^{PRS} \leq \min\left(\frac{1}{2}\log_2\left(1 + \max_{1 \leq n \leq N}(E(\gamma_{SR_n}))\right), \frac{1}{2}(\log_2(1 + E(\gamma_{R_nD})))\right) \quad (4\text{-}100)$$

非理想条件，结合式（4-9）和式（4-10），式（4-100）能够进一步简化为

$$C^{PRS,ni} \leq \min\left(\frac{1}{2}\log_2\left(1 + \max_{1 \leq n \leq N}\left(\frac{E(\rho_{SR_n})}{E(\rho_{SR_n})\kappa^2_{SR_n} + \sigma^2_{e_{SR_n}}(1 + \kappa^2_{SR_n}) + \frac{1}{\hat{\lambda}_{SR_n}}}\right)\right),\right.$$
$$\left.\frac{1}{2}\left(\log_2\left(1 + \frac{E(\rho_{R_nD})}{E(\rho_{R_nD})\kappa^2_{R_nD} + \sigma^2_{e_{R_nD}}(1 + \kappa^2_{R_nD}) + \frac{1}{\hat{\lambda}_{R_nD}}}\right)\right)\right) \quad (4\text{-}101)$$

利用式（4-77）的结果，可以得到式（4-98）的结论。

对于理想条件，系统遍历容量的上界可以表示为

$$C^{PRS,id} \leq \min\left(\frac{1}{2}\log_2\left(1 + \max_{1 \leq n \leq N}(\hat{\lambda}_{SR_n}E(\rho_{SR_n}))\right), \frac{1}{2}(\log_2(1 + \hat{\lambda}_{R_nD}E(\rho_{R_nD})))\right) \quad (4\text{-}102)$$

将式（4-77）代入式（4-102），通过一些化简操作，可以得到式（4-99）的结论。

证明完毕。

由定理4.6可以看出，系统遍历容量及其上界受限于硬件损伤和非完美CSI。对于理想条件，系统遍历容量仅仅取决于中继数目和衰落参数。为了获得进一步的理解，上面的推论分析高SNR系统渐进遍历容量。

推论4.13：高SNR条件下，系统渐进遍历容量为

- 非理想条件

$$\overline{C}^{PRS,ni} \approx \min\left(\frac{1}{2}\log_2\left(1 + \max_{1 \leq n \leq N}\frac{\beta_{SR_n}\varepsilon_{SR_n}}{\beta_{SR_n}\kappa^2_{SR_n}\varepsilon_{SR_n} + \Gamma(\mu_{SR_n})(\varpi_{SR_n} - 1/\lambda_{SR_n})}\right),\right.$$
$$\left.\frac{1}{2}\log_2\left(1 + \frac{\beta_{R_nD}\varepsilon_{R_nD}}{\beta_{R_nD}\kappa^2_{R_nD}\varepsilon_{R_nD} + \Gamma(\mu_{R_nD})(\varpi_{R_nD} - 1/\lambda_{R_nD})}\right)\right) \quad (4\text{-}103)$$

- 理想条件

$$\overline{C}^{PRS,id} \approx \min\left(\frac{1}{2}\max_{1 \leq n \leq N}\log_2\left(\frac{\beta_{SR_n}\varepsilon_{SR_n}\hat{\lambda}_{SR_n}}{\Gamma(\mu_{SR_n})}\right), \frac{1}{2}\log_2\left(\frac{\beta_{R_nD}\varepsilon_{R_nD}\lambda_{R_nD}}{\Gamma(\mu_{R_nD})}\right)\right) \quad (4\text{-}104)$$

证明：详细证明参考推论 4.11。

证明完毕。

由推论 4.13 可以得出，在高 SNR 条件下，由于硬件损伤和非完美 CSI 的存在，部分中继选择方案系统遍历容量存在一个速率平台。在理想情况，系统遍历容量随着平均 SNR 呈对数增加。

（2）高 SNR 斜率和高 SNR 功率偏移

同样地，随后将分析系统在高 SNR 下的两个性能评价指标——高 SNR 斜率和高 SNR 功率偏移，详细描述见下述推论。

推论 4.14：针对部分中继选择方案，非理想和理想条件下高 SNR 斜率和高 SNR 功率偏移分别为

- 非理想条件

$$S_\infty^{\mathrm{PRS,ni}}=0, L_\infty^{\mathrm{PRS,ni}}=\infty \tag{4-105}$$

- 理想条件

$$S_\infty^{\mathrm{PRS,ni}}=\frac{1}{2}, L_\infty^{\mathrm{PRS,ni}}=\min\left(\max_{1\leq n\leq N}\left(\log_2\left(\frac{\beta_{SR_n}^{-1}\Gamma(\mu_{SR_n})}{\varepsilon_{SR_n}}\right)\right), \log_2\left(\frac{\beta_{R_nD}^{-1}\Gamma(\mu_{R_nD})}{\varepsilon_{R_nD}}\right)\right) \tag{4-106}$$

证明：将定理 4.6 结论代入式（4-81）和式（4-82），利用推论 4.10 证明中的相关方法，可以得出推论 4.14 的结论。

证明完毕。

结论：推论 4.14 表明非理想和理想条件下系统高 SNR 斜率分别为 0 和 1/2，其值与衰落参数、中继数目、失真噪声和信道估计误差无关。此外，非理想条件下，由于硬件损伤和非完美 CSI 存在，系统高 SNR 功率偏移趋于无穷。理想条件下，高 SNR 功率偏移是一个固定常量，该值仅仅依赖于衰落参数。

三种方案下分集阶数、高 SNR 斜率和高 SNR 功率偏移总结如表 4-1 所示。

表 4-1　三种中继选择方案比较

类型	中继选择方案	分集阶数	高 SNR 斜率	高 SNR 功率偏移
非理想	随机中继选择	0	0	∞
	最优中继选择	0	0	∞
	部分中继选择	0	0	∞
理想	随机中继选择	$\min\left(\dfrac{\alpha_{SR_n}\mu_{SR_n}}{2},\dfrac{\alpha_{R_nD}\mu_{R_nD}}{2}\right)$	$\dfrac{1}{2}$	$\min\limits_{i=SR_n,R_nD}\left(\log_2\left(\dfrac{\beta_i\varepsilon_i}{\Gamma(\mu_i)}\right)\right)$

（续）

类型	中继选择方案	分集阶数	高 SNR 斜率	高 SNR 功率偏移
理想	最优中继选择	$\displaystyle\prod_{n=1}^{N}\min\left(\dfrac{\alpha_{SR_n}\mu_{SR_n}}{2},\dfrac{\alpha_{R_nD}\,\mu_{R_nD}}{2}\right)$	$\dfrac{1}{2}$	$\displaystyle\max_{1\leq n\leq N}\min_{i=SR_n,R_nD}\left(\log_2\left(\dfrac{\beta_i\varepsilon_i}{\Gamma(\mu_i)}\right)\right)$
	部分中继选择	$\displaystyle\min\left(\prod_{n=1}^{N}\dfrac{\alpha_{SR_n}\mu_{SR_n}}{2},\dfrac{\alpha_{R_nD}\,\mu_{R_nD}}{2}\right)$	$\dfrac{1}{2}$	$\displaystyle\min\left(\max_{1\leq n\leq N}\left(\varepsilon_{SR_n},\varepsilon_{R_nD}\right)\right)$

4.5 仿真分析

本节通过仿真验证了理论分析结果的正确性，除非另有说明，仿真中使用的参数设置为 $\alpha_{SR_n}=\alpha_{R_nD}=\alpha=2$，$\mu_{SR_n}=\mu_{R_nD}=\mu=1$，$N_{SR_n}=N_{R_nD}=1$，$\sigma_{e_{SR_n}}=\sigma_{e_{R_nD}}=\sigma_{e_i}$，$\kappa_{SR_n}=\kappa_{R_nD}=\kappa$。

4.5.1 中断概率

由图 4-2 ~ 图 4-7 可知，仿真给出系统在随机中继选择方案、最优中继选择方案及部分中继选择方案下系统中断概率性能，其理论分析对应于 4.3 节中的内容。

图 4-2 仿真给出不同中继数下三种方案中断概率与平均 SNR 的关系图，其中中继数分别为 1、2、4。为了便于比较，图 4-2 中也给出了理想条件下的系统中断概率曲线。在本仿真中，考虑阈值速率为 $\gamma_{th}=2^2-1=31$ 比特/信道的高速路系统。硬件损伤电平和信道估计误差设置为 $\kappa=0.1$ 和 $\sigma_{e_i}=0.1$。图 4-2 验证了分析结果与仿真结果的一致性，验证了理论分析的正确性。与随机中继选择方案比较，最优中继选择方案和部分最优中继选择方案具有较低的中断概率。这意味着最优中继选择方案和部分最优中继选择方案是提高多中继系统性能的有效方式。此外，由于失真噪声和信道估计误差的存在，三种中继选择方案下系统中断概率存在中断平台。这一结果验证了 4.3 节中的理论分析。最后，还能够发现非理想和理想条件的中断概率的差距随着平均 SNR 的增加而逐渐扩大。这意味着失真噪声和信道估计误差是高速率系统性能影响的重要因素。

图 4-3 仿真给出了不同衰落参数 μ 系统中断概率与平均 SNR 的关系。在本仿真中，信道估计误差参数为 $\sigma_{e_i}=0.01$，硬件损伤电平 $\kappa=0.1$，阈值速率为 $\gamma_{th}=31$ 比特/信道。非理想和理想条件下系统中断概率的确切性能曲线是通过式（4-17）、式（4-18）、式（4-38）、式（4-39）、式（4-52）和式（4-53）给出，而其渐进中断概率曲线是通过式（4-24）、式（4-25）、

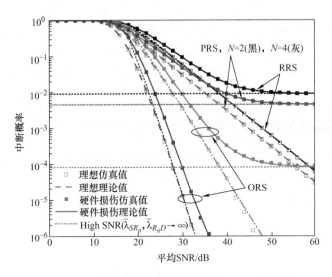

图4-2　三种方案下中断概率与平均 SNR 关系图

式(4-42)、式(4-43)、式(4-60) 和式(4-61) 给出。由图 4-3 可知，随着衰落参数 μ 的增加，系统中断概率性能逐渐增强，同时非理想和理想条件下中断概率差距逐渐扩大。由于硬件损伤和非完美 CSI 的存在，系统中断概率存在固定的中断平台。对于随机中继选择方案，这一平台值取决于失真噪声、信道估计误差和衰落参数，而对于最优中继选择和部分最优中继选择方案，除了上述影响因素外，还与中继天线数有关。

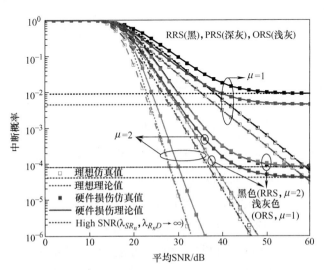

图4-3　不同 μ 下中断概率与平均 SNR 关系图

图4-4仿真了三种中继选择方案下中断概率与中继数的关系图。为了方便比较，图4-4也给出了理想条件下中断概率性能（图中虚线部分）。在本仿真中，系统阈值设置为 $\gamma_{\mathrm{th}} = 31$ 比特/信道，硬件损伤电平和信道估计误差分别为 $\kappa = 0.1$ 和 $\sigma_{e_i} = 0.1$。由图4-4可以看出，最优中继选择方案中断概率性能最优，其中断概率性能随着中继数的增加迅速增强。这意味着最优中继选择方案是提高多中继系统性能最有效的方式。此外，图4-4还表明部分中继选择方案随着中继数的增加系统中断概率下降很慢，尤其是当中继数目大于4时。

产生上述现象的原因为部分中继选择方案的分集阶数为 $\min\left(\prod\limits_{n=1}^{N}\alpha_{SR_n}\mu_{SR_n}/2,\right.$ $\left.\alpha_{R_nD}\mu_{R_nD}/2\right)$，随着中继数目的增加，对分集阶数的影响减弱，而当中继数目大于4时，分集阶数为与中断天线无关的常量 $\alpha_{R_nD}\mu_{R_nD}/2$。对于随机中继选择方案，系统中断概率性能与中继数无关。最后，由于硬件损伤和非完美 CSI 存在，非理想条件和理想条件下中断概率性能存在差距。

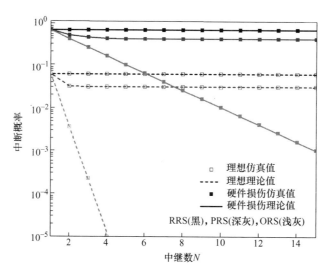

图4-4　三种选择方案下中断概率与中继数关系图

图4-5仿真给出了三种中继选择方案下中断概率与硬件损伤电平的关系图。本仿真中，参数设置如下：$\sigma_{e_i} = 0.01$。仿真考虑两种情况：1）所有结点硬件损伤电平相同（$\kappa_{SR_n} = \kappa_{R_nD}$）；2）收发结点总硬件损伤电平相同（$\kappa_{R_nD} = 0.3 - \kappa_{SR_n}$）。正如文献［6］所述，硬件损伤电平典型的值为 $\kappa \in [0.08, 0.175]$，为了便于比较，本仿真假设收发端和硬件损伤范围 $\kappa_{SR_n} + \kappa_{R_nD} = 0.3$。对于第一种情况，三种中继选择方案之间的差异较大，随着硬件损伤

电平的增加，这种差异逐渐变小。当硬件损伤电平大于 0.25 时（$\kappa_{SR_n} = \kappa_{R_nD} > 0.25$），三种中继选择方案中断事件一直发生，其原因在于系统处于深度的硬件损伤。对于第二种情况，当 $0.5 < \kappa_{SR_n} < 0.25$ 时，三种中继选择方案下系统中断概率先减小后增加再减小，其原因在于 DF 中继系统性能取决于最弱链路质量。此外，当 κ_{SR_n} 近似等于 κ_{R_nD} 时，系统中断概率最小，即中断性能最优。当 $\kappa_{SR_n} < 0.05$ 或 $\kappa_{SR_n} > 0.25$ 时，由于较差的发收硬件损伤电平，导致一直处于中断状态。

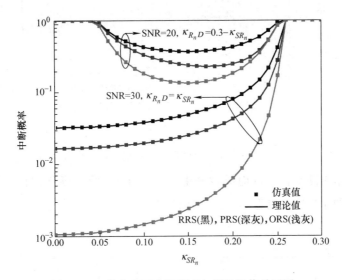

图 4-5　三种方案下中断概率与硬件损伤关系图

图 4-6 仿真给出了三种方案下中断概率与信道估计误差关系曲线。在本仿真中，硬件损伤参数设置为 $\kappa = 0.01$。考虑如图 4-5 所示 $\sigma_{e_{SR_n}} = \sigma_{e_{R_nD}}$ 和 $\sigma_{e_{R_nD}} = 0.3 - \sigma_{e_{SR_n}}$ 的两种场景。第一种场景，随着 $\sigma_{e_{SR_n}}$ 的增加，系统中断概率性能逐渐降低。第二种场景，由于链路质量较弱的链路更容易受到信道估计误差的影响，存在最优的信道估计误差以最优化系统中断概率。产生上述现象的原因是对于最优中继选择和随机中继选择方案，选择的最优中继为信道估计性能最差的链路，而对于部分中继选择方案，中继节点的选择仅仅依赖于第一跳链路。

图 4-7 给出了不同速率阈值情况下单个非理想因素对中断概率性能的影响，本仿真考虑最优中继选择方案和单一非理想条件：1）第一种非理想 CSI 及理想硬件损伤（$\sigma_{e_{SR_n}}^2 = 0.01$，$\kappa = 0$）；2）理想 CSI 及非理想硬件损伤（$\sigma_{e_{SR_n}}^2 = 0$，$\kappa = 0.1$）。由图 4-7 可以看出，随着速率阈值的增加，系统中断概率性能随之降低。此外，当信道估计误差非 0 时，系统

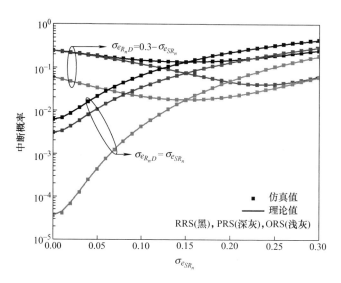

图 4-6   三种方案下中断概率与信道估计误差关系图

中断概率存在一个中断平台，从而导致分集阶数为 0。非零的硬件损伤会导致中断性能的差距。最后，由图 4-7 还可以看出，信道估计误差影响对系统中断概率影响的程度要大于硬件损伤参数。

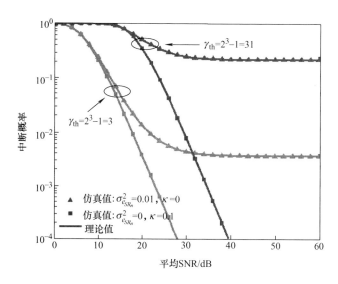

图 4-7   最优中继选择方案下中断概率与平均 SNR 关系图

4.5.2 遍历容量

图 4-8 和图 4-9 研究随机中继选择方案、最优中继选择方案和部分中继选择方案的遍历容量性能，以验证 4.4 节理论分析的正确性。

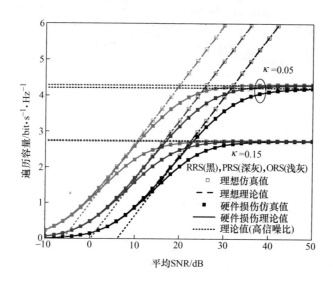

图 4-8 不同硬件损伤条件下遍历容量与平均 SNR 关系图

图 4-8 仿真给出了不同硬件损伤条件下遍历容量与平均 SNR 的关系图。为了便于比较，图 4-8 给出了理想条件下遍历容量曲线图。本仿真中，硬件损伤参数设置为 $\kappa = \{0, 0.05, 0.15\}$。由图 4-8 可以看出，系统遍历容量受限于硬件损耗电平，尤其在高 SNR 区域。由于硬件损伤和信道估计误差，系统遍历容量存在容量上界。非理想条件下，三种中继选择方案下系统遍历容量的斜率均为 0；理想条件下，三种中继选择方案下系统容量斜率相同。上述结论与 4.4 节的理论分析一致。最后，图 4-8 还表明三种方案下遍历容量的大小关系为最优中继选择 > 部分最优中继选择 > 随机中继选择方案。这意味着中继选择方案能够有效地提高系统遍历容量性能。

图 4-9 仿真给出了三种中继选择方案下遍历容量与硬件损伤关系曲线图。本仿真考虑如图 4-5 所示的两种硬件损伤场景。第一种场景，随着硬件损伤的增加系统遍历容量逐渐降低。这意味着系统遍历容量受限于收发端的硬件损耗。第二种场景，系统遍历容量受限于链路质量最弱的链路，这是由 DF 协议决定的。产生这一现象的原因为对于 RRS 和 ORS

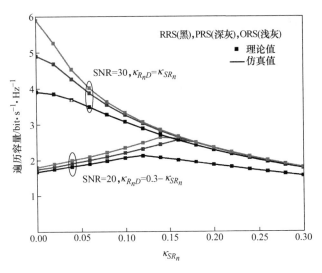

图 4-9　三种方案下遍历容量与硬件损伤关系图

来说，选择的中继均为受失真噪声影响最为严重的第一跳，而不是第二跳。对于随机中继选择方案，所选择的中继仅仅取决于第一跳链路质量。

4.6　本章小结

本章研究收发端硬件损伤和非完美 CSI 对双跳 DF 多中继系统性能的影响。为了提高系统性能，降低实现复杂度，本章提出三种中继选择方案。基于所提中继选择方案，推导给出系统中断概率和遍历容量性能闭式表达式。为了进一步获得损耗参数、信道估计误差及衰落参数对系统性能的影响，本章研究高 SNR 下系统中断概率的渐进行为及分集阶数，研究高 SNR 下系统渐进遍历容量、高 SNR 斜率及高 SNR 功率偏移。研究表明：非理想条件下，系统分集阶数、高 SNR 斜率为 0，高 SNR 功率偏移为无穷；理想条件下，系统高 SNR 功率斜率为 0.5，分集阶数和高 SNR 功率偏移为固定常量。

参 考 文 献

［1］　MUSTAFA U A U，IMRAN M A，SHAKIR M Z，et al. Separation framework：an enabler for cooperative and D2D communication for future 5G networks［J］. IEEE Commun. Surveys Tuts.，2016，18（1）：419-445.

［2］　SOKUN H U，YANIKOMEROGLU H. On the spectral efficiency of selective decode-and-forward relaying［J］.

IEEE Trans. Veh. Technol.,2017,66(5):4500-4506.

[3] MICHALOPOULOS D S, KARAGIANNIDIS G K. Performance analysis of single relay selection in Rayleigh fading[J]. IEEE Trans. Wireless Commun.,2008,7(10):3718-3724.

[4] KIM S I,KO YC,HEO J. Outage analysis of amplify-and-forward partial relay selection scheme with multiple interferers[J]. IEEE Commun. Lett.,2011,15(12):1281-1283.

[5] LI X,LI J,LI L. Performance analysis of impaired SWIPT NOMA relaying networks over imperfect weibull channels[J]. IEEE Systems Journal,2019,34(5):76-84.

[6] STEFANIA S,MATTHEW B,ISSAM T. LTE—the UMTS long term evolution:from theory to practice[M]. New York:Wiley,2011.

[7] LI X,LI J,LI L,et al. Performance analysis of cooperative small cell systems under correlated Rician/Gamma fading channels[J]. IET Signal Process.,2018,12(1):34-73.

[8] NASAB E S,MATTHAIOU M,ARDEBILIPOUR M. Multi-relay MIMO systems with OSTBC over Nakagami-m fading channels[J]. IEEE Trans. Veh. Technol.,2013,62(8):3721-3736.

[9] ATAPATTU S,JING Y,JIANG H,et al. Relay selection and performance analysis in multiple-user networks [J]. IEEE J. Sel. Areas Commun.,2013,31(8):1517-1529.

[10] LI J,LI X,LIU Y,et al. Joint impact of hardware impairments and imperfect channel state information on multi-relay networks[J]. IEEE Access,2019,7(6):72358-72375.

[11] ZHONG C,MATTHAIOU M,KARAGIANNIDIS G K,et al. Capacity bounds for AF dual-hop relaying in G fading channels[J]. IEEE Trans. Veh. Technol.,2012,61(4):1730-1740.

[12] VERDOE S. Spectral efficiency in the wideband regime[J]. IEEE Trans. Inf. Theory,2002,48(6):1319-1343.

第 5 章

理想硬件无人机 NOMA 协作通信性能

本章节采用非正交多址接入（NOMA）技术，研究理想硬件情况下无人机（UAV）NOMA 协作通信系统。为了对所提出的系统进行更切实际的分析，考虑了非完美连续干扰消除（ipSIC）。为了对比，同时考虑完美连续干扰消除（pSIC）的情况。采用随机几何方法，推导出了在 ipSIC 和 pSIC 条件下，随机部署的 NOMA 用户的中断性能。为了获得更深入的研究，在 ipSIC 和 pSIC 条件下，通过得到高信噪比情况下近似的中断概率，进一步求得了其分集增益。此外，本章节还研究了 ipSIC 和 pSIC 情况下系统的吞吐量。最后，通过蒙特卡罗仿真，验证了该系统的性能和推导分析结果的准确性。

5.1 研究背景

近年来，无人机以其高性价比和高移动性在无线通信领域引起了广泛的研究兴趣[1,2]。与地面基站或中继不同的是，无人机的优点是可以在随机空间中快速部署。因此，在接入点被长距离分隔或基站与接入点之间的通信链路因山区地形或密集的环境（如大型建筑、森林等）而恶化的情况下，使用无人机作为空中基站或中继是一种有效的解决方法[3]。在大多数现有工程中，通常部署无人机作为空中基站或中继，以便在临时事件或灾难（例如地震、消防）期间提供无线连接[4]。无人机的另一个优点是，它们的高度可以克服阴影效应，并建立视距（LoS）链路。因此，由于无人机与地面用户之间存在 LoS 连接，在无线网络中使用无人机作为空中基站或中继可以提高频谱效率[5]。

虽然使用无人机作为空中基站或中继可以取得很好的性能，但仍旧需要克服一些挑战。例如，在第五代（5G）网络中，在有限的频谱资源的情况下，需要服务更多的用户，需要进一步提高信道质量差的用户的服务质量[6]。因此，非正交多址作为一种很有前景的技术可以帮助无人机协作网络获得更好的性能。NOMA 的优势是，它不仅可以提高频谱效率，而且可以在相同的频率、时间和码域资源内同时服务多个用户[7]。因此，将无人机和NOMA 结合，可以获得更高的频谱效率和无处不在的覆盖。文献［8］的作者提出了一种新的协作 NOMA 方案，以减轻蜂窝无人机通信中严重的上行干扰。在该方案下，通过联合优化无人机的上行速率和多个资源块上的发射功率分配，研究了地面用户和无人机的加权总速率最大化问题。在文献［2］中，作者提出了一种无人机协作 NOMA 下行无线系统，用于支持位于基站服务范围外的两个地面用户的信号覆盖，推导出了 NOMA 和正交多址接入（OMA）传输模式下用户在莱斯信道上的中断概率表达式。文献［9］的作者考虑了一个基于NOMA 的无人机卫星网络，通过考虑降雨衰减及其空间相关性，分析了其中断性能。

到目前为止，大多数的研究工作已经研究了完美 SIC 情况下 NOMA 无人机协作系统的上行通信场景或下行通信场景。但是，没有全面地准确分析 NOMA 无人机协作系统的上行链路性能和下行链路性能及其各自对中断概率和分集增益的影响。在本章节中，我们考虑了无人机的应用场景为山区。然而，当山脉或树木等障碍物将无人机和地面用户分开时，仅部署一架无人机很难建立稳定的通信链接。因此，部署多个无人机来保持用户之间不间断的通信是一个有效的解决方案。本研究提出了一种基于无人机的 NOMA 网络，其中部署两架无人机用来建立被高山或其他障碍物隔离的地面用户之间的通信链路，每架无人机服务一组地面用户。整个通信过程包括上行 NOMA 通信、点对点通信和下行 NOMA 通信。为简单起见，假设无人机距离地面的高度为 h。本章节重点研究了该系统的中断性能、分集增益和系统吞吐量。本章节的主要贡献总结如下。

1）提出了一种 3 跳无人机协作 NOMA 系统。采用随机几何方法对地面用户在二维平面上的部署进行建模。更具体地说，使用齐次泊松点过程（Poisson Point Process，PPP）对地面用户的位置进行建模。推导了地面用户与无人机信道增益的累积分布函数（Cumulative Distribution Function，CDF）。

2）本章节考虑 ipSIC，同时考虑 pSIC 作为对比的标准。在 ipSIC 和 pSIC 条件下，首先分析了上行 NOMA 和下行 NOMA 通信链路中近端用户和远端用户的中断性能。其次，推导了整个系统中近端用户和远端用户的中断概率闭式表达式。

3）在 ipSIC 和 pSIC 条件下，对于上行 NOMA 和下行 NOMA 传输中近端用户和远端用户的分集增益，我们的结论是：在上行 NOMA 传输中，虽然没有 SIC 误差，但远端用户和近端用户的分集增益均为零；在下行 NOMA 传输中，远端用户的分集增益为 m_{f2}，近端用户对 ipSIC 和 pSIC 的分集增益分别为 0 和 m_{n2}。

4）基于 ipSIC 和 pSIC 条件下远近用户的停机概率，分析了 ipSIC 和 pSIC 情况下的系统吞吐量。

5.2　无人机协作系统模型

如图 5-1 所示，协作 NOMA 无人机系统由两个无人机和两组用户（G_1，G_2）组成。两个中继分别位于 G_1 和 G_2 区域的中心。两组用户的位置均服从密度为 λ 的泊松分布。假设无人机和所有用户都工作在半双工模式。为了减少 SIC 的复杂性，正如文献［10，11］所述，将 NOMA 用户进行配对。在无法获取瞬时 CSI 的情况下，根据用户与无人机之间的距离将配对的用户进行排序。此外，文献［11］表示用户配对可以带来较高的性能增益。所以，假设无人机覆盖范围被分为两个区域，分别是半径为 R_n 的内圈和半径为 R_f 的外环（假设 $R_f > R_n$），这两个区域在 G_1 和 G_2 中分别表示为 $\{A_n, A_f\}$ 和 $\{B_n, B_f\}$。假设任意用户进行配对，G_1 中在 A_n 区域的用户被称为近端用户 D_{n1}，在 A_f 区域的配对用户被称为远端用户 D_{f1}。同样地，G_2 中配对的用户分别表示为远端用户 D_{f2} 和近端用户 D_{n2}。协作 NOMA 无人机通信系统的数据传输共分为三步：1）上行 NOMA，远端用户和近端用户发送信号到第一个无人机；2）点对点传输，第一个无人机译码接收到的信号，然后转发至第二个无人机；3）下行 NOMA，第二个无人机将接收到的信号译码转发到远端用户和近端用户。

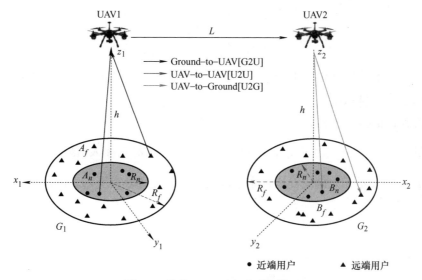

图 5-1　协作 NOMA 中继系统模型

（1）上行 NOMA 传输

基于上行 NOMA 传输的原则[12,13]，配对的用户 $D_{il}(i=f,\ n)$ 以 $a_{il}P_s$ 的功率发送信号 s_i 到无人机，P_s 为 NOMA 用户总的发射功率，a_{il} 表示用户 D_{il} 的功率分配系数，并且满足条件 $a_{f1}+a_{n1}=1$。因此，在上行 NOMA 通信链路，第一个无人机的接收信号表示为

$$y_1 = \sum_{i=f,n} g_{il}\sqrt{a_{il}P_s}s_i + z_1 \tag{5-1}$$

式中，g_{il} 表示用户 D_{il} 和第一个无人机之间的信道系数；$z_1 \sim \mathcal{CN}(0,\ \sigma^2)$ 表示高斯白噪声（Additive White Gaussian Noise，AWGN）。在上行 NOMA 链路中，第一个无人机按照 $n\to f$ 的译码顺序（D_{n1} 是近端用户，D_{f1} 是远端用户）依次译码每个用户的信号。首先，第一个无人机把 D_{f1} 的信号 s_f 当作干扰噪声，然后译码 D_{n1} 的信号 s_n，如果无人机能够成功译码

D_{n1} 的信号 s_n，它就可以恢复 D_{n1} 的信号。接下来，无人机可以译码 D_{f1} 的信号。因此，第一个无人机译码 D_{n1} 的信号时的速率可表示为

$$R_n^{\mathrm{UL}} = \log_2\left(1 + \frac{|g_{n1}|^2 a_{n1}\rho}{|g_{f1}|^2 a_{f1}\rho + 1}\right) \tag{5-2}$$

式中，$\rho = P_s/\sigma^2$ 表示平均发送 SNR。注意，当满足条件 $R_n^{\mathrm{UL}}/3 > R_2$ 时，表示无人机能够成功译码 D_{n1} 的信号 s_n，否则表示 SIC 译码失败，其中 R_2 代表正确判决 s_n 所需的门限速率，参数 1/3 解释了整个通信过程需要三个时隙来完成的事实。在实际中，SIC 译码不总是成功的。如果无人机在译码 D_{n1} 的信号 s_n 时出现 SIC 误差，那么无人机译码 D_{f1} 的信号 s_f 时的速率可表示为

$$R_f^{\mathrm{UL}} = \log_2\left(1 + \frac{|g_{f1}|^2 a_{f1}\rho}{\xi_{n1}|g_{n1}|^2 a_{n1}\rho + 1}\right) \tag{5-3}$$

式中，$\xi_{n1} \in [0, 1]$ 表示无人机译码信号残留干扰水平。特别地，$\xi_{n1} = 0$ 和 $\xi_{n1} = 1$ 分别表示 pSIC 和 ipSIC 两种情况。

（2）点到点传输

无人机发送信号 $\sum_{i=f,n}\sqrt{b_i P_r} s_i$ 给另一个无人机，定义 b_i 为无人机发送给第 i 个用户的功率分配系数，P_r 表示无人机的发送功率。假设 $b_f > b_n$，则第二个无人机译码信号 s_f 时的速率可表示为

$$R_f = \log_2\left(1 + \frac{|g_{uu}|^2 b_f\rho}{|g_{uu}|^2 b_n\rho + 1}\right) \tag{5-4}$$

假定两个无人机之间的信道参数用下标 uu 表示。其中 $g_{uu} = \bar{g}_{uu}/\sqrt{1 + L^{\bar{\alpha}}}$ 表示两个无人机之间的信道系数，$\bar{g}_{uu}$ 表示 Nakagami-m 衰落信道系数，L 表示两个无人机之间的距离，$\bar{\alpha}$ 表示路径损耗参数。

考虑 ipSIC，第二个无人机译码信号 s_n 时的速率可表示为

$$R_n = \log_2\left(1 + \frac{|g_{uu}|^2 b_n\rho}{\xi_{n1}|g_{uu}|^2 b_f\rho + 1}\right) \tag{5-5}$$

其中，$\xi_{n1} \in [0, 1]$ 表示无人机译码残留干扰的水平。特别地，$\xi_{n1} = 0$ 和 $\xi_{n1} = 1$ 分别表示 pSIC 和 ipSIC 两种情况。

（3）下行 NOMA 传输

第二个无人机发送信号 $\sum_{i=f,n}\sqrt{a_{i2}P_r} s_i$ 给用户 D_{i2}，其中 a_{i2} 表示 D_{i2} 的功率分配系数，P_r

表示第二个无人机的接收功率，s_i 表示用户 D_{i2} 的期望接收信号。根据下行 NOMA 的原则[14]，功率分配系数满足条件 $a_{f2} > a_{n2}$ 且 $a_{f2} + a_{n2} = 1$。因此，D_{f2} 和 D_{n2} 的接收信号可分别表示为

$$y_{f2} = g_{f2} \sum_{i=f,n} \sqrt{a_{i2} P_r} s_i + z_{f2} \tag{5-6}$$

$$y_{n2} = g_{n2} \sum_{i=f,n} \sqrt{a_{i2} P_r} s_i + z_{n2} \tag{5-7}$$

式中，g_{i2} 表示无人机和 D_{i2} 之间的信道系数；$z_{f2} \sim CN(0, \sigma^2)$ 和 $z_{n2} \sim CN(0, \sigma^2)$ 分别表示 D_{f2} 和 D_{n2} 的 AWGN。

根据下行 NOMA 的原则，用户采用 SIC 技术检测和分离每个用户的信号。对于远端用户 D_{f2}，它把 D_{n2} 的期望信号 s_n 当作噪声，然后对自身的期望信号 s_f 直接译码。因此，D_{f2} 译码自身的期望信号 s_f 时的速率可表示为

$$R_f^{DL} = \log_2 \left(1 + \frac{|g_{f2}|^2 a_{f2} \rho}{|g_{f2}|^2 a_{n2} \rho + 1} \right) \tag{5-8}$$

其中 $\rho = P_r / \sigma^2$ 表示平均 SNR。

对于用户 D_{n2}，它首先译码 D_{f2} 的期望信号，并消除 D_{f2} 的期望信号造成的干扰，然后才能译码自身的期望信号。D_{n2} 译码 D_{f2} 的信号时的速率可表示为

$$R_{n \to f}^{DL} = \log_2 \left(1 + \frac{|g_{n2}|^2 a_{f2} \rho}{|g_{n2}|^2 a_{n2} \rho + 1} \right) \tag{5-9}$$

同样地，当满足条件 $R_{n \to f}^{DL}/3 > R_1$ 时，表示 D_{n2} 能够成功译码 D_{f2} 的信号 s_f，否则意味着 SIC 译码失败，其中 R_1 代表正确判决 s_f 所需的门限速率。考虑 ipSIC，D_{n2} 译码自身期望信号的速率可表示为

$$R_n^{DL} = \log_2 \left(1 + \frac{|g_{n2}|^2 a_{n2} \rho}{\xi_{n1} |g_{n2}|^2 a_{f2} \rho + 1} \right) \tag{5-10}$$

式中，$\xi_{n1} \in [0, 1]$ 表示无人机译码残留干扰的水平。特别地，$\xi_{n1} = 0$ 和 $\xi_{n1} = 1$ 分别表示 pSIC 和 ipSIC 两种情况。

5.3　系统性能

本小节详细分析了上行 NOMA 链路和下行 NOMA 链路的中断性能，然后详细分析并推导出系统中断概率的精确闭式表达式。

考虑大尺度衰落和小尺度衰落对系统信道的影响，$D_{ij}(i=\{f,n\};j=\{1,2\})$ 与第 j 个无人机之间的信道系数可表示为

$$g_{ij} = \frac{\overline{g}_{ij}}{\sqrt{1+d_{ij}^{\overline{\alpha}}}} \qquad (5\text{-}11)$$

式中，$d_{ij}^{\overline{\alpha}}$ 是用户 D_{ij} 与第 j 个无人机之间产生的路径损耗；$\overline{g}_{ij}$ 表示 Nakagami-m 衰落信道。考虑三维笛卡儿坐标 (x_j, y_j, z_j)，用户 D_{ij} 的坐标表示为 $(x_{ij}, y_{ij}, 0)$，第 j 个无人机的坐标表示为 $(0, 0, h)$。所以，用户 D_{ij} 和第 j 个无人机之间的距离可以表示为

$$d_{ij} = (x_{ij}^2 + y_{ij}^2 + h^2)^{\frac{1}{2}} \qquad (5\text{-}12)$$

从式(5-12)中可以观察到，d_{ij} 的大小取决于用户的位置和第 j 个无人机的高度。

由于近端用户和远端用户通过泊松过程随机部署在 $I_n = \{A_n, B_n\}$ 和 $I_f = \{A_f, B_f\}$ 区域内，所以远端用户和近端用户的分布均可以建模为独立同分布模型，分别用 W_n 和 W_f 表示。它们的 PDF 分别为

$$f_{W_n}(w_n) = \frac{1}{\pi R_n^2} \qquad (5\text{-}13)$$

$$f_{W_f}(w_f) = \frac{1}{\pi(R_f^2 - R_n^2)} \qquad (5\text{-}14)$$

因此，近端用户与第 j 个无人机之间信道增益 $|g_{nj}|^2$ 的累积分布函数（Cumulative Distribution Function，CDF）可以表示为

$$F_{|g_{nj}|^2}(x) = \int_{I_n} \left(1 - e^{-\frac{m_{nj}x(1+d_{nj}^\alpha)}{\Omega_{nj}}} \sum_{s=0}^{m_{nj}-1} \frac{1}{s!}\left(\frac{m_{nj}x(1+d_{nj}^\alpha)}{\Omega_{nj}}\right)^s\right) f_{W_n(w_n)} dw_n \qquad (5\text{-}15)$$

经过一系列计算，得到 $F_{|g_{nj}|^2}(x)$ 的闭合表达式为

$$F_{|g_{nj}|^2}(x) = 1 - \frac{2}{\alpha R_n^2} e^{-\frac{m_{nj}x}{\Omega_{nj}}} \sum_{s=0}^{m_{nj}-1} \frac{1}{s!} \sum_{p=0}^{s} \binom{s}{p} \left(\frac{m_{nj}x}{\Omega_{nj}}\right)^{s-(p+\frac{\alpha}{2})} \gamma\left(p+\frac{\alpha}{2}, \frac{R_n^\alpha m_{nj}x}{\Omega_{nj}}\right) \qquad (5\text{-}16)$$

式中，$\gamma(n,x) = (n-1)!\left[1-e^{-x}\sum_{m=0}^{n-1} x^m/m!\right]$。

同样地，远端用户与第 j 个无人机之间信道增益 $|g_{fj}|^2$ 的 CDF 可表示为

$$F_{|g_{fj}|^2}(x) = \int_{I_f} \left(1 - e^{-\frac{m_{fj}x(1+d_{fj}^\alpha)}{\Omega_{fj}}} \sum_{s=0}^{m_{fj}-1} \frac{1}{s!}\left(\frac{m_{fj}x(1+d_{fj}^\alpha)}{\Omega_{fj}}\right)^s\right) f_{W_f(w_f)} dw_f$$

$$= \frac{1}{R_f^2 - R_n^2} \int_{R_n}^{R_f} \left(1 - e^{-\frac{m_{fj}x(1+r^\alpha)}{\Omega_{fj}}} \sum_{s=0}^{m_{fj}-1} \frac{1}{s!}\left(\frac{m_{fj}x(1+r^\alpha)}{\Omega_{fj}}\right)^s\right) r dr \qquad (5\text{-}17)$$

经过一系列运算，得到 $F_{|g_{fj}|^2}(x)$ 的闭合表达式为

$$
F_{|g_{fj}|^2}(x) = 1 - \frac{2\mathrm{e}^{-\frac{m_{fj}x}{\Omega_{fj}}}}{\alpha(R_f^2 - R_n^2)} \sum_{s=0}^{m_{fj}-1} \frac{1}{s'!} \sum_{p=0}^{s'} \binom{s'}{p} \left(\frac{m_{fj}x}{\Omega_{fj}}\right)^{s'-\left(p+\frac{\alpha}{2}\right)} \times
$$

$$
\left(\gamma\left(p + \frac{\alpha}{2}, \frac{R_f^\alpha m_{fj}x}{\Omega_{fj}}\right) - \gamma\left(p + \frac{\alpha}{2}, \frac{R_n^\alpha m_{fj}x}{\Omega_{fj}}\right)\right) \tag{5-18}
$$

5.3.1 上行 NOMA 链路中断性能分析

在上行链路中，根据 SIC 准则，当满足条件 $R_n^{\mathrm{UL}}/3 < R_2$ 时，D_{n1} 中断。然而，第一个无人机必须先正确译码 D_{n1} 的信号并将其从总的接收信号中减去，然后译码 D_{f1} 的信号。因此，当满足条件 $R_n^{\mathrm{UL}}/3 > R_2$ 或者尽管满足条件 $R_n^{\mathrm{UL}}/3 > R_2$，但是 $R_f^{\mathrm{UL}}/3 < R_1$ 时，D_{f1} 发生中断。因此，D_{n1} 和 D_{f1} 的中断概率表达式分别为

$$
P_{\mathrm{out}}^{\mathrm{UL},n} = \Pr\left(\frac{1}{3}R_n^{\mathrm{UL}} < R_2\right) \tag{5-19}
$$

$$
P_{\mathrm{out}}^{\mathrm{UL},f} = 1 - \Pr\left(\frac{1}{3}R_n^{\mathrm{UL}} > R_2, \frac{1}{3}R_f^{\mathrm{UL}} > R_1\right) \tag{5-20}
$$

对于上行链路传输，基于式(5-19) 和式(5-20) 的结果，在 ipSIC 情况下，D_{n1} 的中断概率为

$$
P_{\mathrm{out,ipSIC}}^{\mathrm{UL},n} = \sum_{k=1}^{\bar{K}} \sum_{k'=1}^{\bar{K}'} \Theta_k \Theta_{k'} \left(1 - \mathrm{e}^{-\frac{\eta_{n1}c_k}{a_{f1}\rho}} \sum_{s_1=0}^{m_{n1}-1} \frac{(c_k\eta_{n1})^{s_1}}{s_1!} \sum_{p_1=0}^{s_1} \binom{s_1}{p_1} \frac{\varpi_{f1}}{(\rho a_{f1})^{s_1-p_1}}\right) \tag{5-21}
$$

式中，$\Theta_k = \omega_k \sqrt{1-\theta_k^2}(\theta_k+1)s_k/R_n$，$s_k = R_n(\theta_k+1)/2$，$\theta_k = \cos[(2k-1)\pi/2\bar{K}]$，$\omega_k = \pi/\bar{K}$；$\Theta_{k'} = \omega_{k'}\sqrt{1-\theta_{k'}^2}s_{k'}/(R_f+R_n)$，$s_{k'} = R_n + (R_f-R_n)(\theta_k+1)/2$，$\theta_{k'} = \cos((2k'-1)\pi/2\bar{K}')$，$\omega_{k'} = \pi/\bar{K}'$；$\eta_{n1} = m_{n1}\gamma_{\mathrm{thn}}a_{f1}/(\Omega_{n1}a_{n1})$；$c_k = 1+s_k$；$\varpi_{f1} = (m_{f1})_{p1}(m_{f1}c_{k'}/\Omega_{f1})^{m_{f1}}/(\eta_{n1}c_k+m_{f1}c_{k'}/\Omega_{f1})^{p_1+m_{f1}}$，$c_{k'} = 1+s_{k'}$。

证明：将式(5-2) 代入式(5-19)，可以得到

$$
P_{\mathrm{out,ipSIC}}^{\mathrm{UL},n} = \Pr\left(\frac{|g_{n1}|^2a_{n1}\rho}{|g_{f1}|^2a_{f1}\rho+1} < 2^{3R_2}-1 \triangleq \gamma_{\mathrm{thn}}\right)
$$

$$
= \underbrace{\iint_{I_f,I_n} \int_0^\infty \left(1 - \mathrm{e}^{-\frac{m_{n1}(1+d_{n1}^\alpha)\gamma_{\mathrm{thn}}(xa_{f1}\rho+1)}{\Omega_{n1}a_{n1}\rho}} \sum_{s_1=0}^{m_{n1}-1} \frac{1}{s_1!}\left(\frac{m_{n1}(1+d_{n1}^\alpha)\gamma_{\mathrm{thn}}(xa_{f1}\rho+1)}{\Omega_{n1}a_{n1}\rho}\right)^{s_1}\right) f_{|g_{f1}|^2}(x)\mathrm{d}x}_{\Psi_1(d_{n1})} \times
$$

$$f_{W_n}(w_n)\,\mathrm{d}w_n f_{W_f}(w_f)\,\mathrm{d}w_f \tag{5-22}$$

其中，$f_{|g_{ij}|^2}(x) = \left[\, m_{ij}(1+d_{ij}^\alpha)/\Omega_{ij}\,\right]^{m_{ij}} x^{m_{ij}-1} \mathrm{e}^{-m_{ij}(1+d_{ij}^\alpha)x/\Omega_{ij}}/\Gamma(m_{ij})$。然后，将 $f_{|g_{ij}|^2}(x)$ 代入式(5-22)，得到

$$\Psi_1(d_{n1}) = 1 - \mathrm{e}^{-\frac{\eta_{n1}(1+d_{n1}^\alpha)}{a_{f1}\rho}} \sum_{s_1=0}^{m_{n1}-1} \frac{\eta_{n1}^{s_1}}{s_1!}(1+d_{n1}^\alpha)^{s_1} \times$$

$$\sum_{p_1=0}^{s_1} \binom{s_1}{p_1} \left(\frac{1}{a_{f1}\rho}\right)^{s_1-p_1} \frac{(m_{f1})_{p_1}\left(\dfrac{m_{f1}(1+d_{f1}^\alpha)}{\Omega_{f1}}\right)^{m_{f1}}}{\left(\eta_{n1}(1+d_{n1}^\alpha)+\dfrac{m_{f1}(1+d_{f1}^\alpha)}{\Omega_{f1}}\right)^{p_1+m_{f1}}} \tag{5-23}$$

式中，$\eta_{n1} = m_{n1}\gamma_{\mathrm{thn}}a_{f1}/(\Omega_{n1}a_{n1})$；$(m_{f1})_{s_1} = m_{f1}(m_{f1}+1)\cdots(m_{f1}+s_1-1)$。

将式(5-23)代入式(5-22)，则 D_{n1} 的中断概率 $P_{\mathrm{out,ipSIC}}^{\mathrm{UL},n}$ 为

$$P_{\mathrm{out,ipSIC}}^{\mathrm{UL},n} = \frac{2}{R_n^2} \int_{I_f} \underbrace{\int_0^{R_n} r\Psi_1(r)\,\mathrm{d}r f_{W_f}(w_f)\,\mathrm{d}w_f}_{\Psi_2(d_{f1})} \tag{5-24}$$

采用高斯切比雪夫不等式，可以得到 $\Psi_2(d_{f1})$ 为

$$\Psi_2(d_{f1}) = \frac{R_n}{2} \sum_{k=1}^{\overline{K}} \omega_k \sqrt{1-\theta_k^2}\, s_k \left(1 - \mathrm{e}^{-\frac{\eta_{n1}(1+s_k^\alpha)}{a_{f1}\rho}} \sum_{s_1=0}^{m_{n1}-1} \frac{\eta_{n1}^{s_1}}{s_1!}(1+s_k^\alpha)^{s_1} \times \right.$$

$$\left. \sum_{p_1=0}^{s_1} \binom{s_1}{p_1} \left(\frac{1}{a_{f1}\rho}\right)^{s_1-p_1} \frac{(m_{f1})_{p_1}\left(\dfrac{m_{f1}(1+d_{f1}^\alpha)}{\Omega_{f1}}\right)^{m_{f1}}}{\left(\eta_{n1}(1+s_k^\alpha)+\dfrac{m_{f1}(1+d_{f1}^\alpha)}{\Omega_{f1}}\right)^{p_1+m_{f1}}} \right) \tag{5-25}$$

式中，$\theta_k = \cos\left[(2k-1)\pi/2\overline{K}\right]$；$\overline{K}$ 是一个权衡复杂度与准确度的参数；$\omega_k = \pi/\overline{K}$；$s_k = R_n(\theta_k+1)/2$。

将式(5-25)代入式(5-24)中，利用高斯切比雪夫不等式，经过一系列运算，可以得到 D_{n1} 的中断概率的闭式表达式为

$$P_{\mathrm{out,ipSIC}}^{\mathrm{UL},n} = \sum_{k=1}^{\overline{K}} \sum_{k'=1}^{\overline{K}'} \Theta_k \Theta_{k'} \times$$

$$\left(1 - \mathrm{e}^{-\frac{\eta_{n1}c_k}{a_{f1}\rho}} \sum_{s_1=0}^{m_{n1}-1} \frac{(c_k\eta_{n1})^{s_1}}{s_1!} \sum_{p_1=0}^{s_1} \binom{s_1}{p_1} \left(\frac{1}{\rho a_{f1}}\right)^{s_1-p_1} \frac{(m_{f1})_{p_1}\left(\dfrac{m_{f1}c_{k'}}{\Omega_{f1}}\right)^{m_{f1}}}{\left(\eta_{n1}c_k+\dfrac{m_{f1}c_{k'}}{\Omega_{f1}}\right)^{p_1+m_{f1}}}\right) \tag{5-26}$$

证明完毕。

对于上行链路传输，在 ipSIC 情况下，D_{f1} 的中断概率为

$$P_{\text{out,ipSIC}}^{\text{UL},f} = 1 - \left(1 - \sum_{k=1}^{\bar{K}}\sum_{k'=1}^{\bar{K}'}\Theta_k\Theta_{k'}\left(1 - e^{-\frac{\eta_{n1}c_k}{a_{f1}\rho}}\sum_{s_1=0}^{m_{n1}-1}\sum_{p_1=0}^{s_1}\binom{s_1}{p_1}\frac{z_{n1}\varpi_{f1}}{(\rho a_{f1})^{s_1-p_1}}\right)\right) \times$$

$$\left(1 - \sum_{k=1}^{\bar{K}}\sum_{k'=1}^{\bar{K}'}\Theta_k\Theta_{k'}\left(1 - e^{-\frac{\eta_{f1}c_{k'}}{\xi_{n1}a_{n1}\rho}}\sum_{s_1'=0}^{m_{n1}-1}\sum_{p_1'=0}^{s_1'}\binom{s_1'}{p_1'}\frac{z_{f1}\varpi_{n1}}{(\xi_{n1}a_{n1}\rho)^{s_1'-p_1'}}\right)\right) \tag{5-27}$$

式中，$\varpi_{n1} = (m_{n1})_{p_1'}(m_{n1}c_k/\Omega_{n1})^{m_{n1}}/(\eta_{f1}c_k' + m_{n1}c_k/\Omega_{n1})^{p_1'+m_{n1}}$；$z_{n1} = (c_k\eta_{n1})^{s_1}/s_1!$；$z_{f1} = (c_{k'}\eta_{f1})^{s_1'}/s_1'!$。

证明：将式(5-2) 和式(5-3) 代入式(5-20) 中，可得

$$P_{\text{out,ipSIC}}^{\text{UL},f} = 1 - \Pr\left\{\log_2\left(1 + \frac{|g_{n1}|^2a_{n1}\rho}{|g_{f1}|^2a_{f1}\rho+1}\right) > R_2, \log_2\left(1 + \frac{|g_{f1}|^2a_{f1}\rho}{\xi_{n1}|h_{f1}|^2a_{n1}\rho+1}\right) > R_1\right\}$$

$$= 1 - \underbrace{\Pr\left(|g_{n1}|^2 > \frac{\gamma_{\text{thn}}(|h_{f1}|^2a_{f1}\rho+1)}{a_{n1}\rho}\right)}_{I_1}\underbrace{\Pr\left(|g_{f1}|^2 > \frac{\gamma_{\text{thf}}(\xi_{n1}|g_{n1}|^2a_{n1}\rho+1)}{a_{f1}\rho}\right)}_{I_2} \tag{5-28}$$

式中，$\gamma_{\text{thn}} = 2^{3R_2} - 1$；$\gamma_{\text{thf}} = 2^{3R_1} - 1$。

经过一系列计算，I_2 可化简为

$$I_2 = 1 - \int_{I_n}\int_{I_f}\underbrace{\int_0^\infty\left(1 - e^{-\frac{m_{f1}(1+d_{f1}^\alpha)\gamma_{\text{thf}}(\xi_{n1}xa_{n1}\rho+1)}{\Omega_{f1}a_{f1}\rho}}\sum_{s_1'=0}^{m_{f1}-1}\frac{1}{s_1'!}\left(\frac{m_{f1}(1+d_{f1}^\alpha)\gamma_{\text{thf}}(\xi_{n1}xa_{n1}\rho+1)}{\Omega_{f1}a_{f1}\rho}\right)^{s_1'}\right)f_{|g_{n1}|^2}(x)dx}_{\Psi_1'(d_{f1})} \times$$

$$f_{W_f}(w_f)dw_f f_{W_n}(w_n)dw_n \tag{5-29}$$

采用切比雪夫不等式，得到 $\Psi_1'(d_{f1})$ 为

$$\Psi_1'(d_{f1}) = 1 - e^{-\frac{\eta_{f1}(1+d_{f1}^\alpha)}{\xi_{n1}a_{n1}\rho}}\sum_{s_1'=0}^{m_{f1}-1}\frac{[\eta_{f1}(1+d_{f1}^\alpha)]^{s_1'}}{s_1'!} \times$$

$$\sum_{p_1'=0}^{s_1'}\binom{s_1'}{p_1'}\frac{(m_{n1})_{p_1'}\left(\frac{1}{\xi_{n1}a_{n1}\rho}\right)^{s_1'-p_1'}\left(\frac{m_{n1}(1+d_{n1}^\alpha)}{\Omega_{n1}}\right)^{m_{n1}}}{\left(\eta_{f1}(1+d_{f1}^\alpha) + \frac{m_{n1}(1+d_{n1}^\alpha)}{\Omega_{n1}}\right)^{p_1'+m_{n1}}} \tag{5-30}$$

将式(5-30) 代入式(5-29)，得到

$$I_2 = 1 - \frac{2}{R_f^2 - R_n^2}\int_{I_n}\underbrace{\int_{R_n}^{R_f}r\Psi_1'(r)dr}_{\Psi_2'(d_{n1})}f_{W_n}(w_n)dw_n \tag{5-31}$$

5G非正交多址接入技术：
理论、算法与实现

同样地，得到 $\Psi_2'(d_{n1})$ 为

$$
\begin{aligned}
\Psi_2'(d_{n1}) = \frac{R_f - R_n}{2} \sum_{k'=1}^{K'} \omega_{k'} \sqrt{1 - \theta_{k'}^2}\, s_{k'} &\left(1 - \mathrm{e}^{-\frac{\eta_{f1}(1+s_{k'}^\alpha)}{\xi_{n1}a_{n1}\rho}} \sum_{s_1'=0}^{m_{f1}-1} \frac{\left[\eta_{f1}(1+s_{k'}^\alpha)\right]^{s_1'}}{s_1'!} \times \right. \\
&\left. \sum_{p_1'=0}^{s_1'} \binom{s_1'}{p_1'} \left(\frac{1}{\xi_{n1}a_{n1}\rho}\right)^{s_1'-p_1'} \frac{(m_{n1})_{p_1'}\left(\frac{m_{n1}(1+d_{n1}^\alpha)}{\Omega_{n1}}\right)^{m_{n1}}}{\left(\eta_{f1}(1+s_{k'}^\alpha) + \frac{m_{n1}(1+d_{n1}^\alpha)}{\Omega_{n1}}\right)^{p_1'+m_{n1}}} \right)
\end{aligned}
\tag{5-32}
$$

将式 (5-32) 代入式 (5-31) 中，得到

$$
I_2 = 1 - \sum_{k=1}^{\overline{K}} \sum_{k'=1}^{\overline{K}'} \Theta_k \Theta_{k'} \left(1 - \mathrm{e}^{-\frac{\eta_{f1}c_{k'}}{\xi_{n1}a_{n1}\rho}} \sum_{s_1'=0}^{m_{n1}-1} \frac{(c_{k'}\eta_{f1})^{s_1'}}{s_1'!} \sum_{p_1'=0}^{s_1'} \binom{s_1'}{p_1'} \frac{\varpi_{n1}}{(\xi_{n1}a_{n1}\rho)^{s_1'-p_1'}} \right)
\tag{5-33}
$$

式中，$\varpi_{n1} = (m_{n1})_{p_1'}(m_{n1}c_k/\Omega_{n1})^{m_{n1}}/(\eta_{f1}c_{k'} + m_{n1}c_k/\Omega_{n1})^{p_1'+m_{n1}}$。

根据式 (5-26) 的结果，可得到

$$
I_1 = 1 - \sum_{k=1}^{\overline{K}} \sum_{k'=1}^{\overline{K}'} \Theta_k \Theta_{k'} \left(1 - \mathrm{e}^{-\frac{\eta_{n1}c_k}{a_{f1}\rho}} \sum_{s_1=0}^{m_{n1}-1} \frac{(c_k\eta_{n1})^{s_1}}{s_1!} \sum_{p_1=0}^{s_1} \binom{s_1}{p_1} \frac{\varpi_{f1}}{(\rho a_{f1})^{s_1-p_1}} \right)
\tag{5-34}
$$

将式 (5-33) 和式 (5-34) 代入式 (5-28)，可得到式 (5-27) 的结果。

证明完毕。

在 pSIC 情况下，将 $\xi_{n1} = 0$ 代入式 (5-27) 的证明过程中，得到 D_{f1} 的中断概率为

$$
\begin{aligned}
P_{\text{out,pSIC}}^{\text{UL},f} = 1 - \frac{2\mathrm{e}^{-\frac{\zeta_{f1}}{\rho}}}{R_f^2 - R_n^2} \sum_{s_1'=0}^{m_{f1}-1} \frac{1}{s_1'!} \sum_{p_1'=0}^{s_1'} &\binom{s_1'}{p_1'} \left(\frac{\zeta_{f1}}{\rho}\right)^{s_1'-(p_1'+\frac{\alpha}{2})} \frac{\gamma_{f1}}{\alpha} \times \\
&\left(1 - \sum_{k=1}^{K} \sum_{k'=1}^{K'} \Theta_k \Theta_{k'} \left(1 - \mathrm{e}^{-\frac{\eta_{n1}c_k}{a_{f1}\rho}} \sum_{s_1=0}^{m_{n1}-1} \sum_{p_1=0}^{s_1} \binom{s_1}{p_1} \frac{z_{n1}\varpi_{f1}}{(\rho a_{f1})^{s_1-p_1}} \right) \right)
\end{aligned}
\tag{5-35}
$$

式中，$\zeta_{f1} = m_{f1}\gamma_{\text{thf}}/\Omega_{f1}a_{f1}$；$\gamma_{f1} = \gamma(p_1' + \alpha/2, R_f^\alpha \zeta_{f1}/\rho) - \gamma(p_1' + \alpha/2, R_n^\alpha \zeta_{f1}/\rho)$。

5.3.2 下行 NOMA 链路中断性能分析

在下行 NOMA 通信链路中，D_{f2} 和 D_{n2} 的中断概率分别表示为

$$
P_{\text{out}}^{\text{DL},f} = \Pr\left(\frac{1}{3}R_f^{\text{DL}} > R_1\right)
\tag{5-36}
$$

$$
P_{\text{out}}^{\text{DL},n} = 1 - \Pr\left(\frac{1}{3}R_{n\to f}^{\text{DL}} > R_1, \frac{1}{3}R_n^{\text{DL}} > R_2\right)
\tag{5-37}
$$

在 ipSIC 情况下，基于式 (5-36) 和式 (5-37)，D_{f2} 的中断概率表示为

$$P_{\text{out,ipSIC}}^{\text{DL},f} = 1 - \frac{2e^{-\tau_{f2}}}{R_f^2 - R_n^2} \sum_{s_2'=0}^{m_{f2}-1} \sum_{p_2'=0}^{s_2'} \binom{s_2'}{p_2'} \frac{\tau_{f2}^{s_2'-p_2'-\frac{\alpha}{2}}}{s_2'!} \frac{\gamma_{f2}}{\alpha} \tag{5-38}$$

式中，$\gamma_{f2} = \gamma(p_2' + \alpha/2, R_f^\alpha \tau_{f2}) - \gamma(p_2' + \alpha/2, R_n^\alpha \tau_{f2})$；$\tau_{f2} = m_{f2}\vartheta_{f2}/\Omega_{f2}$。

证明： 将式(5-8) 代入式(5-36)，得到 ipSIC 情况下 D_{f2} 的中断概率表达式为

$$P_{\text{out,ipSIC}}^{\text{DL},f} = 1 - \underbrace{\Pr\left(|g_{f2}|^2 > \frac{\gamma_{\text{th}f}}{\rho(a_{f2} - \gamma_{\text{th}f}a_{n2})} \triangleq \vartheta_{f2} \right)}_{\Lambda} \tag{5-39}$$

式中，$\gamma_{\text{th}f} = 2^{3R_1} - 1$。

经过一系列运算，Λ 可以表示为

$$\Lambda = 1 - F_{|g_{f2}|^2}(\vartheta_{f2}) = \frac{2e^{-\tau_{f2}}}{R_f^2 - R_n^2} \sum_{s_2'=0}^{m_{f2}-1} \frac{1}{s_2'!} \sum_{p_2'=0}^{s_2'} \binom{s_2'}{p_2'} \frac{\tau_{f2}^{s_2'-p_2'-\frac{\alpha}{2}}}{\alpha} \gamma_1 \tag{5-40}$$

式中，$\tau_{f2} = m_{f2}\zeta_2/\Omega_{f2}$；$\gamma_1 = \gamma(p_2' + \alpha/2, R_f^\alpha \tau_{f2}) - \gamma(p_2' + \alpha/2, R_n^\alpha \tau_{f2})$。

将式(5-40) 代入式(5-39)，可得到 D_{f2} 的中断概率的闭式表达式。

证明完毕。

对于 D_{n2}，将式(5-9) 和式(5-10) 代入式(5-37)，D_{n2} 的中断概率可表示为

$$\begin{aligned}
P_{\text{out,ipSIC}}^{\text{DL},n} &= 1 - \Pr\left(|g_{n2}|^2 > \vartheta_{f2}, |g_{n2}|^2 > \frac{\gamma_{\text{th}n}}{\rho(a_{n2} - \xi_{n2}a_{f2}\gamma_{\text{th}n})} \triangleq \vartheta_{n2} \right) \\
&= 1 - \Pr\left(|g_{n2}|^2 > \max(\vartheta_{f2}, \vartheta_{n2}) \triangleq \vartheta \right)
\end{aligned} \tag{5-41}$$

式中，$\gamma_{\text{th}n} = 2^{3R_2} - 1$。

使用与式(5-38) 相同的证明方法，得到 ipSIC 情况下 D_{n2} 的中断概率闭式表达式为

$$P_{\text{out,ipSIC}}^{\text{DL},n} = 1 - \frac{2e^{-\tau_{n2}}}{R_n^2} \sum_{s_2=0}^{m_{n2}-1} \sum_{p_2=0}^{s_2} \binom{s_2}{p_2} \frac{\tau_{n2}^{s_2-p_2-\frac{\alpha}{2}}}{s_2!} \frac{\gamma_{n2}}{\alpha} \tag{5-42}$$

式中，$\gamma_{n2} = \gamma(p_2 + \alpha/2, R_n^\alpha \tau_{n2})$；$\tau_{n2} = m_{n2}\vartheta/\Omega_{n2}$。

在 pSIC 情况下，D_{n2} 的中断概率闭式表达式为

$$P_{\text{out,pSIC}}^{\text{DL},n} = 1 - \frac{2e^{-\bar{\tau}_{n2}}}{R_n^2} \sum_{s_2=0}^{m_{n2}-1} \sum_{p_2=0}^{s_2} \binom{s_2}{p_2} \frac{\bar{\tau}_{n2}^{s_2-p_2-\frac{\alpha}{2}}}{s_2!} \frac{\bar{\gamma}_{n2}}{\alpha} \tag{5-43}$$

式中，$\bar{\gamma}_{n2} = \gamma(p_2 + \alpha/2, R_n^\alpha \bar{\tau}_{n2})$，$\bar{\tau}_{n2} = m_{n2}\bar{\vartheta}/\Omega_{n2}$，$\bar{\vartheta} \triangleq \max(\vartheta_{f2}, \gamma_{\text{th}n}/\rho a_{n2})$。

证明： 基于式(5-37)，在 pSIC 情况下，D_{n2} 的中断概率表达式为

$$P_{\text{out,pSIC}}^{\text{DL},n} = 1 - \Pr\left(|g_{n2}|^2 > \vartheta_{f2}, |g_{n2}|^2 > \frac{\gamma_{\text{th}n}}{\rho a_{n2}} \right)$$

$$= 1 - \Pr\left(|g_{n2}|^2 > \max\left(\vartheta_{f2}, \frac{\gamma_{\mathrm{th}n}}{\rho a_{n2}} \right) \triangleq \overline{\vartheta} \right)$$

$$= 1 - \frac{2 e^{-\overline{\tau}_{n2}}}{R_n^2} \sum_{s_2=0}^{m_{n2}-1} \sum_{p_2=0}^{s_2} \binom{s_2}{p_2} \frac{\overline{\tau}_{n2}^{s_2-p_2-\frac{\alpha}{2}}}{s_2!} \frac{\overline{\gamma}_{n2}}{\alpha} \tag{5-44}$$

证明完毕。

5.3.3 系统中断性能分析

根据 5.2.1 节和 5.2.2 节两个小节的分析可知,当 $R_{D_{f2}}^{s_f} = \min(R_f^{\mathrm{UL}}, R_f, R_f^{\mathrm{DL}})/3$ 和 $R_{D_{n2}}^{s_f} = \min(R_f^{\mathrm{UL}}, R_f, R_{n \to f}^{\mathrm{DL}})/3$ 均大于 R_1 时,意味着 D_{f2} 能够正确译码自身期望信号 s_f。当 $R_{D_{n2}}^{s_n} = \min(R_n^{\mathrm{UL}}, R_n, R_n^{\mathrm{DL}})/3$ 大于 R_2 时,意味着 D_{n2} 能够正确译码自身期望信号 s_n。因此,D_{f2} 正确译码自身期望信号 s_f 的中断概率为

$$P_{\mathrm{out}}^{D_{f2}} = 1 - \Pr\left(R_{D_{f2}}^{s_f} > R_1, \frac{1}{3}\min(R_{t1}^{s_n}, R_{t2}^{s_n}) > R_2 \right) \tag{5-45}$$

经过一系列计算,得到 ipSIC 情况下 D_{f2} 的中断概率闭式表达式为

$$P_{\mathrm{out,ipSIC}}^{D_{f2}} = 1 - \frac{2 e^{-\tau_{f2}}}{R_f^2 - R_n^2}\left(1 - \sum_{k=1}^{\overline{K}} \sum_{k'=1}^{\overline{K}'} \Theta_k \Theta_{k'} \left(1 - e^{-\frac{\eta_{n1} c_k}{a_{f1}\rho}} \sum_{s_1=0}^{m_{n1}-1} \sum_{p_1=0}^{s_1} \binom{s_1}{p_1} \frac{z_{n1} \varpi_{f1}}{(\rho a_{f1})^{s_1-p_1}} \right) \right) \times$$

$$\left(1 - \sum_{k=1}^{\overline{K}} \sum_{k'=1}^{\overline{K}'} \Theta_k \Theta_{k'} \left(1 - e^{-\frac{\eta_{f1} c_{k'}}{\xi_{n1} a_{n1}\rho}} \sum_{s_1'=0}^{m_{n1}-1} \sum_{p_1'=0}^{s_1'} \binom{s_1'}{p_1'} \frac{z_{f1} \varpi_{n1}}{(\xi_{n1} a_{n1}\rho)^{s_1'-p_1'}} \right) \right) \sum_{s_2'=0}^{m_{f2}-1} \sum_{p_2'=0}^{s_2'} \binom{s_2'}{p_2'} \frac{\tau_{f2}^{s_2'-p_2'-\frac{\alpha}{2}}}{s_2'!} \frac{\gamma_{f2}}{\alpha}$$

$$\tag{5-46}$$

式中,$\tau_{f2} = m_{f2}\zeta_2/\Omega_{f2}$;$\tau_{uu} = m_{uu}\zeta_1/\Omega_{uu}$;$\zeta_{uu} = m_{uu}\gamma_{uu}\zeta_{uu} b_f/(\Omega_{uu} b_n)$。

证明:根据式(5-45),D_{f2} 的中断概率可以重写为

$$P_{\mathrm{out,ipSIC}}^{D_{f2}} = 1 - \Pr\left(R_{D_{f2}}^{s_f} > R_1, \frac{1}{3}\min(R_n^{\mathrm{UL}}, R_n) > R_2 \right)$$

$$= 1 - \underbrace{\Pr\left(\frac{1}{3}R_n^{\mathrm{UL}} > R_2, \frac{1}{3}R_f^{\mathrm{UL}} > R_1 \right)}_{\Lambda_1} \underbrace{\Pr\left(\frac{1}{3}R_n > R_2, \frac{1}{3}R_f > R_1 \right)}_{\Lambda_2} \underbrace{\Pr\left(\frac{1}{3}R_f^{\mathrm{DL}} > R_1 \right)}_{\Lambda_3} \tag{5-47}$$

将式(5-4)和式(5-5)代入式(5-47)中,得到

$$\Lambda_2 = \Pr\left(|g_{uu}|^2 > \frac{\gamma_{\mathrm{th}n}}{\rho(b_n - \gamma_{\mathrm{th}n}\xi_{uu} b_f)} \triangleq \varphi_n, |g_{uu}|^2 > \frac{\gamma_{\mathrm{th}f}}{\rho(b_f - \gamma_{\mathrm{th}f} b_n)} \triangleq \varphi_f \right)$$

$$= \Pr(|g_{uu}|^2 > \max(\varphi_n, \varphi_f) \triangleq \varphi)$$

理论、算法与实现

$$= \mathrm{e}^{-\frac{m_{uu}\varphi}{\Omega_{uu}}} \sum_{s=0}^{m_{uu}-1} \frac{1}{s!} \left(\frac{m_{uu}\varphi}{\Omega_{uu}}\right)^s \tag{5-48}$$

此外，根据式(5-27) 和式(5-38) 的证明，可以分别得到 Λ_1 和 Λ_3 为

$$\Lambda_1 = \left(1 - \sum_{k=1}^{\overline{K}} \sum_{k'=1}^{\overline{K}'} \Theta_k \Theta_{k'} \left(1 - \mathrm{e}^{-\frac{\eta_{n1}c_k}{a_{f1}\rho}} \sum_{s_1=0}^{m_{n1}-1} \sum_{p_1=0}^{s_1} \binom{s_1}{p_1} \frac{z_{n1}\varpi_{f1}}{(\rho a_{f1})^{s_1-p_1}}\right)\right) \times$$

$$\left(1 - \sum_{k=1}^{\overline{K}} \sum_{k'=1}^{\overline{K}'} \Theta_k \Theta_{k'} \left(1 - \mathrm{e}^{-\frac{\eta_{f1}c_{k'}}{\xi_{n1}a_{n1}\rho}} \sum_{s_1'=0}^{m_{n1}-1} \sum_{p_1'=0}^{s_1'} \binom{s_1'}{p_1'} \frac{z_{f1}\varpi_{n1}}{(\xi_{n1}a_{n1}\rho)^{s_1'-p_1'}}\right)\right) \tag{5-49}$$

$$\Lambda_3 = 1 - \frac{2\mathrm{e}^{-\tau_{f2}}}{R_f^2 - R_n^2} \sum_{s_2=0}^{m_{f2}-1} \sum_{p_2=0}^{s_2'} \binom{s_2'}{p_2'} \frac{\tau_{f2}^{s_2'-p_2'-\frac{\alpha}{2}}}{s_2'!} \frac{\gamma_{f2}}{\alpha} \tag{5-50}$$

将式(5-48)、式(5-49) 和式(5-50) 代入式(5-47) 中，得到 ipSIC 情况下 D_{f2} 的中断概率闭式表达式。

证明完毕。

对于特殊情况，将 $\xi_{n1} = \xi_{uu} = \xi_{n2} = 0$ 代入式(5-46) 的证明过程中，得到 pSIC 的情况下 D_{f2} 的中断概率闭式表达式为

$$P_{\mathrm{out,pSIC}}^{D_{f2}} = 1 - \frac{4\overline{\gamma}\mathrm{e}^{-\left(\frac{\zeta_{f1}}{\rho}+\tau_{f2}\right)}}{(R_f^2-R_n^2)^2} \sum_{s_1'=0}^{m_{f1}-1} \frac{1}{s_1'!} \sum_{p_1'=0}^{s_1'} \binom{s_1'}{p_1'} \left(\frac{\zeta_{f1}}{\rho}\right)^{s_1'-\left(p_1'+\frac{\alpha}{2}\right)} \frac{\gamma_{f1}}{\alpha} \times$$

$$\left(1 - \sum_{k=1}^{\overline{K}} \sum_{k'=1}^{\overline{K}'} \Theta_k \Theta_{k'} \left(1 - \mathrm{e}^{-\frac{\eta_{n1}c_k}{a_{f1}\rho}} \sum_{s_1=0}^{m_{n1}-1} \sum_{p_1=0}^{s_1} \binom{s_1}{p_1} \frac{z_{n1}\varpi_{f1}}{(\rho a_{f1})^{s_1-p_1}}\right)\right) \times$$

$$\sum_{s_2'=0}^{m_{f2}-1} \sum_{p_2'=0}^{s_2'} \binom{s_2'}{p_2'} \frac{\tau_{f2}^{s_2'-p_2'-\frac{\alpha}{2}}}{s_2'!} \frac{\gamma_{f2}}{\alpha} \tag{5-51}$$

当满足 $R_{D_{n2}}^{s_n} = \min\left(r_{t1}^{s_n}, r_{t2}^{s_n}, r_{t3}^{s_n}\right)/3 > R_2$ 的条件时，D_{n2} 才能够正确译码自身期望信号 s_n。因此，D_{n2} 的中断概率可以表示为

$$P_{\mathrm{out}}^{D_{n2}} = 1 - \Pr\left(R_{D_{n2}}^{s_f} > R_1, R_{D_{n2}}^{s_n} > R_2\right) \tag{5-52}$$

类似于 D_{f2} 中断概率的证明步骤，可以分别得到 D_{n2} 在 ipSIC 和 pSIC 两种情况下中断概率的闭式表达式为

$$P_{\mathrm{out,ipSIC}}^{D_{n2}} = 1 - \frac{2\gamma\mathrm{e}^{-\tau_{n2}}}{R_n^2} \left(1 - \sum_{k=1}^{\overline{K}} \sum_{k'=1}^{\overline{K}'} \Theta_k \Theta_{k'} \left(1 - \mathrm{e}^{-\frac{\eta_{n1}c_k}{a_{f1}\rho}} \sum_{s_1=0}^{m_{n1}-1} \sum_{p_1=0}^{s_1} \binom{s_1}{p_1} \frac{z_{n1}\varpi_{f1}}{(\rho a_{f1})^{s_1-p_1}}\right)\right) \times$$

$$\left(1 - \sum_{k=1}^{\overline{K}} \sum_{k'=1}^{\overline{K}'} \Theta_k \Theta_{k'} \left(1 - e^{-\frac{\eta_{f1} c_{k'}}{\xi_{n1} a_{n1} \rho}} \sum_{s_1'=0}^{m_{n1}-1} \sum_{p_1'=0}^{s_1'} \binom{s_1'}{p_1'} \frac{z_{f1} \varpi_{n1}}{(\xi_{n1} a_{n1} \rho)^{s_1'-p_1'}}\right)\right) \times$$

$$\sum_{s_2=0}^{m_{n2}-1} \sum_{p_2=0}^{s_2} \binom{s_2}{p_2} \frac{\tau_{n2}^{s_2-p_2-\frac{\alpha}{2}}}{s_2!} \frac{\gamma_{n2}}{\alpha} \tag{5-53}$$

$$P_{\text{out,pSIC}}^{D_{n2}} = 1 - \frac{4\overline{\gamma} e^{-\left(\frac{\zeta_{f1}}{\rho}+\overline{\tau}_{n2}\right)}}{R_n^2 (R_f^2 - R_n^2)} \sum_{s_1'=0}^{m_{f1}-1} \frac{1}{s_1'!} \sum_{p_1'=0}^{s_1'} \binom{s_1'}{p_1'} \left(\frac{\zeta_{f1}}{\rho}\right)^{s_1'-\left(p_1'+\frac{\alpha}{2}\right)} \frac{\gamma_{f1}}{\alpha} \times$$

$$\left(1 - \sum_{k=1}^{\overline{K}} \sum_{k'=1}^{\overline{K}'} \Theta_k \Theta_{k'} \left(1 - e^{-\frac{\eta_{n1} c_k}{a_{f1} \rho}} \sum_{s_1=0}^{m_{n1}-1} \sum_{p_1=0}^{s_1} \binom{s_1}{p_1} \frac{z_{n1} \varpi_{f1}}{(\rho a_{f1})^{s_1-p_1}}\right)\right) \times$$

$$\sum_{s_2=0}^{m_{n2}-1} \sum_{p_2=0}^{s_2} \binom{s_2}{p_2} \frac{\overline{\tau}_{n2}^{s_2-p_2-\frac{\alpha}{2}}}{s_2!} \frac{\overline{\gamma}_{n2}}{\alpha} \tag{5-54}$$

5.4 仿真分析

本节通过 MATLAB 仿真来验证上行 NOMA、下行 NOMA 以及整个系统中用户中断性能理论分析的准确性。除非特殊说明，实验仿真的参数设置如表 5-1 所示。

表 5-1 仿真参数

参　数	参　数　值	参　数	参　数　值
R_n	$8m$	R_f	$10m$
a_{f1}	0.3	a_{n1}	0.7
a_{f2}	0.8	a_{n2}	0.2
b_f	0.8	b_n	0.2
$\overline{K}$	10	$\overline{K}'$	10
R_1	0.01	R_2	0.1

图 5-2 给出了 pSIC 和 ipSIC 两种情况下远端用户 D_{f1} 和近端用户 D_{n1} 在上行 NOMA 传输链路中中断概率随 SNR 变化的曲线。从图 5-2 可以发现，在高 SNR 区域下，中断概率存在误差平台，这是因为受到 ipSIC 造成的残留干扰信号的影响，导致 D_{f1} 和 D_{n1} 的分集增益均为零。另外，从图 5-2 中还可以发现，pSIC 情况下 D_{f1} 和 D_{n1} 的分集增益依旧是零，这是由于在上行 NOMA 链路中，无人机首先译码 D_{n1} 的信号，译码过程中受到远端用户信号的干扰。

图 5-3 给出了 pSIC 和 ipSIC 两种情况下远端用户 D_{f2} 和近端用户 D_{n2} 下行 NOMA 传输链路中断概率随 SNR 变化的曲线。从图 5-3 可以看出，在 ipSIC 情况下，当 SNR 较高时 D_{n2} 的中断概率存在误差平台，这是由于残留干扰的影响，导致 D_{n2} 的分集增益为零。从图 5-3 还可以看出，在 pSIC 情况下两个用户的中断概率随着 SNR 的增加而减小，用户的中断概率减小意味着用户的中断性能得到提高。

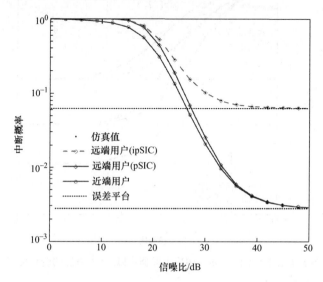

图 5-2　上行链路用户中断概率随 SNR 增加的变化曲线

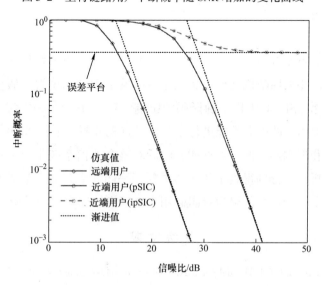

图 5-3　下行链路用户中断概率随 SNR 增加的变化曲线

图 5-4 给出了不同衰落参数下，远端用户 D_{f2} 和近端用户 D_{n2} 中断概率随 SNR 变化的曲线。从图 5-4 可以观察到，蒙特卡洛仿真曲线与理论分析曲线相吻合，证明了上述理论分析的正确性。此外，当衰落参数 $m=1$ 时，系统用户的中断性能最差。随着衰落参数 m 的增大，系统用户中断性能逐渐提高。

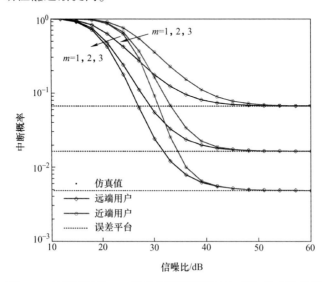

图 5-4   对于不同的 m，用户中断概率随 SNR 增加的变化曲线

5.5   本章小结

本章提出了一个协作 NOMA 无人机模型，使用两个无人机来协助距离较远的两个区域中的用户进行通信，并采用随机几何方法来建模区域中用户的位置。假设发送端和接收端均为理想硬件，考虑 ipSIC 对用户正确译码的影响，对 ipSIC 和 pSIC 两种情况下三跳协作 NOMA 无人机系统中用户的中断性能进行了分析，首先分析了上行 NOMA 和下行 NOMA 通信链路中远端用户和近端用户的中断性能，然后对整个通信系统中远端用户和近端用户的中断性能进行了分析，并分别得到了相应的中断概率闭式表达式。另外，该系统模型可以广泛应用于山区以及由于巨大的障碍物阻碍用户之间直接通信的场景中。

参 考 文 献

[1]   ZENG Y,ZHANG R,LIM T J. Throughput maximization for uav-enabled mobile relaying systems[J]. IEEE Transactions on Communications,2016,64(12):4983-4996.

[2] SHARMA P K,KIM D I. Uav-enabled downlink wireless system with non-orthogonal multiple access[C]// 2017 IEEE Globecom Work-shops(GC Wkshps). 2017:1-6.

[3] ZENG Y,ZHANG R,LIM T J. Wireless communications with unmanned aerial vehicles:opportunities and challenges[J]. IEEE Commun. Mag.,2016,54(5):36-42.

[4] JIANG F,SWINDLEHURST L. Optimization of uav heading for the ground-to-air uplink[J]. IEEE Journal on Selected Areas in Communica-tions,2012,30(5):993-1005.

[5] HOU T,LIU Y,SONG Z,et al. Multiple antenna aided noma in uav networks:a stochastic geometry approach [J]. IEEE Transactions on Communications,2018,35(3):1.

[6] QIN Z,FAN J,LIU Y. Sparse representation for wireless communications:A compressive sensing approach [J]. IEEE Signal Processing Magazine,2018,35(3):40-58.

[7] LIU Y,QIN Z,ELKASHLAN M. Nonorthogonal multiple access for 5G and beyond[J]. Proceedings of the IEEE,2017,105(12):2347-2381.

[8] MEI W,ZHANG R. Uplink cooperative noma for cellular-connected uav[J]. IEEE Journal of Selected Topics in Signal Processing,2019,75(3):1.

[9] QI T,FENG W,WANG Y. Outage performance of non-orthogonal multiple access based unmanned aerial vehicles satellite networks[J]. China Communications,2018,15(5):1-8.

[10] DING Z,LIU Y,CHOI J,et al. Application of non-orthogonal multiple access in LTE and 5G networks[J]. IEEE Commun. Mag.,2017,55(2):185-191.

[11] DING Z,FAN P,POOR H V. Impact of user pairing on 5G nonorthogonal multiple-access downlink transmissions[J]. IEEE Trans. Veh. Technol.,2016,65(8):6010-6023.

[12] YANG Z,DING Z,PAN P,et al. A general power allocation scheme to guarantee quality of service in downlink and uplink NOMA systems[J]. IEEE Trans. Wireless Commun.,2016,15(11):7244-7257.

[13] KADER M F,SHIN S Y. Coordinated direct and relay transmission using uplink NOMA[J]. IEEE Wireless Commun. Lett.,2018,7(3):400-403.

[14] DING Z,YANG Z,FAN P,et al. On the performance ofnon-orthogonal multiple access in 5G systems with randomly deployed users[J]. IEEE Signal Processing Letters,2014,21(12):1501-1505.

第 6 章

理想硬件单小区下行
两用户簇 NOMA 的功率分配方法

本章研究了单小区下行两用户簇 NOMA 系统中的功率分配方案，功率分配的目标分为五类：1）最大化总速率；2）最大公平；3）公平地提高用户速率；4）最大化能量效率；5）最大化速率与能量效率的折中。对于多簇且每个簇包含两用户的单小区下行 NOMA 系统，以最大化总速率、最大公平、公平地提高用户速率、最大化能量效率和最大化速率与能量效率的折中为目标，建立相应的功率分配优化问题，解决优化问题得到满足目标的功率分配。

6.1 研究背景

随着移动通信的迅猛发展，传统的多址接入技术已难以满足无线数据业务量的爆炸式增长[1,2]。因此，第五代移动通信采用具有更高系统吞吐量和更高频谱效率的非正交多址接入技术（NOMA）[3-5]。相较于传统多址接入技术在时域、频域和码域的研究，NOMA 技术引入了一个新的维度-功率域[6]，在基站端为多个用户分配不同的功率，然后将这些用户的信号叠加在相同的时频资源上，用户接收到信号后采用串行干扰消除技术检测期望接收的信号[7,8]。功率分配不仅关系到各用户信号的检测次序，还影响到系统的可靠性和有效性，因此，NOMA 系统中的功率分配是近年的研究热点之一。

很多学者对单小区下行 NOMA 系统中的功率分配方案进行了研究，其中功率分配的目标有三类：最大化和速率、最大化能量效率以及最大化公平性。

文献［9］研究了包含两用户的单个 NOMA 簇在用户最低速率需求约束下的功率分配方案，目标是最大化两个用户的和速率，给出了功率分配方案的闭式解。文献［10］将文献［9］中的两用户扩展到任意用户场景，在总功率约束和用户最低速率需求约束下，提出了最大化单输入单输出（SISO）NOMA 系统和速率的功率分配方案，然而，该文献中的功率分配方案仅考虑了单个簇。

文献［11］研究了包含任意用户的单个 NOMA 簇中最大化能量效率的功率分配方案，文献［12］扩展了文献［11］的场景，提出了包含多个簇且每个簇包含任意用户的 NOMA 系统中最大化能量效率的功率分配方案，然而，该方案假定用户的最低速率均相等，未考虑用户的最低速率不相等的情况。

文献［13］以最大最小公平性为准则，在总功率和强用户最低速率需求约束下，提出了一种既能满足强用户最低速率需求又能最大化弱用户的最低速率的功率分配方案。文献［14］以最大公平性（Maximin Fairness，MMF）为准则，提出了一种能最大化用户最低速

率的功率分配方案。该方案中所有用户的速率都相同，实现了用户在速率上的公平性。然而，该方案的每个簇只包含两用户，并且未考虑单个用户的速率需求，因此，有可能导致部分用户的速率高于该用户的速率需求，而另一部分用户的速率低于该用户的速率需求。

除了以上研究的不足，目前的研究中没有考虑到速率与能量效率的折中。鉴于此，本章分别研究了多簇且每个簇包含两个用户的单小区下行 NOMA 系统中的功率分配方案，其主要研究工作总结如下：1）采用拉格朗日方法推导，给出最大化总速率的功率分配方法；2）通过求解方程组，得出最大公平的功率分配方法；3）给出一种迭代的公平地提高用户速率的功率分配方法；4）给出一种基于迭代的次优的最大化能量效率的功率分配方法；5）根据函数的单调性，给出一种最大化速率与能量效率折中的功率分配方法。

6.2　两用户簇 NOMA 的系统模型

本小节给出了单小区且每个簇包含两用户的下行 NOMA 系统模型，基于此模型，在后面的小节中分别建立了最大化总速率、最大公平、公平地提高用户速率、最大化能量效率以及最大化速率与能量效率的折中的功率分配优化问题，求解相应的优化问题，得到满足目标的功率分配。

如图 6-1 所示，单小区 NOMA 下行系统包含 1 个基站和 $2K$ 个用户，基站和用户都配置单根天线。用户被分为 K 个簇，每个簇包含两个用户，分别用 u_{k1} 和 u_{k2} 表示第 k 个簇的两个用户。假定 u_{k1} 是近距离用户，u_{k2} 是远距离用户，基站到 u_{k1} 和 u_{k2} 的信道增益分别为 h_{k1} 和 h_{k2}，$|h_{k1}| \geqslant |h_{k2}|$。基站为第 k 个簇分配的功率为 p_k，为 u_{k1} 和 u_{k2} 分配的功率分别为 p_{k1} 和 p_{k2}，$p_k = p_{k1} + p_{k2}$。基站为每个簇分配一个子频段，簇间子频段正交，子频段的带宽为 B。

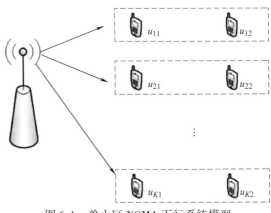

图 6-1　单小区 NOMA 下行系统模型

分别用 y_{k1} 和 y_{k2} 表示 u_{k1} 和 u_{k2} 的接收信号，y_{k1} 和 y_{k2} 的表达形式为

$$y_{k1} = h_{k1}\left(\sqrt{p_{k1}}\,x_{k1} + \sqrt{p_{k2}}\,x_{k2}\right) + n_{k1} \tag{6-1}$$

$$y_{k2} = h_{k2} \left(\sqrt{p_{k1}} \, x_{k1} + \sqrt{p_{k2}} \, x_{k2} \right) + n_{k2} \tag{6-2}$$

其中，x_{k1} 和 x_{k2} 分别是 u_{k1} 和 u_{k2} 的期望接收信号，n_{k1} 和 n_{k2} 分别是 u_{k1} 和 u_{k2} 接收到的高斯白噪声，其单边带功率谱密度均为 N_0。

u_{k1} 是近距离用户，u_{k1} 首先检测出 u_{k2} 的期望接收信号 x_{k2}，并消除 x_{k2} 对 y_{k1} 的干扰，然后再检测自身的期望接收信号 x_{k1}。u_{k1} 译码 x_{k2} 时的信干噪比（SINR）为

$$\text{SINR}_{ktemp} = \frac{p_{k2} \, |h_{k1}|^2}{p_{k1} \, |h_{k1}|^2 + N_0 B} \tag{6-3}$$

若要正确译码 x_{k2}，SINR_{ktemp} 必须高于某一值，假定该值是 a_0，即 SINR_{ktemp} 要不低于 x_{k2}。a_0 消除 x_{k2} 对 y_{k1} 造成的干扰后，再译码 x_{k1}，此时的 SINR 为

$$s_{k1} = \frac{p_{k1} \, |h_{k1}|^2}{N_0 B} \tag{6-4}$$

u_{k2} 是远距离用户，直接译码自身的期望接收信号 x_{k2}。u_{k2} 译码 x_{k2} 时的 SINR 为

$$s_{k2} = \frac{p_{k2} \, |h_{k2}|^2}{p_{k1} \, |h_{k2}|^2 + N_0 B} \tag{6-5}$$

u_{k1} 和 u_{k2} 的速率分别为 $B\log_2\left(1 + \dfrac{p_{k1} \, |h_{k1}|^2}{N_0 B}\right)$ 和 $B\log_2\left(1 + \dfrac{p_{k2} \, |h_{k2}|^2}{p_{k1} \, |h_{k2}|^2 + N_0 B}\right)$。

6.3 最大化总速率的功率分配方案

本小节提出了一种单天线 NOMA 系统中最大化速率的功率分配方法，适用于每个簇包含两个用户的单天线下行 NOMA 系统。基站根据信道条件以及每个用户的速率需求计算每个用户所需的最低功率以及每个簇所需的最低功率，推导每个簇的最大速率与该簇的总功率之间的关系，以每个簇所需的最低功率以及所有簇需要的总功率作为约束条件，以每个簇的功率作为变量，建立使得所有簇的最大速率之和最大化的功率分配优化问题，在不考虑每个簇所需的最低功率的约束条件下，采用拉格朗日方法求出系统总速率最大时每个簇的功率，再结合每个簇的最低功率约束分配功率。

6.3.1 最大化总速率的功率分配优化问题

最大化总速率的功率分配目标是：在给定的总功率且满足每个用户速率需求的情况

下，最大化系统总速率，用公式表示如下。

$$\{p'_{k1}, p'_{k2}, k = 1, 2, \cdots, K\} = \max \sum_{k=1}^{K} \left[B\log_2\left(1 + \frac{p_{k1}|h_{k1}|^2}{N_0 B}\right) + B\log_2\left(1 + \frac{p_{k2}|h_{k2}|^2}{p_{k1}|h_{k2}|^2 + N_0 B}\right) \right]$$

$$\text{s. t. } C1: \sum_{k=1}^{K}(p_{k1} + p_{k2}) = P_{\max}$$

$$C2: B\log_2\left(1 + \frac{p_{k1}|h_{k1}|^2}{N_0 B}\right) \geqslant r_{k1}, \quad \forall k$$

$$C3: B\log_2\left(1 + \frac{p_{k2}|h_{k2}|^2}{p_{k1}|h_{k2}|^2 + N_0 B}\right) \geqslant r_{k2}, \quad \forall k$$

$$C4: SINR_{ktemp} = \frac{p_{k2}|h_{k1}|^2}{p_{k1}|h_{k1}|^2 + N_0 B} \geqslant a_0, \quad \forall k \tag{6-6}$$

式中，$C1$ 表示基站的总功率为 $P_{\max}$；$C2$ 表示 u_{k1} 的最低速率需求是 r_{k1}；$C3$ 表示 u_{k2} 的最低速率需求是 r_{k2}；$C4$ 表示 u_{k1} 译码 x_{k2} 时对 SINR 的要求；p'_{k1} 和 p'_{k2} 是为 u_{k1} 和 u_{k2} 分配的最优功率，$k = 1$，2，$\cdots$，K。

6.3.2 最低功率的推导

接下来推导每个簇所需的最低功率。由式（6-6）中的 $C2$ 和 $C3$ 可得

$$p_{k1} \geqslant \frac{a_{k1} N_0 B}{|h_{k1}|^2} \tag{6-7}$$

$$p_{k2} \geqslant \frac{a_{k2}(p_{k1}|h_{k2}|^2 + N_0 B)}{|h_{k2}|^2} = a_{k2} p_{k1} + \frac{a_{k2} N_0 B}{|h_{k2}|^2} \tag{6-8}$$

其中，$a_{k1} = 2^{r_{k1}/B} - 1$，$a_{k2} = 2^{r_{k2}/B} - 1$。$a_{k1}$ 是 u_{k1} 的最低速率需求 r_{k1} 对应的 SINR，a_{k2} 是 u_{k2} 的最低速率需求 r_{k2} 对应的 SINR。由式（6-7）可看出，近距离用户所需的最低功率与该用户的信道、该用户的速率需求和噪声方差有关，而与远距离用户的信道无关，因为近距离用户能消除远距离用户带来的干扰。由式（6-8）可看出，远距离用户所需的最低功率不仅与该用户的信道、该用户的速率需求、噪声方差有关，还与近距离用户的功率有关，因为远距离用户检测期望接收信号时，将近距离用户的期望接收信号当作干扰。

由于 a_0 仅仅是正确译码 x_{k2} 时对 SINR 的最低要求，因此 $a_0 = a_{k2}$ 即可满足 SIC 的条件。$f(x) = \dfrac{p_{k2}x}{p_{k1}x + N_0 B}$ 是 x 的单调递增函数且 $|h_{k1}| \geqslant |h_{k2}|$，式（6-8）成立时，式（6-6）中的 $C4$

必定成立。因此，p_{k1} 和 p_{k2} 满足式(6-7) 和式(6-8) 时，式(6-6) 中 $C2$、$C3$ 和 $C4$ 必定成立。用 p_{k0} 表示第 k 个簇所需的最低功率，p_{k0} 的取值为

$$p_{k0} = \frac{a_{k1} N_0 B}{|h_{k1}|^2} + \frac{a_{k1} a_{k2} N_0 B}{|h_{k1}|^2} + \frac{a_{k2} N_0 B}{|h_{k2}|^2} \tag{6-9}$$

单个簇所需的最低功率与该簇内用户的信道、用户的速率需求和噪声方差有关。

每个簇都有最低功率要求，这就要求总功率 $P_{\max}$ 满足 $P_{\max} \geq \sum\limits_{k=1}^{K} \left(\frac{a_{k1} N_0 B}{|h_{k1}|^2} + \frac{a_{k1} a_{k2} N_0 B}{|h_{k1}|^2} + \frac{a_{k2} N_0 B}{|h_{k2}|^2} \right)$，否则无法满足所有用户的速率需求。

6.3.3　最大化总速率的功率推导

接下来推导，第 k 个簇的最大和速率与功率 p_k 的关系。u_{k1} 和 u_{k2} 的速率之和是 p_{k1} 的单调递增函数。p_{k1} 取满足约束条件的最大值时，能使得 u_{k1} 和 u_{k2} 的速率之和最大。由于 $p_k = p_{k1} + p_{k2}$，当 p_{k2} 取满足约束条件的最小值即式(6-8) 中的等式成立时，p_{k1} 最大，此时 $p_{k2} = a_{k2} p_{k1} + \frac{a_{k2} N_0 B}{|h_{k2}|^2}$，由此推出第 k 个簇的功率为 p_k 且 u_{k1} 和 u_{k2} 的速率之和最大时，p_{k1} 的取值为

$$p_{k1} = \frac{p_k - \dfrac{a_{k2} N_0 B}{|h_{k2}|^2}}{1 + a_{k2}} \tag{6-10}$$

此时，p_{k2} 的取值为

$$p_{k2} = p_k - \frac{p_k - \dfrac{a_{k2} N_0 B}{|h_{k2}|^2}}{1 + a_{k2}} = \frac{a_{k2} p_k + \dfrac{a_{k2} N_0 B}{|h_{k2}|^2}}{1 + a_{k2}} \tag{6-11}$$

此时，u_{k1} 和 u_{k2} 的速率之和为

$$B\log_2 \left(1 + \frac{p_{k1} |h_{k1}|^2}{N_0 B} \right) + B\log_2 \left(1 + \frac{p_{k2} |h_{k2}|^2}{p_{k1} |h_{k2}|^2 + N_0 B} \right)$$

$$= B\log_2 \left(1 + \frac{|h_{k1}|^2 (p_k |h_{k2}|^2 - a_{k2} N_0 B)}{N_0 B |h_{k2}|^2 (1 + a_{k2})} \right) + B\log_2 (1 + a_{k2}) \tag{6-12}$$

即第 k 个簇的功率 p_k 时，式(6-12) 是该簇的最大和速率。根据式(6-12)，功率分配的目标即式(6-6) 等价表示为

$$\{p'_k, k = 1, 2, \cdots, K\} = \max \sum_{k=1}^{K} \left[B\log_2 \left(1 + \frac{|h_{k1}|^2 (p_k |h_{k2}|^2 - a_{k2} N_0 B)}{N_0 B |h_{k2}|^2 (1 + a_{k2})} \right) + B\log_2 (1 + a_{k2}) \right]$$

$$\text{s. t. } C1: \sum_{k=1}^{K} p_k = P_{\max}$$

$$C2: p_k \geqslant \frac{a_{k1} N_0 B}{|h_{k1}|^2} + \frac{a_{k1} a_{k2} N_0 B}{|h_{k1}|^2} + \frac{a_{k2} N_0 B}{|h_{k2}|^2}, \quad \forall k \tag{6-13}$$

式中，约束条件 $C1$ 表示基站的总功率为 $P_{\max}$；约束条件 $C2$ 表示为第 k 个簇分配的功率不能低于该簇所需的最低功率，否则无法满足第 k 个簇内用户的速率要求；p'_k 是为第 k 个簇分配的最优功率。

$P_{\max} \geqslant \sum_{k=1}^{K} \left(\dfrac{a_{k1} N_0 B}{|h_{k1}|^2} + \dfrac{a_{k1} a_{k2} N_0 B}{|h_{k1}|^2} + \dfrac{a_{k2} N_0 B}{|h_{k2}|^2} \right)$ 时，式（6-13）中的优化问题有解，否则

式（6-13）中的优化问题无解。接下来给出 $P_{\max} \geqslant \sum_{k=1}^{K} \left(\dfrac{a_{k1} N_0 B}{|h_{k1}|^2} + \dfrac{a_{k1} a_{k2} N_0 B}{|h_{k1}|^2} + \dfrac{a_{k2} N_0 B}{|h_{k2}|^2} \right)$ 时

式（6-13）中优化问题的求解方法。构造拉格朗日函数，

$$F(p_k, \lambda, k = 1, 2, \cdots, K) = \sum_{k=1}^{K} \left[B\log_2 \left(1 + \frac{|h_{k1}|^2 (p_k |h_{k2}|^2 - a_{k2} N_0 B)}{N_0 B |h_{k2}|^2 (1 + a_{k2})} \right) + B\log_2 (1 + a_{k2}) \right] +$$

$$\lambda \left(\sum_{k=1}^{K} p_k - P_{\max} \right) \tag{6-14}$$

分别求 $F(p_k, \lambda, k = 1, 2, \cdots, K)$ 关于 p_k 和 λ 的一阶偏导数，并令其等于 0，$k = 1, 2, \cdots, K$，得到式（6-15）所示的方程组，

$$\begin{cases} \dfrac{|h_{k1}|^2 |h_{k2}|^2}{[N_0 B |h_{k2}|^2 (1 + a_{k2}) + |h_{k1}|^2 (p_k |h_{k2}|^2 - a_{k2} N_0 B)] \ln 2} + \lambda = 0, \quad k = 1, 2, \cdots, K \\ \displaystyle\sum_{k=1}^{K} p_k - P_{\max} = 0 \end{cases} \tag{6-15}$$

令 $b_k = |h_{k1}|^2 |h_{k2}|^2$、$c_k = N_0 B |h_{k2}|^2 (1 + a_{k2})$ 且 $d_k = a_{k2} N_0 B |h_{k1}|^2$，则式（6-15）可化为

$$\begin{cases} \dfrac{b_k}{(c_k + b_k p_k - d_k) \ln 2} + \lambda = 0 \\ \displaystyle\sum_{k=1}^{K} p_k - P_{\max} = 0 \end{cases} \tag{6-16}$$

由式（6-16）推导可得

$$
\begin{cases}
p_1 = \dfrac{P_{\max} - \displaystyle\sum_{i=2}^{K} \left(\dfrac{-b_i d_1 + b_1 d_i - b_1 c_i + b_i c_1}{b_1 b_i} \right)}{K} \\[6mm]
p_i = p_1 + \dfrac{-b_i d_1 + b_1 d_i - b_1 c_i + b_i c_1}{b_1 b_i} \quad i = 2, 3, \cdots, K
\end{cases}
\tag{6-17}
$$

若对于所有的 k，式（6-17）中的 p_k 都满足 $p_k \geqslant p_{k0}$，$k = 1$，2，3，$\cdots$，K，即式（6-17）中的 $p_k \geqslant \dfrac{a_{k1} N_0 B}{|h_{k1}|^2} + \dfrac{a_{k1} a_{k2} N_0 B}{|h_{k1}|^2} + \dfrac{a_{k2} N_0 B}{|h_{k2}|^2}$，则式（6-17）中的 p_k 是最优解，即式（6-17）中的功率分配能在满足用户速率需求的同时最大化系统和速率。

若（6-17）中的某个 p_k 低于该簇所需的最低功率 p_{k0}，则令集合 U 和集合 V 均为空集，比较式（6-17）中的 p_k 和第 k 个簇所需的最低功率 p_{k0}。若 $p_k < p_{k0}$，则将相应的簇放在集合 U 中，若 $p_k \geqslant p_{k0}$，则将相应的簇放在集合 V 中，为集合 U 中的簇分配该簇所需的最低功率，即 $p_n' = p_{u0}$，$u \in U$，建立使得集合 V 中所有簇速率之和最大化的功率分配优化问题。

$$
\{p_v', v \in V\} = \max \sum_{v \in V} \left[B \log_2 \left(1 + \frac{|h_{v1}|^2 (p_v |h_{v2}|^2 - a_{v2} N_0 B)}{N_0 B |h_{v2}|^2 (1 + a_{v2})} \right) + B \log_2 (1 + a_{v2}) \right]
$$

$$
\text{s. t. } C1 : \sum_{v \in V} p_v = P_{\max} - \sum_{u \in U} p_{u0}
\tag{6-18}
$$

$$
C2 : p_v \geqslant \frac{a_{v1} N_0 B}{|h_{v1}|^2} + \frac{a_{v1} a_{v2} N_0 B}{|h_{v1}|^2} + \frac{a_{v2} N_0 B}{|h_{v2}|^2}, \quad \forall v \in V
$$

式中，$\sum_{u \in U} p_{u0}$ 是为集合 U 中的簇分配的功率之和；约束条件 $C1$ 指集合 V 中的簇的总功率；约束条件 $C2$ 表示为集合 V 中的每个簇分配的功率不能低于该簇所需的最低功率，否则无法满足用户的速率要求；p_v' 是为第 v 个簇分配的最优功率，$v \in V$。

式（6-18）的求解方法与式（6-13）的求解方法相同，构造拉格朗日函数、求导并且求方程组得到 p_v，$v \in V$，然后比较 p_v 与该簇所需的最低功率。若对于所有的 v 都满足 $p_v \geqslant p_{v0}$，则 p_v 就是集合 V 中簇的最优功率，否则令集合 U_1 和集合 V_1 均为空集，比较 p_v 和第 v 个簇所需的最低功率 p_{v0}。若 $p_v < p_{v0}$，则将相应的簇放在集合 U_1 中，若 $p_v \geqslant p_{v0}$，则将相应的簇放在集合 V_1 中，为集合 U_1 中的簇分配该簇所需的最低功率，建立使得集合 V_1 中所有簇速率之和最大化的功率分配优化问题并求解。多次构建如式（6-13）和式（6-18）所示的优化问题并求解，直到为所有簇分配的功率都不低于该簇所需的最低功率。

基站根据 p_k' 为每个用户分配功率，为 u_{k1} 分配功率 $\dfrac{p_k' - \dfrac{a_{k2}N_0B}{|h_{k2}|^2}}{1 + a_{k2}}$，为 u_{k2} 分配功

率 $\dfrac{a_{k2}p_k' + \dfrac{a_{k2}N_0B}{|h_{k2}|^2}}{1 + a_{k2}}$。

6.3.4 仿真结果

图 6-2 仿真了 $a_{k1} = 0.1$ 且 $a_{k2} = 0.1$ 时所提方案与 OMA 方案的系统容量，假设信道服从独立的瑞利分布，噪声为高斯白噪声，$B = 1$，$N_0 = 1$。从该图中能看出，用户总数 K 相同时，所提方案的总速率高于 OMA 方案。SNR $= 10$ 且 $K = 10$ 时，所提方案比 OMA 方案大约提高了 $0.8\text{bit} \cdot \text{s}^{-1} \cdot \text{Hz}^{-1}$，SNR $= 10$ 且 $K = 8$ 时，所提方案比 OMA 方案大约提高了 $0.6\text{bit} \cdot \text{s}^{-1} \cdot \text{Hz}^{-1}$。

图 6-3 仿真了 $a_{k1} = 0.1$ 且 $a_{k2} = 0.2$ 时所提方案与 OMA 方案的系统容量，其他仿真参数如前所述。从该图中能看出，用户总数 K 相同时，所提方案的总速率高于 OMA 方案。SNR $= 10$ 且 $K = 10$ 时，所提方案比 OMA 方案大约提高了 $0.9\text{bit} \cdot \text{s}^{-1} \cdot \text{Hz}^{-1}$，SNR $= 10$ 且 $K = 8$

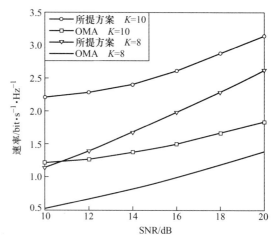

图 6-2 $\quad a_{k1} = 0.1$ 且 $a_{k2} = 0.1$ 时两种方案的总速率

时，所提方案比 OMA 方案大约提高了 $0.6\text{bit} \cdot \text{s}^{-1} \cdot \text{Hz}^{-1}$。比较图 6-2 和图 6-3 能看出，$a_{k2}$ 增大时，OMA 方案的总速率不变，而所提方案的总速率下降。这是因为 OMA 方案的功率分配与 a_{k2} 无关，而所提方案的功率分配与 a_{k2} 有关，a_{k2} 越大，远距离用户所需的功率越高，在单个簇的总功率确定的情况下，分配给近距离用户的功率越低，从而系统总速率越低。

图 6-4 仿真了 $a_{k1} = 0.2$ 且 $a_{k2} = 0.1$ 时所提方案与 OMA 方案的系统容量，其他仿真参数如前所述。图 6-4 中的曲线与图 6-2 中对应的曲线完全相同，这是因为两种方案的功率分配均与 a_{k1} 无关。

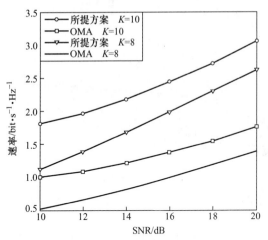

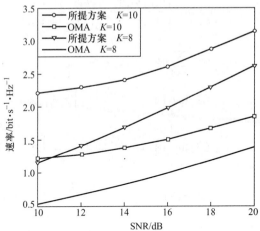

图 6-3 $a_{k1}=0.1$ 且 $a_{k2}=0.2$ 时两种方案的总速率　　图 6-4 $a_{k1}=0.2$ 且 $a_{k2}=0.1$ 时两种方案的总速率

6.4　最大公平的功率分配方案

最大化总速率的功率分配方案能满足每个用户的速率需求，但是没有考虑到用户的公平性。以单个簇为例，最大化总速率的功率分配方案在满足远距离用户速率需求的情况下，把其余的功率全部分配给近距离用户，若两用户的信道条件相差较大或簇的总功率较高，会造成两用户的速率差值较大，不具有公平性。本节提出了 NOMA 系统中最大公平的功率分配方法。以每个簇所需的最低功率以及所有簇需要的总功率作为约束条件，建立使得最低用户速率最大化的功率分配优化问题，在求解该问题的过程中，首先为每个簇分配满足速率需求的初始功率，然后通过多次调整部分簇的功率得到用户最低信干噪比最大化时每个簇的功率，然后为每个用户分配功率。

6.4.1　最大公平的功率分配优化问题

功率分配的目标是：在满足每个用户速率需求的情况下，最大化最低的用户速率，用公式表示如下。

$$\{p'_{k1}, p'_{k2}, k = 1, 2, \cdots, K\}$$

$$= \max_{p_{k1}, p_{k2}} \min \left\{ \log_2 \left(1 + \frac{p_{k1}|h_{k1}|^2}{\sigma^2} \right), \log_2 \left(1 + \frac{p_{k2}|h_{k2}|^2}{p_{k1}|h_{k2}|^2 + \sigma^2} \right), k = 1, 2, \cdots, K \right\}$$

$$= \max_{p_{k1}, p_{k2}} \min \left\{ \frac{p_{k1} |h_{k1}|^2}{\sigma^2}, \frac{p_{k2} |h_{k2}|^2}{p_{k1} |h_{k2}|^2 + \sigma^2}, k = 1, 2, \cdots, K \right\}$$

$$\text{s. t. } C1: \sum_{k=1}^{K} (p_{k1} + p_{k2}) = P_{\max}$$

$$C2: \log_2 \left(1 + \frac{p_{k1} |h_{k1}|^2}{\sigma^2} \right) \geqslant r_{k1}, \forall k$$

$$C3: \log_2 \left(1 + \frac{p_{k2} |h_{k2}|^2}{p_{k1} |h_{k2}|^2 + \sigma^2} \right) \geqslant r_{k2}, \forall k$$

$$C4: \text{SINR}_{ktemp} = \frac{p_{k2} |h_{k1}|^2}{p_{k1} |h_{k1}|^2 + \sigma^2} \geqslant a_0, \forall k \tag{6-19}$$

式中，$C1$ 表示基站的总功率为 $P_{\max}$；$C2$ 表示 u_{k1} 的最低单位带宽速率需求是 r_{k1}；$C3$ 表示 u_{k2} 的最低单位带宽速率需求是 r_{k2}，$C4$ 表示 u_{k1} 译码 x_{k2} 时对 SINR 的要求；p'_{k1} 和 p'_{k2} 是为 u_{k1} 和 u_{k2} 分配的最优功率，$k = 1$，2，$\cdots$，K。

用 p_{k0} 表示第 k 个簇所需的最低功率，用 $P_{\max}$ 表示系统所需的最低总功率，由 6.3.2 节可知，p_{k0} 和 $P_{\max}$ 的取值分别满足

$$p_{k0} = \frac{a_{k1} \sigma^2}{|h_{k1}|^2} + \frac{a_{k1} a_{k2} \sigma^2}{|h_{k1}|^2} + \frac{a_{k2} \sigma^2}{|h_{k2}|^2} \tag{6-20}$$

$$P_{\max} \geqslant \sum_{k=1}^{K} \left(\frac{a_{k1} \sigma^2}{|h_{k1}|^2} + \frac{a_{k1} a_{k2} \sigma^2}{|h_{k1}|^2} + \frac{a_{k2} \sigma^2}{|h_{k2}|^2} \right) \tag{6-21}$$

式中，$a_{k1} = 2^{r_{k1}/B} - 1$，$a_{k1}$ 是 u_{k1} 的最低速率需求 r_{k1} 对应的 SINR；$a_{k2} = 2^{r_{k2}/B} - 1$，$a_{k2}$ 是 u_{k2} 的最低速率需求 r_{k2} 对应的 SINR。

6.4.2　优化问题的求解

令 $v_k = \min_{p_{k1}, p_{k2}} \left\{ \frac{p_{k1} |h_{k1}|^2}{\sigma^2}, \frac{p_{k2} |h_{k2}|^2}{p_{k1} |h_{k2}|^2 + \sigma^2} \right\}$，接下来推导 $p_k \geqslant p_{k0}$ 时 v_k 与该簇的总功率 p_k 的关系，分两种情况推导，分别是 $a_{k1} > a_{k2}$ 和 $a_{k1} \leqslant a_{k2}$。

首先推导 $a_{k1} > a_{k2}$ 时 v_k 的取值。若 $a_{k1} > a_{k2}$，则 u_{k1} 要求的最低 SINR 高于 u_{k2} 要求的最低 SINR。为了增大 v_k，应首先为 u_{k1} 分配最低功率 $\frac{a_{k1} \sigma^2}{|h_{k1}|^2}$ 且为 u_{k2} 分配的功率高于该用户所需的最低功率，以提高 u_{k2} 的 SINR，直到两者的 SINR 相同，即

$$\frac{p_{k1}\mid h_{k1}\mid^2}{\sigma^2}=\frac{p_{k2}\mid h_{k2}\mid^2}{p_{k1}\mid h_{k2}\mid^2+\sigma^2} \tag{6-22}$$

若此时还有剩余的功率，则同时为两个用户增加功率，并且要使得两个用户的 SINR 相同，这样才能最大化 v_k。

u_{k1} 的功率为 $\dfrac{a_{k1}\sigma^2}{\mid h_{k1}\mid^2}$ 且（6-22）成立时，$p_{k2}=\dfrac{a_{k1}^2\sigma^2\mid h_{k2}\mid^2+a_{k1}\sigma^2\mid h_{k1}\mid^2}{\mid h_{k1}\mid^2\mid h_{k2}\mid^2}$，此时两个用

户的总功率为 $\Delta_{k1}=\dfrac{a_{k1}^2\sigma^2\mid h_{k2}\mid^2+a_{k1}\sigma^2\mid h_{k1}\mid^2}{\mid h_{k1}\mid^2\mid h_{k2}\mid^2}+\dfrac{a_{k1}\sigma^2}{\mid h_{k1}\mid^2}$。

若 $p_k\leqslant\Delta_{k1}$，为 u_{k1} 分配最低功率 $\dfrac{a_{k1}\sigma^2}{\mid h_{k1}\mid^2}$，其余的功率分配给 u_{k2}，u_{k2} 的功率为 p_k-

$\dfrac{a_{k1}\sigma^2}{\mid h_{k1}\mid^2}$，此时，$u_{k2}$ 的 SINR 为 $\dfrac{(p_k\mid h_{k1}\mid^2-a_{k1}\sigma^2)\mid h_{k2}\mid^2}{a_{k1}\sigma^2\mid h_{k2}\mid^2+\mid h_{k1}\mid^2\sigma^2}$，并且 u_{k2} 的 SINR 仍低于 u_{k1} 的

SINR（当 $p_k=\Delta_{k1}$ 时，两者的 SINR 相等），由此可得，$a_{k1}>a_{k2}$ 且 $p_k\leqslant\Delta_{k1}$ 时 $v_k=$

$\dfrac{(p_k\mid h_{k1}\mid^2-a_{k1}\sigma^2)\mid h_{k2}\mid^2}{a_{k1}\sigma^2\mid h_{k2}\mid^2+\mid h_{k1}\mid^2\sigma^2}$。

若 $p_k>\Delta_{k1}$，通过调整功率可以使得两个用户的 SINR 相同，此时 p_{k1} 和 p_{k2} 满足

$$\begin{cases}\dfrac{p_{k1}\mid h_{k1}\mid^2}{\sigma^2}=\dfrac{p_{k2}\mid h_{k2}\mid^2}{p_{k1}\mid h_{k2}\mid^2+\sigma^2}\\[3mm]p_{k1}+p_{k2}=p_k\end{cases} \tag{6-23}$$

推导可得，式（6-23）成立时，$p_{k1}=\dfrac{\sigma\sqrt{\sigma^2(\mid h_{k1}\mid^2+\mid h_{k2}\mid^2)^2+4p_k\mid h_{k1}\mid^2\mid h_{k2}\mid^4}}{2\mid h_{k1}\mid^2\mid h_{k2}\mid^2}-$

$\dfrac{\sigma^2(\mid h_{k1}\mid^2+\mid h_{k2}\mid^2)}{2\mid h_{k1}\mid^2\mid h_{k2}\mid^2}$，此时，两个用户的 SINR 均为 $\dfrac{\sqrt{\sigma^2(\mid h_{k1}\mid^2+\mid h_{k2}\mid^2)^2+4p_k\mid h_{k1}\mid^2\mid h_{k2}\mid^4}}{2\mid h_{k2}\mid^2\sigma}-$

$\dfrac{\mid h_{k1}\mid^2}{2\mid h_{k2}\mid^2}-\dfrac{1}{2}$

根据以上分析，$a_{k1}>a_{k2}$ 时，v_k 的取值为

$$v_k=\begin{cases}\dfrac{(p_k\mid h_{k1}\mid^2-a_{k1}\sigma^2)\mid h_{k2}\mid^2}{a_{k1}\sigma^2\mid h_{k2}\mid^2+\mid h_{k1}\mid^2\sigma^2}, & a_{k1}>a_{k2}\text{且}p_k\leqslant\Delta_{k1}\\[4mm]\dfrac{\sqrt{\sigma^2(\mid h_{k1}\mid^2+\mid h_{k2}\mid^2)^2+4p_k\mid h_{k1}\mid^2\mid h_{k2}\mid^4}}{2\mid h_{k2}\mid^2\sigma}-\dfrac{\mid h_{k1}\mid^2}{2\mid h_{k2}\mid^2}-\dfrac{1}{2}, & a_{k1}>a_{k2}\text{且}p_k>\Delta_{k1}\end{cases} \tag{6-24}$$

接下来推导 $a_{k1} \leqslant a_{k2}$ 时 v_k 的取值。若 $a_{k1} \leqslant a_{k2}$，则 u_{k1} 要求的最低 SINR 低于 u_{k2} 要求的

最低 SINR。为了增大 v_k，应增大 u_{k1} 的功率 p_{k1}，由于 $p_{k2} \geqslant a_{k2}p_{k1} + \dfrac{a_{k2}\sigma^2}{|h_{k2}|^2}$，增大 p_{k1} 的同

时，也会增大 p_{k2}，只要 $p_{k2} = a_{k2}p_{k1} + \dfrac{a_{k2}\sigma^2}{|h_{k2}|^2}$，此时用户 2 的 SINR 为 a_{k2}，高于用户 1 的

SINR。增大 p_{k1}，直到两个用户的 SINR 相同，若此时还有剩余的功率，则同时为两个用户

增加功率，并且要使得两个用户的 SINR 相同，这样才能最大化 v_k。

u_{k2} 的功率为 $p_{k2} = a_{k2}p_{k1} + \dfrac{a_{k2}\sigma^2}{|h_{k2}|^2}$ 且式（6-22）成立时，计算可得，$p_{k1} = \dfrac{a_{k2}\sigma^2}{|h_{k1}|^2}$，$p_{k2} = $

$\dfrac{a_{k2}^2\sigma^2}{|h_{k1}|^2} + \dfrac{a_{k2}\sigma^2}{|h_{k2}|^2}$，$p_{k2} + p_{k1} = \dfrac{a_{k2}\sigma^2}{|h_{k1}|^2} + \dfrac{a_{k2}^2\sigma^2}{|h_{k1}|^2} + \dfrac{a_{k2}\sigma^2}{|h_{k2}|^2}$，此时，两个用户的 SINR 均为 a_{k2}。

令 $\Delta_{k2} = \dfrac{a_{k2}\sigma^2}{|h_{k1}|^2} + \dfrac{a_{k2}^2\sigma^2}{|h_{k1}|^2} + \dfrac{a_{k2}\sigma^2}{|h_{k2}|^2}$。在 p_k 由 p_{k0} 增加到 Δ_{k2} 时，增加 p_{k1} 而令 $p_{k2} = a_{k2}p_{k1} + $

$\dfrac{a_{k2}\sigma^2}{|h_{k2}|^2}$，在这个过程中用户 1 的 SINR 在增加而用户 2 的 SINR 保持不变，并且用户 1 的

SINR 小于用户 2 的 SINR（当 $p_k = \Delta_{k2}$ 时，用户 1 的 SINR 等于用户 2 的 SINR），此时，用

户 1 的 SINR 为 $\dfrac{|h_{k1}|^2 (p_k|h_{k2}|^2 - a_{k2}\sigma^2)}{\sigma^2 (1+a_{k2})|h_{k2}|^2}$，从而 $v_k = \dfrac{|h_{k1}|^2 (p_k|h_{k2}|^2 - a_{k2}\sigma^2)}{\sigma^2 (1+a_{k2})|h_{k2}|^2}$，因此，

$a_{k1} \leqslant a_{k2}$ 且 $p_k \leqslant \Delta_{k2}$ 时，$v_k = \dfrac{|h_{k1}|^2 (p_k|h_{k2}|^2 - a_{k2}\sigma^2)}{\sigma^2 (1+a_{k2})|h_{k2}|^2}$。

当 $p_k > \Delta_{k2}$ 时，同时增加两个用户的功率，并且要使得两个用户的 SINR 相同，即式（6-22）

成立，此时两个用户的 SINR 均为 $\dfrac{\sqrt{\sigma^2(|h_{k1}|^2 + |h_{k2}|^2)^2 + 4p_k|h_{k1}|^2|h_{k2}|^4}}{2|h_{k2}|^2\sigma} - \dfrac{|h_{k1}|^2}{2|h_{k2}|^2} - \dfrac{1}{2}$。

根据以上分析，$a_{k1} \leqslant a_{k2}$ 时 v_k 的取值为

$$v_k = \begin{cases} \dfrac{|h_{k1}|^2 (p_k|h_{k2}|^2 - a_{k2}\sigma^2)}{\sigma^2 (1+a_{k2})|h_{k2}|^2} & a_{k1} \leqslant a_{k2} \text{且} p_k \leqslant \Delta_{k2} \\[4mm] \dfrac{\sqrt{\sigma^2(|h_{k1}|^2 + |h_{k2}|^2)^2 + 4p_k|h_{k1}|^2|h_{k2}|^4}}{2|h_{k2}|^2\sigma} - \dfrac{|h_{k1}|^2}{2|h_{k2}|^2} - \dfrac{1}{2} & a_{k1} \leqslant a_{k2} \text{且} p_k > \Delta_{k2} \end{cases} \tag{6-25}$$

综上，v_k 的取值为

$$v_k = \begin{cases} \dfrac{(p_k |h_{k1}|^2 - a_{k1}\sigma^2) |h_{k2}|^2}{a_{k1}\sigma^2 |h_{k2}|^2 + |h_{k1}|^2 \sigma^2} & a_{k1} > a_{k2} \text{ 且 } p_k \leqslant \Delta_{k1} \\[3mm] \dfrac{\sqrt{\sigma^2 (|h_{k1}|^2 + |h_{k2}|^2)^2 + 4 p_k |h_{k1}|^2 |h_{k2}|^4}}{2 |h_{k2}|^2 \sigma} - \dfrac{|h_{k1}|^2}{2 |h_{k2}|^2} - \dfrac{1}{2} & a_{k1} > a_{k2} \text{ 且 } p_k > \Delta_{k1} \\[3mm] \dfrac{|h_{k1}|^2 (p_k |h_{k2}|^2 - a_{k2}\sigma^2)}{\sigma^2 (1 + a_{k2}) |h_{k2}|^2} & a_{k1} \leqslant a_{k2} \text{ 且 } p_k \leqslant \Delta_{k2} \\[3mm] \dfrac{\sqrt{\sigma^2 (|h_{k1}|^2 + |h_{k2}|^2)^2 + 4 p_k |h_{k1}|^2 |h_{k2}|^4}}{2 |h_{k2}|^2 \sigma} - \dfrac{|h_{k1}|^2}{2 |h_{k2}|^2} - \dfrac{1}{2} & a_{k1} \leqslant a_{k2} \text{ 且 } p_k > \Delta_{k2} \end{cases} \tag{6-26}$$

根据以上推导结果，式(6-19) 中的优化问题可以转化为

$$\{p_k', k = 1, 2, \cdots, K\} = \max_{p_k}\{v_k, k = 1, 2, \cdots, K\}$$

$$\text{s. t. } C1: \sum_{k=1}^{K} p_k = P_{\max} \tag{6-27}$$

$$C2: p_k \geqslant \frac{a_{k1}\sigma^2}{|h_{k1}|^2} + \frac{a_{k1} a_{k2}\sigma^2}{|h_{k1}|^2} + \frac{a_{k2}\sigma^2}{|h_{k2}|^2}, \quad \forall k$$

采用如下迭代的方法求解式(6-27) 中的优化问题，步骤如下。

步骤1：令 $\beta = \left(P_{\max} - \sum_{k=1}^{K} p_{k0}\right) \Big/ K$，令 $p_k = p_{k0} + \beta$，用 minrate 表示最小的信干噪比，令 minrate $= 0$ 且 $i = 0$，令矩阵 $\boldsymbol{U}$ 为空矩阵，$k = 1$，2，$\cdots$，K，K 是簇的总数，i 表示迭代次数，$\boldsymbol{U}$ 的每行用来存放每次迭代过程中的功率。

步骤2：根据 p_k 计算 v_k，$k = 1$，2，$\cdots$，K，令 $mv = \min\{v_k, k = 1, 2, \cdots, K\}$，若 $mv >$ minrate，令 index $= 0$ 且执行步骤3 及其后面的步骤，若 $mv \leqslant$ minrate，则已经找出了最优功率，$U(i-1, k)$ 就是为第 k 个簇分配的功率，即 $p_k' = U(i-1, k)$，无须执行步骤3。

步骤3：令 $i = i + 1$ 且 $U(i-1, k) = p_k$，$k = 1$，2，$\cdots$，K，令集合 V 为空集，将 v_k 放在集合 V 中，找出 V 中最小的元素对应的下标，用 j 表示，令 $p_j = p_j + \theta$，θ 是大于 0 的正数且 $\theta < \beta$。

步骤4：找出 V 中的最大的元素对应的下标，用 m 表示，若 $p_{m0} + \theta < p_m$，令 $p_m = p_m - \theta$ 且 index $= 1$，若 $p_{m0} + \theta \geqslant p_m$，从 V 中删除 v_m，再次执行该步骤，直到 index $= 1$。

步骤5：令 minrate $= \min\{v_k, k = 1, 2, \cdots, K\}$，再次执行步骤2、步骤3、步骤4 和步骤5，直至找到最优的功率分配。

在步骤 1 中，首先为用户 k 分配满足速率需求的最低功率 p_{k0}，然后将剩余的功率平均分配给每个用户，此时用户 k 的功率为 $p_k = p_{k0} + \beta$。

每次迭代都要执行步骤 2、步骤 3 和步骤 4，每次迭代都要调整功率。mv 表示本次迭代过程中的最低 SINR，minrate 表示前一次迭代过程中的最低 SINR。若 $mv \leqslant$ minrate，则表示前一次迭代时的功率即为最优功率，若 mv 大于 minrate，则表示此次迭代的功率优于前一次迭代时的功率，有必要继续进行功率调整以增大最低的 SINR，即要执行步骤 3 和步骤 4，步骤 3 中找到 SINR 最低的簇，增加该簇的功率，在步骤 4 中，找到 SINR 较高且可以减少功率的簇，减少该簇的功率，并且要保证减少后的功率不能低于该簇所需的最低功率。

i 表示迭代次数，$\boldsymbol{U}$ 的每行是每次迭代中的功率，θ 表示每次迭代过程中功率调整量，θ 是大于 0 的正数，θ 的大小是可以调整的，不能超过 β。index 表示每次迭代过程中是否调整过功率，若 index $= 1$ 表示已经调整过功率，可以进行下一次迭代。在步骤 4 中，首先找出 V 中的最大元素对应的下标，用 m 表示，若将第 m 个簇的功率减少 θ 仍不低于该簇所需的最低功率，则将 $p_m - \theta$ 赋值给 p_m 且令 index $= 1$，否则不要调整该簇的功率，并且从 V 中删除 v_m，采用同样的方法找出 SINR 较高且可以减少功率的簇。

采用迭代的方法得到 p'_k 后，根据 p'_k、a_{k1} 和 a_{k2} 为每个用户分配功率。

根据前面的分析，若 $a_{k1} > a_{k2}$ 且 $p'_k \leqslant \Delta_{k1}$，为 u_{k1} 分配最低功率 $\dfrac{a_{k1}\sigma^2}{|h_{k1}|^2}$，其余的功率分配给 u_{k2}，即 $p'_{k1} = \dfrac{a_{k1}\sigma^2}{|h_{k1}|^2}$ 且 $p'_{k2} = p'_k - \dfrac{a_{k1}\sigma^2}{|h_{k1}|^2}$。若 $a_{k1} > a_{k2}$ 且 $p'_k > \Delta_{k1}$，通过调整功率可以使得两个用户的 SINR 相同，此时，$p'_{k1} = \dfrac{\sigma\sqrt{\sigma^2(|h_{k1}|^2 + |h_{k2}|^2)^2 + 4p'_k|h_{k1}|^2|h_{k2}|^4}}{2|h_{k1}|^2|h_{k2}|^2} - $

$\dfrac{\sigma^2(|h_{k1}|^2 + |h_{k2}|^2)}{2|h_{k1}|^2|h_{k2}|^2}$，$p'_{k2} = p'_k - \dfrac{\sigma\sqrt{\sigma^2(|h_{k1}|^2 + |h_{k2}|^2)^2 + 4p'_k|h_{k1}|^2|h_{k2}|^4}}{2|h_{k1}|^2|h_{k2}|^2} + \dfrac{\sigma^2(|h_{k1}|^2 + |h_{k2}|^2)}{2|h_{k1}|^2|h_{k2}|^2}$。

若 $a_{k1} \leqslant a_{k2}$ 且 $p'_k \leqslant \Delta_{k2}$，根据前面的分析，此时两者的 SINR 不同，由于 $p_{k2} = a_{k2}p_{k1} + \dfrac{a_{k2}\sigma^2}{|h_{k2}|^2}$ 且 $p_{k1} + p_{k2} = p'_k$，计算可得，此时 $p_{k1} = \left(p'_k - \dfrac{a_{k2}\sigma^2}{|h_{k2}|^2}\right)\bigg/(1 + a_{k2})$。因此，$a_{k1} \leqslant a_{k2}$ 且 $p'_k \leqslant \Delta_{k2}$ 时，$p'_{k1} = \left(p'_k - \dfrac{a_{k2}\sigma^2}{|h_{k2}|^2}\right)\bigg/(1 + a_{k2})$，$p'_{k2} = p'_k - \left(p'_k - \dfrac{a_{k2}\sigma^2}{|h_{k2}|^2}\right)\bigg/(1 + a_{k2})$。

若 $a_{k1} \leqslant a_{k2}$ 且 $p'_k > \Delta_{k2}$，由于此时的功率能使得两个用户的 SINR 相同，即 $\dfrac{p_{k1}|h_{k1}|^2}{\sigma^2} = $

$$\frac{p_{k2}|h_{k2}|^2}{p_{k1}|h_{k2}|^2+\sigma^2},\ 计算可得，此时\ p_{k1}=\frac{\sigma\sqrt{\sigma^2(|h_{k1}|^2+|h_{k2}|^2)^2+4p_k'|h_{k1}|^2|h_{k2}|^4}}{2|h_{k1}|^2|h_{k2}|^2}-$$

$$\frac{\sigma^2(|h_{k1}|^2+|h_{k2}|^2)}{2|h_{k1}|^2|h_{k2}|^2}。\ 因此，a_{k1}\leqslant a_{k2}且\ p_k'\leqslant\Delta_{k2}时，p_{k1}'=\frac{\sigma\sqrt{\sigma^2(|h_{k1}|^2+|h_{k2}|^2)^2+4p_k'|h_{k1}|^2|h_{k2}|^4}}{2|h_{k1}|^2|h_{k2}|^2}$$

$$-\frac{\sigma^2(|h_{k1}|^2+|h_{k2}|^2)}{2|h_{k1}|^2|h_{k2}|^2},\ p_{k2}'=p_k'-\frac{\sigma\sqrt{\sigma^2(|h_{k1}|^2+|h_{k2}|^2)^2+4p_k'|h_{k1}|^2|h_{k2}|^4}}{2|h_{k1}|^2|h_{k2}|^2}-\frac{\sigma^2(|h_{k1}|^2+|h_{k2}|^2)}{2|h_{k1}|^2|h_{k2}|^2}。$$

6.4.3 仿真结果

图6-5仿真了$a_{k1}=0.1$且$a_{k2}=0.1$时两种方案的最低速率，图中的"NOMA"表示采用平均功率分配的NOMA。假设信道服从独立的瑞利分布，噪声为高斯白噪声，$B=1$，$N_0=1$。从图中能看出，用户总数K相同时，所提方案的最低速率高于平均分配功率的NOMA。SNR$=10$且$K=10$时，所提方案比平均分配功率的NOMA方案大约提高了0.25bit/$(s\cdot Hz)$，SNR$=10$且$K=8$时，所提方案比平均分配功率的NOMA方案大约提高了0.3bit/$(s\cdot Hz)$。

图6-6仿真了$a_{k1}=0.1$且$a_{k2}=0.2$时两种方案的最低速率。比较图6-5和图6-6能看出，图6-6中所提方案的曲线略低于图6-5中对应的曲线。这是因为$a_{k1}\leqslant a_{k2}$且$p_k\leqslant\Delta_{k2}$时，v_k随着a_{k2}的增加而减小，从而最低速率随着a_{k2}的增大而降低。

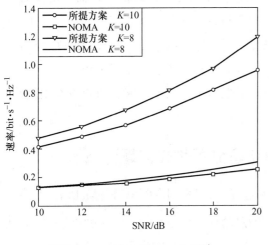

图6-5 $a_{k1}=0.1$且$a_{k2}=0.1$时
两种方案的最低速率

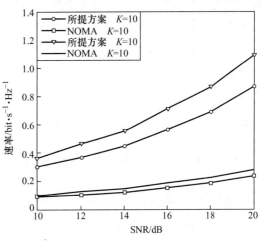

图6-6 $a_{k1}=0.1$且$a_{k2}=0.2$时
两种方案的最低速率

图6-7仿真了$a_{k1}=0.2$且$a_{k2}=0.1$时两种方案的最低速率。与图6-5相比，图6-7中所提方案的曲线低于图6-5中对应的曲线。这是因为，$p_k \leqslant \Delta_{k1}$且$a_{k1} > a_{k2}$时，随着$a_{k1}$的增加，更多的功率用于分配给该簇的第1个用户，从而减少了分配给第2个用户的功率，从而减小了v_k。与图6-6相比，图6-7中所提方案的曲线高于图6-6中对应的曲线。这是因为，增大a_{k2}时，会有更多的功率用于消除干扰，从而真正用于传输期望信号的功率减少，从而减小了v_k。

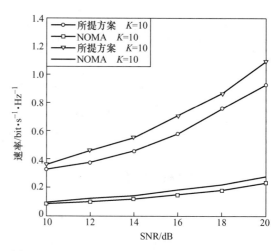

图6-7　$a_{k1}=0.2$且$a_{k2}=0.1$时两种方案的最低速率

6.5　公平地提高用户速率的功率分配方案

本节提出了两用户簇的NOMA系统中最大公平的功率分配方案。根据信道条件以及每个用户的最低速率需求计算每个簇所需的最低功率，在满足用户最低速率需求的基础上，推导了单个簇内两个用户提高的最低速率的最大值与该簇的总功率之间的关系，基于此建立满足用户最低速率需求的情况下公平地提高每个用户速率的功率分配优化问题，通过多次调整部分簇的功率得到在满足用户最低速率需求的基础上能最大化每个用户提高的最低速率的功率分配方案。仿真结果显示，当用户的最低速率需求不同时，所提方案中用户提高的最低速率和中断概率均优于MMF方案。

6.5.1　公平地提高用户速率的功率分配优化问题

分别用r_{k1}和r_{k2}表示u_{k1}和u_{k2}所需的最低单位带宽速率。用P_0表示满足所有用户最低速率需求所需的最低总功率，用$P_{\max}$表示基站的总功率。$P_{\max} \geqslant P_0$时，基站的总功率能够满足所有用户的最低单位带宽速率需求。所提方案的目标是：在满足每个用户所需的最低单位带宽速率需求的情况下，公平地提高每个用户的速率。

根据以上所述，$P_{\max} \geqslant P_0$时，功率分配的目标可表示为

$$\max_{p_{k1},p_{k2}} \min \{R_{k1} - r_{k1}, R_{k2} - r_{k2}, k = 1, 2, \cdots, K\}$$

$$\text{s. t. } C1 : \sum_{k=1}^{K} (p_{k1} + p_{k2}) = P_{\max} \tag{6-28}$$

$$C2 : R_{k1} \geqslant r_{k1}$$

$$C3 : R_{k2} \geqslant r_{k2}$$

$$C4 : s_{u_{k1} \to x_{k2}} \geqslant a_0$$

式中，$C1$ 表示基站的总功率为 $P_{\max}$；$C2$ 表示 u_{k1} 的单位带宽速率不低于 r_{k1}；$C3$ 表示 u_{k2} 的单位带宽速率不低于 r_{k2}；$C4$ 表示 u_{k1} 译码 x_{k2} 时对 SINR 的要求。

求解式(6-28) 就能得到 $P_{\max} \geqslant P_0$ 时的功率分配。若由式(6-28) 直接求解功率，复杂度极高。为此，先求解第 k 个簇的总功率为 p_k 时的功率分配，将式(6-28) 中求解所有用户的功率分配目标简化为先求解簇内用户提高的速率相等时的功率分配，再求解簇间的功率分配，最后根据簇间功率分配的结果为单个用户分配功率。

6.5.2 单簇功率分配

第 k 个簇的总功率为 p_k 时，该簇内功率分配的目标可表达为

$$\max_{p_{k1},p_{k2}} \min \{v_{k1}, v_{k2}\}$$

$$\text{s. t. } C1 : p_{k1} + p_{k2} = p_k \tag{6-29}$$

$$C2 : p_{k1} \geqslant \frac{a_{k1}\sigma^2}{|h_{k1}|^2}$$

$$C3 : p_{k2} \geqslant a_{k2}p_{k1} + \frac{a_{k2}\sigma^2}{|h_{k2}|^2}$$

式中，v_{ki} 表示用户实际的单位带宽速率与所需的最低单位带宽速率的差值（即提高的速率），$v_{ki} = R_{ki} - r_{ki}$，$i = 1, 2$；$C1$ 表示该簇的功率约束；$C2$ 和 $C3$ 表示 u_{ki} 的速率不低于 r_{ki} 时 p_{ki} 需要满足的条件。

在第 k 个簇的总功率 p_k 保持不变的情况下，根据表达式 $p_k = p_{k1} + p_{k2}$ 及 $v_{ki} = R_{ki} - r_{ki}$，$i = 1, 2$，增大 p_{k1} 时，v_{k1} 增大且 v_{k2} 减小，增大 p_{k2} 时，v_{k2} 增大且 v_{k1} 减小。所以只有当 $v_{k1} = v_{k2}$ 时，才能最大化 $\min\{v_{k1}, v_{k2}\}$，此时在满足用户最低单位带宽速率需求的基础上，两个用户提高的速率相等，这样就公平地提高了两个用户的速率。$v_{k1} = v_{k2}$ 等价于式(6-30)

$$\log_2\left(1+\frac{p_{k1}\,|\,h_{k1}\,|^2}{\sigma^2}\right)-r_{k1}=\log_2\left(1+\frac{p_{k2}\,|\,h_{k2}\,|^2}{p_{k1}\,|\,h_{k2}\,|^2+\sigma^2}\right)-r_{k2} \tag{6-30}$$

式(6-30)成立时，p_{k1} 与该簇总功率 p_k 之间的关系为

$$p_{k1}=\frac{-\sigma^2 b+\sigma\sqrt{\sigma^2 b^2+4a(\,|\,h_{k2}\,|^2 p_k d+\sigma^2 d-\sigma^2)}}{2a} \tag{6-31}$$

式中，$a=|\,h_{k1}\,|^2|\,h_{k2}\,|^2$；$b=|\,h_{k1}\,|^2+|\,h_{k2}\,|^2$；$d=2^{r_{k1}-r_{k2}}$。

此时，v_{k1} 和 v_{k2} 的取值均为

$$v_{k1}=v_{k2}=\log_2\left(1+\frac{-\sigma b+\sqrt{\sigma^2 b^2+4a(\,|\,h_{k2}\,|^2 p_k d+\sigma^2 d-\sigma^2)}}{2\sigma\,|\,h_{k2}\,|^2}\right) \tag{6-32}$$

6.5.3 多簇功率分配

令 $v_k=\max\min\{v_{k1},v_{k2}\}$，式(6-32)给出了单个簇内用户的 v_k 与该簇的总功率 p_k 之间的关系。接下来简化式(6-28)，即先将式(6-32)中单个簇内的功率分配拓展到 K 个簇，然后求解簇间的功率分配。因此，式(6-28)可转化为

$$\max_{p_k}\{v_k,k=1,2,\cdots,K\}$$

$$\text{s. t. } C1:\sum_{k=1}^{K}p_k=P_{\max} \tag{6-33}$$

$$C2:p_k\geqslant\frac{a_{k1}\sigma^2}{|\,h_{k1}\,|^2}+\frac{a_{k1}a_{k2}\sigma^2}{|\,h_{k1}\,|^2}+\frac{a_{k2}\sigma^2}{|\,h_{k2}\,|^2}$$

式中，$C1$ 表示基站的总功率为 $P_{\max}$；$C2$ 表示满足单个簇中用户最低速率需求时该簇的总功率需要满足的条件。

式(6-28)考虑了 $2K$ 个用户提高的速率，而式(6-33)仅考虑了 K 个簇提高的速率，因此，式(6-33)是式(6-28)的一种简化表达形式。但是，此时仍无法直接给出式(6-33)的闭合解，下面给出一种迭代的功率分配方案。该方案的思路如下：首先为第 k 个簇分配满足用户最低速率需求的最低功率 p_{k0}，则 $P_{\max}-\sum_{k=1}^{K}p_{k0}$ 是用于提高所有用户速率的功率，再将这些功率平均分配给每个簇作为该簇功率的初始值，然后开始迭代；在每次迭代过程中，计算 $mv=\{v_k,k=1,2,\cdots,K\}$，找出 mv 中的最大元素对应的簇和最小元素对应的簇，分别用簇 m 和簇 j 表示，在满足该簇最低速率需求的条件下，减少第 m 个簇的功率同时增加第 j 个簇的功率，继续下次迭代求 mv；若本次迭代中的 $\min\{mv\}$ 大于等于前一次迭

代中的 $\min\{mv\}$，则继续迭代，否则停止迭代，前一次迭代时的功率即为所提方案为每个簇分配的功率。迭代的功率分配方案的具体步骤如下。

步骤 1：根据信道条件以及用户所需的最低单位带宽速率计算第 k 个簇所需的最低功率 p_{k0}，令 $\beta = \left(P_{\max} - \sum_{k=1}^{K} p_{k0}\right)\bigg/ K$ 且 $p_k = p_{k0} + \beta$，令 minrateup $=0$ 且 $i=1$，令矩阵 $U = [p_1, p_2, \cdots, p_K]$，$k=1, 2, \cdots, K$，$K$ 是簇的总数，i 表示迭代次数，U 的每行用来存放每次迭代过程中的 p_k。

步骤 2：根据 p_k 计算 v_k，$k=1, 2, \cdots, K$，令 $mv = \{v_k, k=1, 2, \cdots, K\}$，若 $\min\{mv\} \geqslant$ minrateup，令 $i=i+1$、index $=0$ 且 minrateup $=\min\{mv\}$，执行步骤 3 及其后面的步骤，若 $\min\{mv\}$ 小于 minrateup，则 $U(i-1, k)$ 就是所提方案为第 k 个簇分配的功率，即令 $p_k = U(i-1, k)$，无须执行步骤 3。

步骤 3：找出 $\min\{mv\}$ 对应的簇，用簇 j 表示，令 $p_j = p_j + \theta$，θ 是大于 0 的正数且 $\theta < \beta$。

步骤 4：找出 $\max\{mv\}$ 对应的簇，用簇 m 表示，若 $p_m - \theta \geqslant p_{m0}$，将 $p_m - \theta$ 赋值给 p_m 且令 index $=1$，若 $p_m - \theta < p_{m0}$，从 mv 中删除 v_m，再次执行该步骤，直到 index $=1$。

步骤 5：将 $[p_1, p_2, \cdots, p_K]$ 赋值给 U 的第 i 行，再次执行步骤 2。

minrateup 表示前一次迭代过程中 mv 的最小元素值，$\min\{mv\}$ 表示本次迭代过程中 mv 的最小元素值。若 $\min\{mv\}$ 小于 minrateup，则表示前一次迭代时的功率能更公平地提高用户的速率，停止迭代；若 $\min\{mv\} \geqslant$ minrateup，则表示此次迭代的功率能更公平地提高用户的速率，继续进行功率调整以更公平地提高每个用户的速率，即执行步骤 3、步骤 4 和步骤 5。在步骤 3 中找到 $\min\{mv\}$ 对应的簇，增加该簇的功率；在步骤 4 中，找出 $\max\{mv\}$ 对应的簇，用簇 m 表示，若将第 m 个簇的功率减少 θ 后仍不低于该簇所需的最低功率，则将 $p_m - \theta$ 赋值给 p_m，否则不对簇 m 的功率进行调整，并且从 mv 中删除 v_m，采用同样的方法找出可以减少功率的簇。

θ 表示每次迭代过程中的功率调整量，θ 是大于 0 的正数，θ 的大小是可以调整的，但不能超过 β。index 表示每次迭代过程中是否调整过功率，若 index $=1$ 表示已经调整过功率，可以进行下一次迭代。

采用上述方法找到 p_k 后，为每个用户分配功率，其中，u_{k1} 的功率 p_{k1} 与 p_k 的关系如式(6-31) 所示，u_{k2} 的功率 p_{k2} 为 $p_{k2} = p_k - p_{k1}$。

6.5.4 仿真结果

本节仿真了所提功率分配方案的性能，并与文献 [14] 中的 MMF 方案进行了对比。

假定单个基站服务了 10 个用户，每个簇中有 2 个用户，即簇数目 $K=5$，信道服从独立的瑞利分布，高斯白噪声的均值为 0、方差为 1。

图 6-8 仿真了 r_{k1} 和 r_{k2} 不相等时两种功率分配方案下用户提高的最低速率，即 $\min\{v_k\}$。仿真中假设 r_{k1} 和 r_{k2} 有两种取值，其一，$r_{k1}=3$ 且 $r_{k2}=2$，在图 6-8 中用实线表示；其二，$r_{k1}=2$ 且 $r_{k2}=1$，在图 6-8 中用虚线表示，图例括号中的第一个参数表示 r_{k1}，第二个参数表示 r_{k2}，以下本节所有图的图例中均采用此种表示方法。从图 6-8 中能看出，参数相同时，所提方案用户提高的最低单位带宽速率高于 MMF 方案。信噪比（SNR）范围为 $10\sim20\mathrm{dB}$

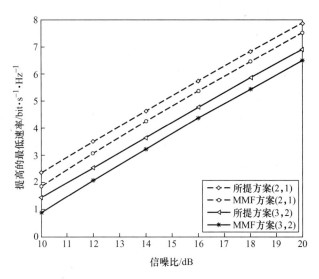

图 6-8　$r_{k1}\neq r_{k2}$ 时两种方案下用户提高的最低速率

时，两种参数下所提方案用户提高的最低速率比 MMF 方案高出了 $0.5\mathrm{bit\cdot s^{-1}\cdot Hz^{-1}}$。原因在于：所提方案在进行功率分配时考虑了每个用户的最低单位带宽速率需求，在满足用户最低单位带宽速率需求的基础上公平地提高每个用户的速率，而 MMF 方案没有考虑用户的最低单位带宽速率需求。从图 6-8 中还能看出，$r_{k1}=2$ 且 $r_{k2}=1$ 时用户提高的最低速率高于 $r_{k1}=3$ 且 $r_{k2}=2$ 时用户提高的最低速率。原因在于：当基站总功率 $P_{\max}$ 保持不变时，一部分功率用来满足用户的最低速率需求，另一部分功率用于提高用户的速率，用户最低速率需求越低，用于提高用户速率的功率越高。

图 6-9 仿真了 r_{k1} 和 r_{k2} 相等时

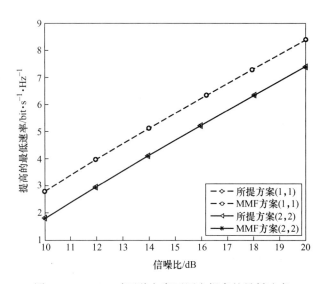

图 6-9　$r_{k1}=r_{k2}$ 时两种方案下用户提高的最低速率

两种功率分配方案下用户提高的最低速率。仿真中假设 r_{k1} 和 r_{k2} 有两种取值，其一，$r_{k1}=r_{k2}=2$，在图 6-9 中用实线表示；其二，$r_{k1}=r_{k2}=1$，在图 6-9 中用虚线表示。从图 6-9 中能看出，参数相同时，所提方案提高的最低速率与 MMF 方案相同。原因在于：MMF 方案功率分配的目标是最大化最低的用户速率，所提方案的目标是最大化用户提高的最低速率，当 $r_{k1}=r_{k2}$ 时，两种功率分配方案的目标一致。从图 6-9 中还能看出，$r_{k1}=r_{k2}=1$ 时用户提高的最低速率高于 $r_{k1}=r_{k2}=2$ 时用户提高的最低速率。原因

在于：当基站总功率 $P_{\max}$ 保持不变时，用户的最低速率需求越高，P_0 越高，从而用于提高用户速率的功率 $P_{\max}-P_0$ 越低。因此，用户的最低速率需求越高，提高的速率越低。

图 6-10 仿真了 r_{k1} 和 r_{k2} 不相等时两种功率分配方案的中断概率。中断概率定义为：用户的速率 R_{ki} 低于门限值 r_{ki} 的概率，即 $P(R_{ki}<r_{ki})=1-P(R_{ki}\geqslant r_{ki})$，$i=1,2$。仿

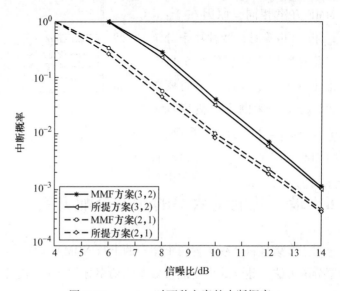

图 6-10 $r_{k1}\neq r_{k2}$ 时两种方案的中断概率

真参数与图 6-8 中的相同，$r_{k1}=3$ 且 $r_{k2}=2$ 时，所提方案用户 u_{k1} 和用户 u_{k2} 的门限值分别为 3 和 2，MMF 方案中两用户门限值均为 2.5；$r_{k1}=2$ 且 $r_{k2}=1$ 时，所提方案用户 u_{k1} 和用户 u_{k2} 的门限值分别为 2 和 1，MMF 方案两用户门限值均为 1.5。MMF 方案两用户的门限值之和与所提方案两用户的门限值之和相等。从图 6-10 中能看出，参数相同时，所提方案的中断概率小于 MMF 方案，原因在于：所提方案在满足用户最低速率需求的基础上再公平地提高每个用户的速率，MMF 方案没有考虑用户的最低速率需求，当所有用户的速率都相同时，有可能部分用户的速率超出了该用户所需的速率，而另一部分用户的速率低于该用户所需的速率。从图 6-10 中还能看出，$r_{k1}=2$ 且 $r_{k2}=1$ 时两种方案的中断概率均低于 $r_{k1}=3$ 且 $r_{k2}=2$ 时的中断概率。因为在其他条件相同的情况下，门限值越低，中断概率越低。

图 6-11 仿真了 r_{k1} 和 r_{k2} 相等时两种功率分配方案的中断概率。仿真参数与图 6-9 中

的相同，$r_{k1} = r_{k2} = 2$ 时，所提方案和 MMF 方案用户的门限值均为 2；$r_{k1} = r_{k2} = 1$ 时，所提方案和 MMF 方案的门限值均为 1。从图 6-11 中能看出，参数相同时，所提方案的中断概率与 MMF 方案相同，原因在于：当 r_{k1} 和 r_{k2} 相等时，两种功率分配方案的目标一致。从图 6-11 中还能看出，$r_{k1} = r_{k2} = 1$ 时两种功率分配方案的中断概率均低于 $r_{k1} = r_{k2} = 2$ 时的中断概率，原因如前所述。

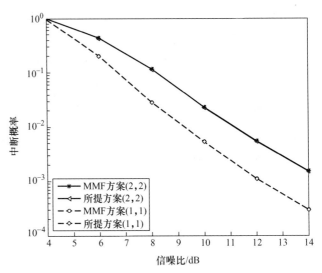

图 6-11　$r_{k1} = r_{k2}$ 时两种方案的中断概率

6.6　最大化能量效率的功率分配方案

对于多簇且每个簇包含两个用户的下行 NOMA 系统，本小节提出了最大化能量效率的功率分配方法。建立最大化能量效率的功率分配优化问题，给出一种迭代的簇间功率分配方法，根据簇间功率分配的结果为每个用户分配功率。

6.6.1　最大化能量效率的功率分配优化问题

能量效率是速率与功率的比值。对于多簇且每个簇包含两个用户的下行 NOMA 系统，能量效率用表示为

$$e = \frac{\sum_{k=1}^{K} R_k(p_k)}{\sum_{k=1}^{K} p_k} \tag{6-34}$$

式中，$R_k(p_k)$ 表示在第 k 个簇的功率为 p_k 时，该簇内两个用户的速率之和的最大值，$R_k(p_k)$ 表示为

$$R_k(p_k) = B\log_2\left(1 + \frac{|h_{k1}|^2(p_k|h_{k2}|^2 - a_{k2}N_0B)}{N_0B|h_{k2}|^2(1 + a_{k2})}\right) + B\log_2(1 + a_{k2}) \tag{6-35}$$

因此，第 k 个簇的功率为 p_k 时，最大的能量效率为

$$e_k(p_k) = \frac{R_k(p_k)}{p_k} \tag{6-36}$$

功率分配的目标是：在总功率不超过 P_{max} 的情况下，通过调整簇间功率 p_k，$k=1$，2，$\cdots$，K，最大化系统的能量效率，可表示为

$$\max_{p_k} \frac{\sum\limits_{k=1}^{K} R_k(p_k)}{\sum\limits_{k=1}^{K} p_k} = \frac{\sum\limits_{k=1}^{K} B\log_2\left(1 + \dfrac{|h_{k1}|^2(p_k|h_{k2}|^2 - a_{k2}N_0B)}{N_0B|h_{k2}|^2(1+a_{k2})}\right) + B\log_2(1+a_{k2})}{\sum\limits_{k=1}^{K} p_k}$$

$$\text{s. t. } C1: \sum_{k=1}^{K} p_k \leqslant P_{max} \tag{6-37}$$

$$C2: p_k \geqslant p_{k0} = \frac{a_{k1}N_0B}{|h_{k1}|^2} + \frac{a_{k1}a_{k2}N_0B}{|h_{k1}|^2} + \frac{a_{k2}N_0B}{|h_{k2}|^2}, \quad \forall k$$

式中，$C1$ 表示基站的总功率不高于 P_{max}；$C2$ 用于保证用户的最低速率要求。

6.6.2 优化问题的次优求解方法

无法直接给出式（6-37）中优化问题的最优解，本小节给出一种次优的求解方法。先求出单个簇的总功率变化时，该簇的最大能量效率。用 p_{k0} 表示第 k 个簇所需的最低功率，由于总功率不超过 P_{max} 时，第 k 个簇的最大功率为 $p_{kmax} = P_{max} - \sum\limits_{m=1, m\neq k}^{K} p_{m0}$。$p_k \in [p_{k0}, P_{kmax}]$ 时，最大化该簇能量效率的优化问题表示为

$$\max_{p_k} \{e_k(p_k)\}$$

$$= \max \left\{ \frac{B\log_2\left(1 + \dfrac{|h_{k1}|^2(p_k|h_{k2}|^2 - a_{k2}N_0B)}{N_0B|h_{k2}|^2(1+a_{k2})}\right) + B\log_2(1+a_{k2})}{p_k} \right\} \tag{6-38}$$

$$\text{s. t. } p_k \in [p_{k0}, P_{kmax}]$$

为便于推导，令带宽和噪声方差均为1，$e_k(p_k)$ 可简化为

$$e_k(p_k) = \frac{\log_2(1 + c_kp_k - e_k) + \log_2(1 + a_{k2})}{p_k} \tag{6-39}$$

式中，$c_k = \dfrac{|h_{k1}|^2}{1+a_{k2}}$；$e_k = \dfrac{|h_{k1}|^2 a_{k2}}{|h_{k2}|^2 (1+a_{k2})}$。式（6-38）中的优化问题是寻找 $e_k(p_k)$ 最大时

对应的 p_k 的取值。

接下来分析 $p_k \geq 0$ 时 $e_k(p_k)$ 的增减性，再结合 p_k 的取值范围分析最大化该簇的能量效率时 p_k 的取值。$e_k(p_k)$ 关于 p_k 的偏导数的计算方法如下。

$$\frac{\partial e_k(p_k)}{\partial p_k} = \frac{\dfrac{c_k p_k}{\ln 2(1 + c_k p_k - e_k)} - \log_2(1 + c_k p_k - e_k) - \log_2(1 + a_{k2})}{p_k^2} \qquad (6\text{-}40)$$

无法直接观察出 $\dfrac{\partial e_k(p_k)}{\partial p_k}$ 的增减性，也无法推导出 $\dfrac{\partial e_k(p_k)}{\partial p_k} = 0$ 时 p_k 的取值。$\dfrac{\partial e_k(p_k)}{\partial p_k}$ 的分母恒大于 0，下面分析 $\dfrac{\partial e_k(p_k)}{\partial p_k}$ 的分子大于 0 或小于 0 的条件。

令 $\chi(p_k) = \dfrac{c_k p_k}{\ln 2(1 + c_k p_k - e_k)} - \log_2(1 + c_k p_k - e_k) - \log_2(1 + a_{k2})$，求 $\chi(p_k)$ 关于 p_k 的偏导数可得

$$\frac{\partial \chi(p_k)}{\partial p_k} = -\frac{c_k^2 p_k}{\ln 2(1 + c_k p_k - e_k)^2} < 0 \qquad (6\text{-}41)$$

由于 $\dfrac{\partial \chi(p_k)}{\partial p_k} < 0$ 恒成立，因此 $\chi(p_k)$ 是 p_k 的单调递减函数。当 $c_k p_k - e_k$ 趋向于 -1 时，$\chi(p_k)$ 大于 0，当 $c_k p_k - e_k$ 趋向于正无穷时，$\chi(p_k)$ 小于 0，因此，存在 p_k' 使得 $\chi(p_k)$ 等于 0。当 $p_k < p_k'$ 时，$\chi(p_k)$ 大于 0，当 $p_k > p_k'$ 时，$\chi(p_k)$ 小于 0。因此，$p_k < p_k'$ 时，$\dfrac{\partial e_k(p_k)}{\partial p_k} > 0$，$p_k > p_k'$ 时，$\dfrac{\partial e_k(p_k)}{\partial p_k} < 0$，即 $e_k(p_k)$ 在区间 $[0, p_k']$ 上单调递增，$e_k(p_k)$ 在区间 $[p_k', +\infty]$ 上单调递减，从而，$p_k = p_k'$ 时，$e_k(p_k)$ 达到最大值。

根据以上分析，式(6-38) 的求解过程为：采用二分法找到使得 $\chi(p_k) = 0$ 的 p_k'，具体步骤如下。

步骤一：令 $s_{k1} = \dfrac{d_k - 1}{c_k}$ 且 $t = 1$。

步骤二：令 $s_{k2} = t P_{\max}$，若 $\chi(s_{k2}) > 0$，执行步骤三，否则令 $t = t + 1$，再行执行该步骤，直至 $\chi(s_{k2}) > 0$。

步骤三：令 $s_{k0} = \dfrac{s_{k1} + s_{k2}}{2}$，若 $\chi(s_{k2}) > \varepsilon$，其中，$\varepsilon$ 是预先设定的接近于 0 的正数，则令 $s_{k1} = s_{k0}$ 且重复该步骤，若 $\chi(s_2) < -\varepsilon$，则令 $s_{k2} = s_{k0}$ 且重复该步骤，若 $|\chi(s_2)| < \varepsilon$，则

令 $p'_k = s_{k0}$，无须重复该步骤。

找到 p'_k 后，比较 p'_k、p_{k0} 和 $p_{k\max}$ 的大小，若 $p'_k < p_{k0}$，则为该簇分配功率 p_{k0}，若 $p_{k0} < p'_k < p_{k\max}$，则为该簇分配功率 p'_k，若 $p_{k\max} < p'_k$，则为该簇分配功率 $p_{k\max}$。

由于无法给出 p'_k 的闭合表达式，所以无法找出 $p_k = p'_k$ 时，该簇的能量效率，从而无法给出式 (6-37) 的闭式解。接下来给出一种次优的求解方法，具体步骤如下。

步骤一：采用二分法找出每个簇的 p'_k。

步骤二：基站先为每个簇分配功率 p_{k0}，若 $p'_k \leqslant p_{k0}$，将该簇放在集合 A 中，否则将该簇放在集合 B 中，$k = 1$，2，$\cdots$，K，K 是簇的总数。

步骤三：对于集合 B 中的任意簇 b，计算 $\dfrac{e_b(p'_b) - e_b(p_{b0})}{p'_b - p_{b0}}$，找出向量 $\left\{ \dfrac{e_b(p'_b) - e_b(p_{b0})}{p'_b - p_{b0}} \right.$，$\left. b \in B \right\}$ 的最大元素对应的簇，用簇 n 表示，则为该簇分配功率 $\min\left\{ p'_n, P_{\max} - \sum\limits_{a \in A} p_a - \sum\limits_{b \in B, b \neq n} p_b \right\}$，$p_a$ 表示为簇 a 分配的功率，p_b 表示为簇 b 分配的功率，将簇 n 放入集合 A 中。

步骤四：重复步骤三直到将所有的功率分配完毕或者集合 B 为空集。

步骤五：用 p'_k 表示步骤四基站为第 k 个簇分配的功率，基站为 u_{k1} 分配功率 $p'_k - \sum\limits_{m=2}^{M} p_{km0}$，基站为 u_{km} 分配功率 p_{km0}，$k = 1$，2，$\cdots$，K，$m = 2$，3，$\cdots$，M，K 是簇的总数，M 是每个簇中用户的总数。

6.6.3 仿真结果

本小节仿真了所提方案的能量效率。假定单个基站分别服务了 6、8 和 10 个用户，每个簇中有 2 个用户，即簇数目分别为 $K = 3$、4 和 5，信道服从独立的瑞利分布，高斯白噪声的均值为 0、方差为 1。图 6-12、图 6-13 和图 6-14 分别仿真了 $K = 3$、4 和 5 时所提功率分配方案的能量效率。仿真中假设 r_{k1} 和 r_{k2} 有三种取值：其一，$r_{k1} = r_{k2} = 1$；其二，$r_{k1} = 1$ 且 $r_{k2} = 2$；其三，$r_{k1} = 2$ 且 $r_{k2} = 1$。图例括号中的第一个参数表示 r_{k1}，第二个参数表示 r_{k2}。从图 6-12 ~ 图 6-14 中能看出，当 K 固定且基站总功率固定时，r_{k2} 越小，所提方案的能量效率越高，原因在于，随着 r_{k2} 的减小，基站分配给弱用户 u_{k2} 的功率越低，分配给强用户的功率越高，从而，系统的和速率越低。从图 6-12 ~ 图 6-14 中还能看出，当 r_{k1} 和 r_{k2} 保持不变且基站总功率固定时，系统的能量效率随着 K 的增大而降低，因此，当用

户的最低速率需求固定，在进行功率分配时，要考虑基站服务用户的上限。从图 6-12 ~
图 6-14 中还能看出，当 K 和用户的最低速率需求均固定时，信噪比（SNR）范围为 20 ~
30dB 时，随着基站总功率的增大，系统的能量效率先增大后保持不变，原因在于：随着总
功率的增大，为强用户分配的功率以及能量效率也随着增大，当功率超过最优功率时，即
使再增大总功率，最优的功率仍保持不变，即能量效率保持不变。

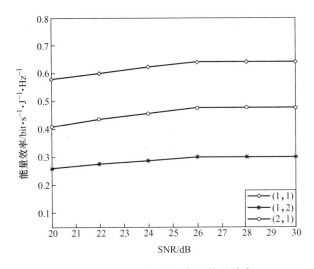

图 6-12　$K = 3$ 时所提方案的能量效率

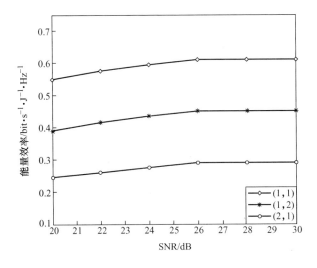

图 6-13　$K = 4$ 时所提方案的能量效率

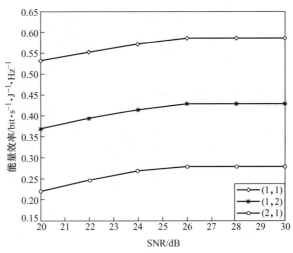

图 6-14　$K = 5$ 时所提方案的能量效率

6.7　速率与能量效率折中的功率分配方案

对于多簇且每个簇包含任意用户的下行 NOMA 系统，本小节提出了最大化速率与能量效率折中的功率分配方法，基站建立最大化速率与能量效率折中的功率分配优化问题，将优化问题中用户间的功率分配转化为簇间功率分配，求解簇间功率分配并根据此结果为每个用户分配功率。

6.7.1　折中的功率分配优化问题

在给定的总功率且满足每个用户速率需求的情况下，速率与能量效率折中的功率分配可表示为

$$\lambda = \beta \sum_{k=1}^{K} \left[R_{k1}(p_{k1}) + R_{k2}(p_{k2}) \right] + (1 - \beta) \frac{\sum_{k=1}^{K} \left[R_{k1}(p_{k1}) + R_{k2}(p_{k2}) \right]}{\sum_{k=1}^{K} (p_{k1} + p_{k2})} \quad (6-42)$$

式中，β 是速率的权重因子，$1 - \beta$ 是能量效率的权重因子，$0 < \beta < 1$。

在第 k 个簇的功率为 p_k 时，该簇内两个用户的速率之和的最大值为 $R_k(p_k) = B\log_2 \left(1 + \frac{|h_{k1}|^2 (p_k |h_{k2}|^2 - a_{k2} N_0 B)}{N_0 B |h_{k2}|^2 (1 + a_{k2})} \right) + B\log_2 (1 + a_{k2})$，此时速率与能量效率折中的最大值为

$$\lambda_k(p_k) = \beta\sum_{k=1}^{K}R_k + (1-\beta)\frac{\sum_{k=1}^{K}R_k}{\sum_{k=1}^{K}p_k} \qquad (6\text{-}43)$$

功率分配的目标是：通过调整簇间功率 p_k，$k=1$，2，$\cdots$，K，最大化系统的速率与能量效率的折中，可表示为

$$\max\beta\sum_{k=1}^{K}R_k(p_k) + (1-\beta)\frac{\sum_{k=1}^{K}R_k(p_k)}{\sum_{k=1}^{K}p_k}$$

$$(6\text{-}44)$$

$$\text{s. t. } C1:\sum_{k=1}^{K}p_k \leqslant P_{\max}$$

$$C2:p_k \geqslant p_{k0} = \frac{a_{k1}N_0B}{|h_{k1}|^2} + \frac{a_{k1}a_{k2}N_0B}{|h_{k1}|^2} + \frac{a_{k2}N_0B}{|h_{k2}|^2}, \qquad \forall k$$

式中，$C1$ 表示基站的总功率不高于 $P_{\max}$；$C2$ 用于保证用户的最低速率要求。

6.7.2 单簇内折中的功率分配

无法直接给出式(6-44)中优化问题的最优解，将该优化问题分解为多个子问题，先求出最大化单个簇速率与能量效率折中的功率分配，可表示为

$$\max[\lambda_k(p_k)]$$

$$= \max\left\{\beta\log_2\left(1+\frac{|h_{k1}|^2(p_k|h_{k2}|^2-a_{k2}N_0)}{N_0B|h_{k2}|^2(1+a_{k2})}\right)+\beta r_{k2} + (1-\beta)\frac{B\log_2\left(1+\frac{|h_{k1}|^2(p_k|h_{k2}|^2-a_{k2}N_0)}{N_0B|h_{k2}|^2(1+a_{k2})}\right)+r_{k2}}{p_k}\right\}$$

$$\text{s. t. } C1:p_{k0} \leqslant p_k < p_{k\max} \qquad (6\text{-}45)$$

其中，$p_{k\max} = P_{\max} - \sum_{m=1,m\neq k}^{K}p_{m0}$，$p_{k\max}$ 是第 k 个簇的最大功率。为便于推导，令式(6-45)中的带宽和噪声方差均为 1，$\lambda_k(p_k)$ 可简化为

$$\lambda_k(p_k) = \beta\log_2(1+c_kp_k-e_k) + \beta r_{k2} + (1-\beta)\frac{\log_2(1+c_kp_k-e_k)+r_{k2}}{p_k} \qquad (6\text{-}46)$$

式中，$c_k = \frac{|h_{k1}|^2}{1+a_{k2}}$；$e_k = \frac{|h_{k1}|^2a_{k2}}{|h_{k2}|^2(1+a_{k2})}$。式(6-45)中的优化问题是寻找 $\lambda_k(p_k)$ 最大时

对应的 p_k 的取值。接下来分析 $\lambda_k(p_k)$ 的增减性。$\lambda_k(p_k)$ 关于 p_k 的偏导数的求解如下。

$$\frac{\partial \lambda_k(p_k)}{\partial p_k} = \frac{\beta c_k p_k^2 + (1-\beta)\left[\frac{c_k p_k}{\ln2(1+c_k p_k - e_k)} - \log_2(1+c_k p_k - e_k)\right] - (1-\beta)r_{k2}}{p_k^2} \tag{6-47}$$

若 $\dfrac{\partial \lambda_k(p_k)}{\partial p_k} > 0$，则

$$\beta \eta_k(p_k) > \theta_k(p_k) \tag{6-48}$$

式中，$\eta_k(p_k) = c_k p_k^2 - \dfrac{c_k p_k}{\ln2(1+c_k p_k - e_k)} + \log_2(1+c_k p_k - e_k) + r_{k2}$；$\theta_k(p_k) = \log_2(1+c_k p_k - e_k) - \dfrac{c_k p_k}{\ln2(1+c_k p_k - e_k)} + r_{k2}$。

根据以上分析，可得出 $\lambda_k(p_k)$ 的增减性如下：

若 $\eta_k > 0$ 且 $\beta > \dfrac{\theta_k(p_k)}{\eta_k(p_k)}$，$\lambda_k(p_k)$ 是 p_k 的单调递增函数。

若 $\eta_k > 0$ 且 $\beta < \dfrac{\theta_k(p_k)}{\eta_k(p_k)}$，$\lambda_k(p_k)$ 是 p_k 的单调递减函数。

若 $\eta_k < 0$ 且 $\beta < \dfrac{\theta_k(p_k)}{\eta_k(p_k)}$，$\lambda_k(p_k)$ 是 p_k 的单调递增函数。

若 $\eta_k < 0$ 且 $\beta > \dfrac{\theta_k(p_k)}{\eta_k(p_k)}$，$\lambda_k(p_k)$ 是 p_k 的单调递减函数。

分别求 $\eta_k(p_k)$ 和 $\theta_k(p_k)$ 关于 p_k 的偏导数，

$$\frac{\partial \eta_k(p_k)}{\partial p_k} = 2c_k p_k + \frac{(c_k)^2 p_k}{\ln2[(1+c_k p_k - e_k)]^2} \tag{6-49}$$

$$\frac{\partial \theta_k(p_k)}{\partial p_k} = \frac{(c_k)^2 p_k}{\ln2[(1+c_k p_k - e_k)]^2} \tag{6-50}$$

因为 $\dfrac{\partial \eta_k(p_k)}{\partial p_k} > 0$ 和 $\dfrac{\partial \theta_k(p_k)}{\partial p_k} > 0$ 恒成立，故 $\eta_k(p_k)$ 和 $\theta_k(p_k)$ 是 p_k 的单调递增函数。推导可得 $p_k > 2^{\left[c_k+1+\frac{d_k\log_2(c_k)}{(1+d_k)2\ln2}\right]/\ln2} - d_k$ 时，$\dfrac{\theta_k(p_k)}{\eta_k(p_k)}$ 是 p_k 的单调递减函数。

用 $p_{k\min}$ 表示第 k 个簇所需的最低功率，为简化分析，令 $p_{k\min} = \max\Big\{p_{k0},$ $2^{\left[c_k+1+\frac{d_k\log_2(c_k)}{(1+d_k)2\ln2}\right]}\Big/\ln2 - d_k\Big\}$，用 $p_{k\max}$ 表示第 k 个簇的最大功率，$p_{k\max} = P_{\max} - \sum\limits_{i=1,i\neq k}^{K} p_{i\min}$。接

下来分析 $p_k \in [p_{k\min},\ p_{k\max}]$ 时，$\lambda_k(p_k)$ 的增减性。

若 $\eta_k(p_{k\min}) > 0$ 且 $\beta < \dfrac{\theta_k(p_{k\max})}{\eta_k(p_{k\max})}$，则 $p_k \in [p_{k\min},\ p_{k\max}]$ 时，$\lambda_k(p_k)$ 是 p_k 的单调递减函数。

若 $\eta_k(p_{k\min}) > 0$ 且 $\beta > \dfrac{\theta_k(p_{k\min})}{\eta_k(p_{k\min})}$，则 $p_k \in [p_{k\min},\ p_{k\max}]$ 时，$\lambda_k(p_k)$ 是 p_k 的单调递增函数。

若 $\eta_k(p_{k\min}) > 0$ 且 $\dfrac{\theta_k(p_{k\max})}{\eta_k(p_{k\max})} < \beta < \dfrac{\theta_k(p_{k\min})}{\eta_k(p_{k\min})}$，则 $p_k \in [p_{k\min},\ p_{k\max}]$ 时，随着 p_k 的增大，$\lambda_k(p_k)$ 是 p_k 的先递减后递增函数。

若 $\eta_k(p_{k\max}) < 0$ 且 $\beta > \dfrac{\theta_k(p_{k\min})}{\eta_k(p_{k\min})}$，则 $p_k \in [p_{k\min},\ p_{k\max}]$ 时，$\lambda_k(p_k)$ 是 p_k 的单调递减函数。

若 $\eta_k(p_{k\max}) < 0$ 且 $\beta < \dfrac{\theta_k(p_{k\max})}{\eta_k(p_{k\max})}$，则 $p_k \in [p_{k\min},\ p_{k\max}]$ 时，$\lambda_k(p_k)$ 是 p_k 的单调递增函数。

若 $\eta_k(p_{k\max}) < 0$ 且 $\dfrac{\theta_k(p_{k\max})}{\eta_k(p_{k\max})} < \beta < \dfrac{\theta_k(p_{k\min})}{\eta_k(p_{k\min})}$，则 $p_k \in [p_{k\min},\ p_{k\max}]$ 时，随着 p_k 的增大，$\lambda_k(p_k)$ 是 p_k 的先递增后递减函数。

若 $\eta_k(p_{k\max}) > 0$ 且 $\eta_k(p_{k\min}) < 0$，必定存在唯一的 $p_k^* \in [p_{k\min},\ p_{k\max}]$，使得 $\eta_k(p_k^*) = 0$。

由于 $\eta_k(p_k)$ 是单调递增函数，$p_k \in [p_{k\min},\ p_k^*]$ 时，则 $\eta_k(p_k) < 0$。若 $\beta > \dfrac{\theta_k(p_{k\min})}{\eta_k(p_{k\min})}$，则 $p_k \in [p_{k\min},\ p_k^*]$ 时，$\lambda_k(p_k)$ 是 p_k 的单调递减函数。若 $\beta < \dfrac{\theta_k(p_k^*)}{\eta_k(p_k^*)}$，则 $p_k \in [p_{k\min},\ p_k^*]$ 时，$\lambda_k(p_k)$ 是 p_k 的单调递增函数。若 $\dfrac{\theta_k(p_k^*)}{\eta_k(p_k^*)} < \beta < \dfrac{\theta_k(p_{k\min})}{\eta_k(p_{k\min})}$，则 $p_k \in [p_{k\min},\ p_k^*]$ 时，随着 p_k 的增大，$\lambda_k(p_k)$ 是 p_k 的先递增后递减函数。

由于 $\eta_k(p_k)$ 是单调递增函数，$p_k \in [p_k^*,\ p_{k\max}]$ 时，则 $\eta_k(p_k) > 0$。若 $\beta > \dfrac{\theta_k(p_k^*)}{\eta_k(p_k^*)}$，则 $p_k \in [p_k^*,\ p_{k\max}]$ 时，$\lambda_k(p_k)$ 是 p_k 的单调递增函数。若 $\beta < \dfrac{\theta_k(p_{k\max})}{\eta_k(p_{k\max})}$，则 $p_k \in [p_k^*,$

$p_{k\max}$] 时，$\lambda_k(p_k)$ 是 p_k 的单调递减函数。若 $\dfrac{\theta_k(p_{k\max})}{\eta_k(p_{k\max})} < \beta < \dfrac{\theta_k(p_k^*)}{\eta_k(p_k^*)}$，则 $p_k \in [p_k^*,$

$p_{k\max}$] 时，随着 p_k 的增大，$\lambda_k(p_k)$ 是 p_k 的先递减后递增函数。

表 6-1 列出了 $p_k \in [p_{k\min}, p_{k\max}]$ 时 $\lambda_k(p_k)$ 的增减性。

表 6-1 $p_k \in [p_{k\min}, p_{k\max}]$ 时 $\lambda_k(p_k)$ 的增减性

分类	条　　件	$\lambda_k(p_k)$ 的增减性
1	$\eta_k(p_{k\min}) > 0$ 且 $\beta < \dfrac{\theta_k(p_{k\max})}{\eta_k(p_{k\max})}$	单调递减
2	$\eta_k(p_{k\min}) > 0$ 且 $\beta > \dfrac{\theta_k(p_{k\min})}{\eta_k(p_{k\min})}$	单调递增
3	$\eta_k(p_{k\min}) > 0$ $\dfrac{\theta_k(p_{k\max})}{\eta_k(p_{k\max})} < \beta < \dfrac{\theta_k(p_{k\min})}{\eta_k(p_{k\min})}$	先递减后递增
4	$\eta_k(p_{k\max}) < 0$ 且 $\beta > \dfrac{\theta_k(p_{k\min})}{\eta_k(p_{k\min})}$	单调递减
5	$\eta_k(p_{k\max}) < 0$ 且 $\beta < \dfrac{\theta_k(p_{k\max})}{\eta_k(p_{k\max})}$	单调递增
6	$\eta_k(p_{k\max}) < 0$ $\dfrac{\theta_k(p_{k\max})}{\eta_k(p_{k\max})} < \beta < \dfrac{\theta_k(p_{k\min})}{\eta_k(p_{k\min})}$	先递增后递减
7	$\eta_k(p_{k\max}) > 0$ 且 $\eta_k(p_{k\min}) < 0$ 且 $p_k \in [p_{k\min}, p_k^*]$ 且 $\beta > \dfrac{\theta_k(p_{k\min})}{\eta_k(p_{k\min})}$	单调递减
8	$\eta_k(p_{k\max}) > 0$ 且 $\eta_k(p_{k\min}) < 0$ 且 $p_k \in [p_{k\min}, p_k^*]$ 且 $\beta < \dfrac{\theta_k(p_{k\max})}{\eta_k(p_{k\max})}$	单调递增
9	$\eta_k(p_{k\max}) > 0$ 且 $\eta_k(p_{k\min}) < 0$ 且 $p_k \in [p_{k\min}, p_k^*]$ 且 $\dfrac{\theta_k(p_k^*)}{\eta_k(p_k^*)} < \beta < \dfrac{\theta_k(p_{k\min})}{\eta_k(p_{k\min})}$	先递增后递减
10	$\eta_k(p_{k\max}) > 0$ 且 $\eta_k(p_{k\min}) < 0$ 且 $p_k \in [p_{k\min}, p_k^*]$ 且 $\beta > \dfrac{\theta_k(p_k^*)}{\eta_k(p_k^*)}$	单调递增
11	$\eta_k(p_{k\max}) > 0$ 且 $\eta_k(p_{k\min}) < 0$ 且 $p_k \in [p_k^*, p_{k\max}]$ 且 $\beta < \dfrac{\theta_k(p_{k\max})}{\eta_k(p_{k\max})}$	单调递减
12	$\eta_k(p_{k\max}) > 0$ 且 $\eta_k(p_{k\min}) < 0$ 且 $p_k \in [p_k^*, p_{k\max}]$ 且 $\dfrac{\theta_k(p_{k\max})}{\eta_k(p_{k\max})} < \beta < \dfrac{\theta_k(p_k^*)}{\eta_k(p_k^*)}$	先递减后递增

$p_k \in [p_{k\min}, p_{k\max}]$ 时，若条件 1 或条件 4 成立，即 $\lambda_k(p_k)$ 是 p_k 的单调递减函数，为该簇分配最低功率 $p_{k\min}$ 就能最大化该簇的速率和能量效率的折中。

$p_k \in [p_{k\min}, p_{k\max}]$ 时，若条件 2 或条件 5 成立，即 $\lambda_k(p_k)$ 是 p_k 的单调递增函数，为该簇分配最高功率 $p_{k\max}$ 就能最大化该簇的速率和能量效率的折中。

$p_k \in [p_{k\min}, p_{k\max}]$ 且条件3成立时，则比较 $\lambda_k(p_{k\max})$ 和 $\lambda_k(p_{k\min})$，若 $\lambda_k(p_{k\max}) > \lambda_k(p_{k\min})$，则为该簇分配功率 $p_{k\max}$，否则分配功率 $p_{k\min}$。

$p_k \in [p_{k\min}, p_{k\max}]$ 且条件6成立时，找出递增递减的分界点，用 p_k' 表示，则为该簇分配功率 p_k'。

若条件7和条件11同时成立，则 $\lambda_k(p_k)$ 是 p_k 的单调递减函数，分配 $p_{k\min}$。

若条件8和条件10同时成立，则 $\lambda_k(p_k)$ 是 p_k 的单调递增函数，分配 $p_{k\max}$。

若条件9和条件12同时成立，则 $\lambda_k(p_k)$ 先递增再递减然后递增，在 $[p_{k\min}, p_k^*]$ 内找出递增递减的分界点，用 p_k' 表示，比较 $\lambda_k(p_{k\max})$ 和 $\lambda_k(p_k')$，若 $\lambda_k(p_{k\max}) > \lambda_k(p_k')$，则为该簇分配功率 $p_{k\max}$，否则分配功率 p_k'。

12个条件中，只有以上三种可能的组合同时成立，不存在其他的组合。

6.7.3 多簇内折中的功率分配

以上给出了单个簇最大化折中的功率分配方法。接下来给出簇间的功率分配方法，以最大化折中。算法的具体步骤如下。

步骤1：首先计算每个簇的 $p_{k\min}$ 和 $p_{k\max}$，计算 $\dfrac{\theta_k(p_{k\max})}{\eta_k(p_{k\max})}$ 和 $\dfrac{\theta_k(p_{k\min})}{\eta_k(p_{k\min})}$，若 $\eta_k(p_{k\max}) > 0$ 且 $\eta_k(p_{k\min}) < 0$，则找出 p_k^*。

步骤2：若满足条件1或条件4，则直接为该簇分配功率 $p_{k\min}$；若满足条件3，则计算 $\lambda_k(p_{k\max})$ 和 $\lambda_k(p_{k\min})$，若 $\lambda_k(p_{k\min}) > \lambda_k(p_{k\max})$，则直接为该簇分配功率 $p_{k\min}$，否则将该簇放入集合 A 并且转入步骤3；若满足分类6，则计算使得 $\lambda_k(p_k)$ 最大时 p_k 的取值，用 p_k' 表示，令 $p_{k\max} = p_k'$，将该簇放入集合 A 并且转入步骤3；若满足分类2和分类5，将该簇放入集合 A 并且转入步骤3；若同时满足条件7和条件11，则直接为该簇分配功率 $p_{k\min}$；若同时满足条件8和条件10，将该簇放入集合 A 并且转入步骤3；若同时满足条件9和条件12，在 $[p_{k\min}, p_k^*]$ 内找出递增递减的分界点，用 p_k' 表示，比较 $\lambda_k(p_{k\max})$ 和 $\lambda_k(p_k')$，若 $\lambda_k(p_{k\max}) > \lambda_k(p_k')$，将该簇放入集合 A 并且转入步骤3，若 $\lambda_k(p_{k\max}) < \lambda_k(p_k')$，令 $p_{k\max} = p_k'$，将该簇放入集合 A 并且转入步骤3。

步骤3：对于集合 A 中的簇，计算 $\varphi_n = \lambda_n(p_{n\max}) - \lambda_n(p_{n\min})$，$n \in A$，选出最大的 φ_n 对应的簇，用簇 m 表示，将为该簇分配功率 $p_{m\max}$，并将该簇从集合 A 中删除。

步骤4：若为所有簇分配的功率之和低于 $P_{\max}$，用 p' 表示剩余的功率，对于集合 A 中的

任意簇 n，若 $p' > p_{nmax}$，计算 $\varphi_n = \lambda_n(p_{nmax}) - \lambda_n(p_{nmin})$，否则计算 $\varphi_n = \lambda_n(p') - \lambda_n(p_n)$，选出最大的 φ_n 对应的簇，用簇 m 表示，若 $p' > p_{mmax}$，将 p_{mmax} 分配给簇 m，否则将 p' 分配给簇 m，并将该簇从集合 A 中删除，重复该步骤，直至将所有的功率都分配完毕或集合 A 为空集。

6.7.4 仿真结果

图 6-15 ~ 图 6-17 仿真了在不同的速率权重因子 β 范围下系统的和速率与能量效率之间的折中。假定单个基站服务了 6 个用户，每个簇中有 2 个用户，即簇数目 $K=3$，信道服从独立的瑞利分布，高斯白噪声的均值为 0、方差为 1。仿真中假设基站总功率 P_{max} 有四种取值，分别为：25dB，20dB，15dB 和 10dB。

图 6-15 仿真了 β 的范围为 [0.8，0.9] 时，系统的和速率与能量效率之间的折中。从图 6-15 中能看出，P_{max} 相同时，随着 β 的增大，系统的和速率与能量效率之间的折中随之增大。原因在于：能量效率可能随着功率的增大而减小，和速率随着功率的增大一直增大，β 越大，和速率所占的比重越高，从而和速率与能量效率之间的折中越高。从图 6-15 中还能看出，β 相同时，随着 P_{max} 的增大，系统的和速率与能量效率之间的折中随之增大。原因在于：随着 P_{max} 的增大，提高了部分用户或全部用户的功率，在不降低能量效率的情况下，提高了部分用户或全部用户的速率，从而提高了和速率与能量效率之间的折中。

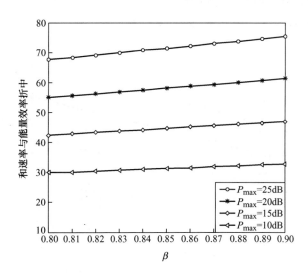

图 6-15 $\beta \in [0.8，0.9]$ 时，系统的和速率与能量效率之间的折中

图 6-16 仿真了速率的权重因子 β 的取值范围为 $[0.5, 0.6]$ 时，系统的和速率与能量效率之间的折中。从图 6-16 中能看出，P_{max} 相同时，随着 β 的增大，系统的和速率与能量效率的折中随之增大，当 β 值相同时，随着 P_{max} 的增大，系统的和速率与能量效率之间的折中随之增大。比较图 6-15 和图 6-16 可看出，图 6-16 中 P_{max} 对应的曲线低于图 6-15 中相等的 P_{max} 对应的曲线，这是因为，在其他条件相同的情况下，β 越低，和速率与能量效率的折中越低。

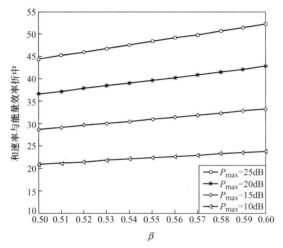

图 6-16　$\beta \in [0.5, 0.6]$ 时，系统的和速率与能量效率之间的折中

图 6-17 仿真了速率的权重因子 β 的取值范围为 $[0.2, 0.3]$ 时，系统的和速率与能量效率的折中。比较图 6-15、图 6-16 和图 6-17 可看出，图 6-17 中 P_{max} 对应的曲线低于其他

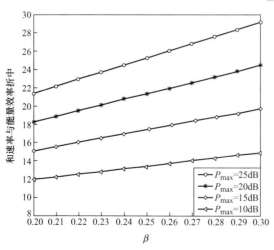

图 6-17　$\beta \in [0.2, 0.3]$ 时，系统的和速率与能量效率之间的折中

两张图中相等的 $P_{\max}$ 对应的曲线，这是因为，图 6-17 中 β 的取值范围低于其他两张图中 β 的取值范围。

6.8 本章小结

本章研究了单小区下行 NOMA 系统中的功率分配方案，对于多簇且每个簇包含两用户的单小区下行 NOMA 系统，给出了最大化总速率、最大公平、公平地提高用户速率、最大化能量效率以及最大化速率与能量效率折中的功率分配方案。仿真结果显示，所提方案的性能优于相同场景中的已有方案。所提方案的不足之处在于以下两点：其一，只考虑了单小区的场景，没有考虑到多小区相互干扰的情况；其二，没有考虑到硬件损耗以及非理想 CSI 对系统性能的影响。

参 考 文 献

[1] LI Q,NIU H,PAPATHANASSIOU A T,et al. 5G network capacity:key elements and technologies[J]. IEEE Veh. Technol. Mag.,2014,9(1):71-78.

[2] DAI L,WANG B,YUAN Y,et al. Non-orthogonal multiple access for 5G:solutions,challenges,opportunities, and future research trends[J]. IEEE Commun. Mag.,2015,53(9):74-81.

[3] SAITO Y,KISHIYAMA Y,BENJEBBOUR A,et al. Non-orthogonal multiple access(NOMA) for cellular future radio access[C]// Proc. of the 77th IEEE Vehicular Technology Conference. 2013:1-5.

[4] BI Q,LIN L,YANG S,et al. Non-orthogonal multiple access technology for 5G systems[J]. Telecommunications Science,2015,31(5):20-27.

[5] BENJEBBOUR A,SAITO Y,KISHIYAMA Y,et al. Concept and practical considerations of non-orthogonal multiple access(NOMA) for future radio access[C]// Proc. of the International Symposium on Intelligent Signal Processing and Communications Systems. 2013:770-774.

[6] RIAZUL S M I,AVAZOV N,DOBRE O A,et al. Power-domain non-orthogonal multiple access(NOMA) in 5G Systems:potentials and challenges[J]. IEEE Commun. Surveys & Tutorials,2017,19(2):721-742.

[7] ZHANG D. Research on power allocation and interference elimination algorithms for non-orthogonal multiple access system[J]. Harbin Institute of Technology,2015(7):34-42.

[8] HOJEIJ M,FARAH J,NOUR C A,et al. New optimal and suboptimal resource allocation techniques for downlink non-orthogonal multiple access[J]. Wireless personal communications,2016,87(3):837-867.

[9] SUN Q,HANS,PAN Z,et al. On the ergodic capacity of MIMO-NOMA systems[J]. IEEE Wireless

Commun. Lett. ,2015,4(4):405-408.

[10] YANG Z,XU W,PAN C,et al. On the optimality of power allocation for NOMA downlinks with individual QoS constraints[J]. IEEE Commun. Lett. ,2017,21(7):1649-1652.

[11] ZHANG Y,WANG H,ZHENG T,et al. Energy-efficient transmission design in non-orthogonal multiple access[J]. IEEE Trans. Veh. Techno. ,2017,66(3):2852-2857.

[12] ZENG M,YADAV A,DOBRE E A,et al. Energy-efficient power allocation for MIMO-NOMA with multiple users in a cluster[J]. IEEE Access,2018,6(2):5170-5181.

[13] LI X,MA W,LUO L,et al. Power allocation for NOMA system in downlink[J]. Systems Engineering and Electronics,2018,40(7):1595-1599.

[14] ZHU J,WANG J,HUANG Y,et al. On optimal power allocation for downlink non-orthogonal multiple access systems[J]. IEEE J. Sel. Areas Commun. ,2017,35(12):2744-2757.

第 7 章

理想硬件下行多用户簇 NOMA 的功率
分配方法

本章研究了下行单小区和多小区多用户簇 NOMA 系统中的功率分配方案。功率分配的目标分为五类：1）最大公平；2）无速率约束时最大化总速率；3）速率约束时最大化总速率；4）最大化能量效率；5）最大化速率与能量效率的折中。对于多簇且每个簇包含多用户的单小区下行 NOMA 系统，分别以最大公平、最大化总速率、最大化能量效率和最大化速率与能量效率的折中为目标，建立相应的功率分配优化问题，解决优化问题得到满足目标的功率分配。对于多小区下行 NOMA 系统，以最大公平为准则，提出了一种基于迭代的功率分配方案。

7.1 研究背景

近年来，移动智能终端日益普及，爆炸式增长的移动数据业务对无线通信系统的要求越来越高，传统的多址接入技术已难以满足无线数据业务量的爆炸式增长[1,2]。因此，第五代移动通信采用具有更高系统吞吐量和更高频谱效率的非正交多址接入技术（NO-MA)[3,4]。NOMA 技术引入了一个新的维度——功率域[5]，在基站端为多个用户分配不同的功率，然后将这些用户的信号叠加在相同的时频资源上，用户接收到信号后采用串行干扰消除技术检测期望接收的信号[6]。功率分配不仅关系到各用户信号的检测次序，还影响到系统的可靠性和有效性，因此，NOMA 系统中的功率分配是近年的研究热点之一。

越来越多的学者研究了包含多个簇且每个簇包含任意用户的 NOMA 系统中的功率分配方案。以最大化多簇 NOMA 系统的公平性为目标，文献［7］提出了一种候选用户集的功率分配方案。文献［8］以最大化系统的能量效率为目标，以系统总功率和用户最低速率需求作为约束条件，给出了一种迭代的功率分配方案，文献［9］在总功率约束和用户最低速率需求的约束下，构建了带宽不等分下最大化 NOMA 系统能量效率的问题，提出了一种联合优化带宽分配和功率分配的方案，文献［10］在总功率、用户最低速率需求和每个簇复用用户的最大数目约束下，研究了最大化多簇 NOMA 系统能量效率的功率分配方案，给出了一种迭代的功率分配方案，然而，该方案未考虑用户最低速率需求不相等的情况。文献［11-13］研究了最大化多簇 NOMA 系统和速率的功率分配方案。文献［11］在总功率和用户的最低速率需求约束下，研究了最大化多簇 NOMA 系统和速率的功率分配方案，给出了一种次优的解决方法，文献［12］提出了一种低复杂度的功率分配方案，文献［13］构建了多簇且每个簇包含任意用户的 NOMA 系统中最大化权重和速率的功率分配优化问题，提出了一种基于迭代的功率分配方案，然而，该方案未考虑用户的最低速率需求。

除了以上研究的不足，目前的研究中没有考虑到速率与能量效率的折中。鉴于此，本章节研究了多簇且每个簇包含多个用户的单小区下行 NOMA 系统中的功率分配方案，其主要研究工作总结如下：1）通过求解方程组，提出了最大公平的功率分配方法；2）研究了无速率约束和速率约束下最大化总速率的功率分配方法；3）给出一种基于迭代的次优最大化能量效率的功率分配方法；4）根据函数的单调性，给出一种最大化速率与能量效率折中的功率分配方法。此外，对于多小区多簇 NOMA 系统，本章给出了一种基于迭代的最大公平的功率分配方案。

7.2　单小区多用户簇 NOMA 的系统模型

如图 7-1 所示，考虑包含 1 个基站和 MK 个用户的下行 NOMA 系统，基站和用户都配置单根天线。用户被分为 K 个簇，每个簇包含 M 个用户，用 u_{km} 表示第 k 个簇中的第 m 个用户，$k=1, 2, \cdots, K$，$m=1, 2, \cdots, M$。基站到 u_{km} 的信道为 h_{km}，$|h_{k1}|^2 \geq |h_{k2}|^2 \geq \cdots \geq |h_{kM}|^2$。基站为第 k 个簇分配的总功率为 p_k，其中 u_{km} 的功率为 p_{km}，$p_{k1} \leq p_{k2} \leq \cdots \leq p_{kM}$，$\sum_{m=1}^{M} p_{km} = p_k$。基站为每个簇分配一个子频段，簇间子频段正交。

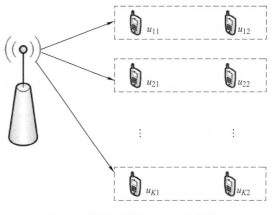

图 7-1　多用户下行 NOMA 系统模型

用 y_{km} 表示 u_{km} 的接收信号，y_{km} 的表达形式为

$$y_{km} = h_{km} \sum_{j=1}^{M} \sqrt{p_{kj}} x_{kj} + n_{km} \tag{7-1}$$

其中，x_{km} 是 u_{km} 的期望接收信号，n_{km} 是 u_{km} 接收到的高斯白噪声，均值为 0 方差为 σ^2。

u_{k1} 首先检测出 x_{kM}，并消除该信号对 y_{k1} 造成的干扰，然后再检测 $x_{k(M-1)}$，并消除该信号对 y_{k1} 造成的干扰，依次检测其他信号并消除这些信号对 y_{k1} 造成的干扰，直至检测出 x_{k1}。u_{k1} 检测 x_{km} 时的信干噪比（SINR）为

$$s_{u_{k1}\to x_{km}} = \frac{p_{km}|h_{k1}|^2}{|h_{k1}|^2\sum_{i=1}^{m-1}p_{ki}+\sigma^2} \tag{7-2}$$

同理，u_{kj}检测x_{km}时的SINR为

$$s_{u_{kj}\to x_{km}} = \frac{p_{km}|h_{kj}|^2}{|h_{kj}|^2\sum_{i=1}^{m-1}p_{ki}+\sigma^2} \tag{7-3}$$

上式中的$j\leqslant m$，$m=1$，2，$\cdots$，M，$j=1$，2，$\cdots$，M。

假定r_0是正确检测信号时对SINR的最低要求，为了执行SIC，u_{kj}检测x_{km}时的SINR必须不低于r_0，因此，要求式(7-4)成立。

$$s_{u_{kj}\to x_{km}} = \frac{p_{km}|h_{kj}|^2}{|h_{kj}|^2\sum_{i=1}^{m-1}p_{ki}+\sigma^2} \geqslant r_0, \quad j\leqslant m \tag{7-4}$$

由此可推出，p_{km}的取值满足

$$p_{km}\geqslant\left\{\frac{r_0\left(|h_{kj}|^2\sum_{i=1}^{m-1}p_{ki}+\sigma^2\right)}{|h_{kj}|^2},j\leqslant m\right\} \tag{7-5}$$

p_{km}的取值范围与噪声方差、最低SINR需求r_0、信道较强用户的信道增益和功率有关。

令$l(|h_{kj}|^2)=\dfrac{r_0\left(|h_{kj}|^2\sum_{i=1}^{m-1}p_{ki}+\sigma^2\right)}{|h_{kj}|^2}$，$j\leqslant m$，$l(|h_{kj}|^2)$是$|h_{kj}|^2$的单调递减函数。由于$|h_{k1}|^2\geqslant|h_{k2}|^2\geqslant\cdots\geqslant|h_{kM}|^2$，当$j=m$时，$l(|h_{kj}|^2)$达到最大值，即上式可化为

$$p_{km}\geqslant\frac{r_0\left(|h_{km}|^2\sum_{i=1}^{m-1}p_{ki}+\sigma^2\right)}{|h_{km}|^2} \tag{7-6}$$

令式(7-6)中的$m=1$，得到p_{k1}的取值范围为

$$p_{k1}\geqslant\frac{r_0\sigma^2}{|h_{k1}|^2} \tag{7-7}$$

令式(7-6)中的$m=2$，得到p_{k2}的取值范围为

$$p_{k2}\geqslant\frac{r_0(|h_{k2}|^2p_{k1}+\sigma^2)}{|h_{k2}|^2}=r_0p_{k1}+\frac{r_0\sigma^2}{|h_{k2}|^2}\geqslant\sigma^2r_0\left(\frac{r_0}{|h_{k1}|^2}+\frac{1}{|h_{k2}|^2}\right) \tag{7-8}$$

令式(7-6) 中的 $m=3$，得到 p_{k3} 的取值范围为

$$p_{k3} \geqslant r_0\sigma^2\left(\frac{r_0}{|h_{k1}|^2} + \frac{r_0^2}{|h_{k1}|^2} + \frac{r_0}{|h_{k2}|^2} + \frac{1}{|h_{k3}|^2}\right) \qquad (7-9)$$

令式(7-6) 中的 $m=4$，得到 p_{k4} 的取值范围为

$$p_{k4} \geqslant r_0\sigma^2\left(\frac{r_0}{|h_{k1}|^2} + \frac{r_0^2}{|h_{k1}|^2} + \frac{r_0^2}{|h_{k1}|^2} + \frac{r_0^3}{|h_{k1}|^2} + \frac{r_0}{|h_{k2}|^2} + \frac{r_0^2}{|h_{k2}|^2} + \frac{r_0}{|h_{k3}|^2} + \frac{1}{|h_{k4}|^2}\right) \qquad (7-10)$$

采用归纳法可得，$m=2$，3，$\cdots$，M 时，p_{km} 的取值满足式(7-11)。

$$p_{km} \geqslant r_0\sigma^2\left[\sum_{i=1}^{m-1}\frac{r_0 (r_0 + 1)^{m-i-1}}{|h_{ki}|^2} + \frac{1}{|h_{km}|^2}\right] \qquad (7-11)$$

用 p_{km0} 表示 u_{km} 进行 SIC 以及正确检测期望信号所需的最低功率。$m=1$ 时，$p_{k10} = \frac{r_0\sigma^2}{|h_{k1}|^2}$，$m=2$，$3$，$\cdots$，$M$ 时，p_{km0} 的取值为

$$p_{km0} = r_0\sigma^2\left[\sum_{i=1}^{m-1}\frac{r_0 (r_0 + 1)^{m-i-1}}{|h_{ki}|^2} + \frac{1}{|h_{km}|^2}\right] \qquad (7-12)$$

由式(7-12) 可得出，当 $i < j$ 时，$p_{ki0} < p_{kj0}$，即在同一个簇内，用户的信道增益越低，所需的最低功率越高。用 p_{k0} 表示第 k 个簇内所有用户进行 SIC 以及正确检测期望信号所需的最低总功率，则 p_{k0} 的取值为

$$p_{k0} = \sum_{m=1}^{M}p_{km0} = r_0\sigma^2\sum_{m=2}^{M}\left[\sum_{i=1}^{m-1}\frac{r_0 (r_0 + 1)^{m-i-1}}{|h_{ki}|^2} + \frac{1}{|h_{km}|^2}\right] + \frac{r_0\sigma^2}{|h_{k1}|^2} \qquad (7-13)$$

p_{k0} 与噪声方差、最低 SINR 需求 r_0、该簇内所有用户的信道增益有关，并且 p_{k0} 是各用户信道增益的递减函数，信道增益越高，该簇所需的最低功率越低。若第 k 个簇的总功率低于 p_{k0}，则不能保证该簇内 SIC 的顺利执行，从而无法正确检测所有的期望信号。用 $P_{\min}$ 表示满足 SIC 以及正确检测期望信号时系统所需的最低总功率，$P_{\min}$ 的取值为

$$P_{\min} = r_0\sigma^2\sum_{k=1}^{K}\sum_{m=2}^{M}\left[\sum_{i=1}^{m-1}\frac{r_0 (r_0 + 1)^{m-i-1}}{|h_{ki}|^2} + \frac{1}{|h_{km}|^2}\right] + \sum_{k=1}^{K}\frac{r_0\sigma^2}{|h_{k1}|^2} \qquad (7-14)$$

用 R_{kj} 表示 u_{kj} 的单位带宽速率，R_{kj} 表示为

$$R_{kj} = \log_2\left(1 + \frac{p_{kj}|h_{kj}|^2}{|h_{kj}|^2\sum_{i=1}^{j-1}p_{ki} + \sigma^2}\right) \qquad (7-15)$$

第 k 个簇内所有用户的单位带宽速率之和为

$$\sum_{j=1}^{M} \log_2 \left(1 + \frac{p_{kj}\,|h_{kj}|^2}{|h_{kj}|^2 \sum_{i=1}^{j-1} p_{ki} + \sigma^2} \right) \tag{7-16}$$

系统中 MK 个用户的单位带宽速率之和为

$$\sum_{k=1}^{K} \sum_{j=1}^{M} \log_2 \left(1 + \frac{p_{kj}\,|h_{kj}|^2}{|h_{kj}|^2 \sum_{i=1}^{j-1} p_{ki} + \sigma^2} \right) \tag{7-17}$$

7.3　单小区最大公平的功率分配

本节研究了最大公平的功率分配方法。以每个簇所需的最低功率以及所有簇需要的总功率作为约束条件，建立使得最低用户速率最大化的功率分配优化问题，求解该优化问题，得到所有用户的速率都相同时的功率分配。

7.3.1　最大公平的功率分配优化问题

假定基站的总功率 $P_{\max} \geqslant P_{\min}$，否则无法保证每个簇内 SIC 的顺利执行。最大公平的功率分配的目标表示为

$$\max_{p_{kj}} \min \{ R_{kj}, k=1,2,\cdots,K \quad j=1,2,\cdots,M \}$$

$$\text{s. t. } C1: \sum_{k=1}^{K} \sum_{j=1}^{M} p_{kj} = P_{\max}$$

$$C2: \sum_{j=1}^{M} p_{kj} \geqslant p_{k0} \quad \forall k \tag{7-18}$$

$$C3: p_{km} \geqslant \left\{ \frac{r_0 \left(|h_{kj}|^2 \sum_{i=1}^{m-1} p_{ki} + \sigma^2 \right)}{|h_{kj}|^2}, j \leqslant m \right\}, \quad \forall k, \forall m$$

式中，约束条件 $C1$ 表示系统的总功率为 $P_{\max}$；约束条件 $C2$ 是单个簇的总功率不能低于该簇所需的最低功率；约束条件 $C3$ 用于保证 SIC 的顺利执行。

求解式（7-18）就能得到 $P_{\max} \geqslant P_{\min}$ 时最大公平的功率分配。然而，式（7-18）的求解需要遍历所有可能的功率分配，复杂度极高，为此首先考虑单个簇内的功率分配，然后再

考虑簇间的功率分配。

7.3.2 单簇内最大公平的功率分配

假定第 k 个簇的总功率不低于 p_{k0}，求解该簇的 $\max\limits_{p_{kj}} \min\{R_{kj}, j=1,2,\cdots,M\}$ 与该簇的总功率 p_k 之间的关系，可表达为

$$\max\limits_{p_{kj}} \min\{R_{kj}, j=1,2,\cdots,M\}$$

$$\text{s. t. } C1:p_k = \sum_{j=1}^{M} p_{k1} \geq p_{k0} \tag{7-19}$$

$$C2:p_{km} \geq \left\{ \frac{r_0 \left(|h_{kj}|^2 \sum\limits_{i=1}^{m-1} p_{ki} + \sigma^2 \right)}{|h_{kj}|^2}, j \leq m \right\}, \quad \forall m$$

式中，约束条件 $C1$ 表示该簇的总功率不能低于该簇所需的最低功率，约束条件 $C2$ 表示满足 SIC 时第 k 个簇的每个用户的功率需要满足的条件。由前面的分析知，式(7-19) 的约束条件 $C2$ 等价表示为 $\dfrac{p_{km}|h_{kj}|^2}{|h_{kj}|^2 \sum\limits_{i=1}^{m-1} p_{ki} + \sigma^2} \geq r_0$，$m \geq j$。

在第 k 个簇的总功率 p_k 保持不变的情况下，增大 p_{kj} 时，第 j 个用户的速率增大且至少会有一个用户的速率减小，所以只有当 $R_{k1} = R_{k2} = \cdots = R_{kM}$ 时，才能最大化 $\min\{R_{kj}, j=1, 2,\cdots, M\}$。当该簇的总功率为 p_{k0} 且第 m 个用户的速率为 p_{km0} 时，所有用户的速率相同，每个用户的速率均为 $\log_2(1+r_0)$，若该簇的总功率大于等于 p_{k0}，则所有用户的速率都相同时的速率不低于 $\log_2(1+r_0)$。因此，当 $m \geq j$ 时，$\dfrac{p_{km}|h_{kj}|^2}{|h_{kj}|^2 \sum\limits_{i=1}^{m-1} p_{ki} + \sigma^2} \geq \dfrac{p_{kj}|h_{kj}|^2}{|h_{kj}|^2 \sum\limits_{i=1}^{j-1} p_{ki} + \sigma^2} \geq r_0$，从而满足了约束条件 $C2$。

$R_{k1} = R_{k2} = \cdots = R_{kM}$ 等价于式(7-20) 成立。

$$\log_2\left(1 + \frac{p_{k1}|h_{k1}|^2}{\sigma^2}\right) = \log_2\left(1 + \frac{p_{kj}|h_{kj}|^2}{|h_{kj}|^2 \sum\limits_{i=1}^{j-1} p_{ki} + \sigma^2}\right), j = 2,3,4,\cdots,M \tag{7-20}$$

考虑到 $\sum\limits_{m=1}^{M} p_{km} = p_k$，式(7-20) 等价于方程组 (7-21)。

$$\begin{cases} \log_2\left(1 + \dfrac{p_{k1}\,|\,h_{k1}\,|^2}{\sigma^2}\right) = \log_2\left(1 + \dfrac{p_{kj}\,|\,h_{kj}\,|^2}{|\,h_{kj}\,|^2\displaystyle\sum_{i=1}^{j-1}p_{ki} + \sigma^2}\right),\ j = 2,3,4,\cdots,M \\[4mm] \displaystyle\sum_{m=1}^{M}p_{km} = p_k \end{cases} \tag{7-21}$$

求解该方程组，就能得到簇内所有用户的速率相等时每个用户的功率，即 p_{k1}、p_{k2}、$\cdots$、p_{kM} 与 p_k 的关系。具体的公式与 M 的取值有关，并且公式较长，不在此列出。求出的解有多组，选出 p_{k1}、p_{k2}、$\cdots$、p_{kM} 均为正数且都小于 p_k 的一组。用函数 $fp_{km}(p_k)$ 表示求解该方程组得出的 p_{km} 与 p_k 的关系，此时该簇内所有用户的速率均为 $\log_2\left(1 + \dfrac{fp_{k1}(p_k)\,|\,h_{k1}\,|^2}{\sigma^2}\right)$。

7.3.3　多簇内最大公平的功率分配

求解出式(7-21)后，式(7-18)等效表示为

$$\begin{aligned} &\max_{p_k}\min\left\{\log_2\left(1 + \frac{fp_{k1}(p_k)\,|\,h_{k1}\,|^2}{\sigma^2}\right), k = 1,2,\cdots,K\right\} \\ &= \max_{p_k}\min\left\{\frac{fp_{k1}(p_k)\,|\,h_{k1}\,|^2}{\sigma^2}, k = 1,2,\cdots,K\right\} \\ &\text{s. t. } C1: \sum_{k=1}^{K}p_k = P_{\max} \\ &\qquad\ C2: \sum_{m=1}^{M}p_{km} \geqslant p_{k0} \end{aligned} \tag{7-22}$$

式中，约束条件 $C1$ 表示系统的总功率为 $P_{\max}$；约束条件 $C2$ 是单个簇的功率约束。式(7-18)求 MK 个用户的功率分配，式(7-22)求 K 个簇的功率分配，式(7-22)是式(7-18)的简化表达形式。

在总功率 $P_{\max}$ 保持不变的情况下，p_k 增大时，第 k 个簇的 $\max\limits_{p_{kj}}\min\{R_{kj}, j = 1, 2, \cdots, M\}$ 会增大，但至少会有一个簇内最低用户速率的最大值减小，所以只有当所有用户的速率相同时，才能最大化所有用户速率的最小值，此时所有簇的所有用户的速率都相等。可通过求解式(7-23)中的方程组得到所有用户速率都相等时的功率分配。

$$\begin{cases} fp_{k1}(p_k) \mid h_{k1} \mid^2 = fp_{j1}(p_k) \mid h_{j1} \mid^2 & k \neq j \\ \sum_{k=1}^{K} p_k = P_{max} \end{cases} \tag{7-23}$$

求解方程组（7-23），能得到多组解，从中选出每个簇的功率均为正数且都小于 P_{max} 的一组解，用 p_1'、p_2'、$\cdots$、p_M' 表示该组解。将 p_k' 带入 $fp_{km}(p_k')$ 得到的值就是为第 k 个簇内的第 m 个用户分配的功率，$k = 1, 2, \cdots, K$，$m = 1, 2, \cdots, M$，该功率分配能使得 MK 个用户的速率都相同。

7.3.4 仿真结果

图 7-2 仿真了 $r_0 = 0.08$ 时两种方案的最低速率，图中的"NOMA"表示采用平均功率分配的 NOMA。假设信道服从独立的瑞利分布，噪声为高斯白噪声，$B = 1$，$N_0 = 1$，每个簇中包含三个用户。从图中能看出，簇总数 K 相同时，所提方案的最低速率高于平均分配功率的 NOMA。SNR $= 10$ 且 $K = 2$ 时，所提方案比平均分配功率的 NOMA 方案大约提高了 $0.25\,\mathrm{bit} \cdot \mathrm{s}^{-1} \cdot \mathrm{Hz}^{-1}$，SNR $= 10$ 且 $K = 4$ 时，所提方案比平均分配功率的 NOMA 方案大约提高了 $0.3\,\mathrm{bit} \cdot \mathrm{s}^{-1} \cdot \mathrm{Hz}^{-1}$。

图 7-3 仿真了 $r_0 = 0.1$ 时两种方案的最低速率。比较图 7-2 和图 7-3 能看出，图 7-3 中所提方案的曲线略低于图 7-2 中对应的曲线。这是因为 r_0 越高，分配给每个簇中的远距离用户的功率越高，则分配给近距离用户的功率越少，从而系统的总速率越低。

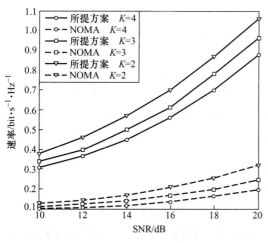

图 7-2 $r_0 = 0.08$ 时两种方案的最低速率

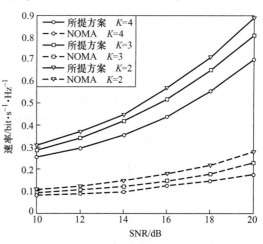

图 7-3 $r_0 = 0.1$ 时两种方案的最低速率

7.4 单小区无速率约束的最大速率的功率分配

本节提出了 NOMA 系统中最大化总速率的功率分配方法，适用于包括 1 个基站和 MK 个用户的下行 NOMA 系统，且基站和用户都配置单天线。基站构建最大化所有簇内所有用户速率之和的功率分配优化问题，将该问题转化为最大化单个簇内总速率的功率分配优化子问题，求解每个子问题，基于此再求解簇间的功率分配，根据簇间功率分配的结果，在单个簇内以最大化该簇的总速率为目标为每个用户分配功率。

7.4.1 无速率约束的功率分配优化问题

假设 $P_{\max} \geqslant P_{\min}$，$P_{\min}$ 由式（7-14）给出，否则无法实现 SIC。在不考虑每个用户的速率约束且功率分配的目标为最大化总速率时，功率分配的目标函数表示为

$$\max_{p_{kj}} \sum_{k=1}^{K} \sum_{j=1}^{M} R_{kj} = \max_{p_{kj}} \sum_{k=1}^{K} \sum_{j=1}^{M} \log_2 \left(1 + \frac{p_{kj} \left| h_{kj} \right|^2}{\left| h_{kj} \right|^2 \sum_{i=1}^{j-1} p_{ki} + \sigma^2} \right)$$

$$\text{s. t. } C1: \sum_{k=1}^{K} \sum_{j=1}^{M} p_{kj} = P_{\max}$$

$$C2: \sum_{j=1}^{M} p_{kj} \geqslant p_{k0}, \quad \forall k \tag{7-24}$$

$$C3: p_{km} \geqslant \left\{ \frac{r_0 \left(\left| h_{kj} \right|^2 \sum_{i=1}^{m-1} p_{ki} + \sigma^2 \right)}{\left| h_{kj} \right|^2}, j \leqslant m \right\}, \quad \forall k, \forall m$$

式中，r_0 表示正确检测信号时对 SINR 的最低要求；约束条件 $C1$ 表示系统的总功率为 $P_{\max}$；约束条件 $C2$ 表示单个簇的总功率不能低于该簇所需的最低总功率；约束条件 $C3$ 用于保证 SIC 的顺利执行。不考虑用户的速率约束并不意味着对每个用户的功率和每个簇的总功率没有要求，否则可能无法执行 SIC，更无法检测期望接收的信号。约束条件 $C3$ 是对单个用户功率的要求，约束条件 $C2$ 是对单个簇的总功率的要求。

式（7-24）的求解涉及 K 个簇中的 MK 个用户，求解的复杂度极高，需要遍历所有可能的功率分配。为了简化式（7-24）的求解，首先考虑单个簇的功率分配，即第 k 个簇的功率为 p_k 时，如何分功率才能使得该簇内的总速率最大，得到第 k 个簇内所有用户的最大总速

率与该簇的总功率 p_k 之间的关系，然后考虑簇间的功率分配，在系统总功率为 $P_{\max}$ 时，如何为 K 个簇分配功率才能使得所有用户的速率之和最大。

7.4.2　无速率约束时单簇内功率分配

第 k 个簇的总功率为 p_k 时，最大化该簇内用户速率之和的优化问题可以表达为

$$
\max_{p_{kj}} \sum_{j=1}^{M} \log_2 \left(1 + \frac{p_{kj}\,|h_{kj}|^2}{|h_{kj}|^2 \sum_{i=1}^{j-1} p_{ki} + \sigma^2} \right)
$$

$$
\text{s. t. } C1: \sum_{j=1}^{M} p_{kj} = p_k
$$

$$
C2: \sum_{j=1}^{M} p_{kj} \geqslant p_{k0} \tag{7-25}
$$

$$
C3: p_{km} \geqslant \left\{ \frac{r_0 \left(|h_{kj}|^2 \sum_{i=1}^{m-1} p_{ki} + \sigma^2 \right)}{|h_{kj}|^2}, j \leqslant m \right\}, \quad \forall m
$$

其中，约束条件 $C1$ 表示该簇的总功率为 p_k，约束条件 $C2$ 表示该簇的总功率不能低于该簇所需的最低总功率，是实现 SIC 的必要条件，约束条件 $C3$ 是实现 SIC 的充分条件。

可采用拉格朗日法求解式(7-25)，与文献［14］中的方法相同，然而，该文献的方法很复杂，$M=4$ 时，功率分配分 8 种情况，没有固定的表达式，不利于接下来求解簇间的功率分配。此处给出一种次优的求解方法。该方法使得第 2 个用户至第 M 个用户刚好满足 SIC 需求，并且检测期望接收信号时的 SINR 刚好达到最低 SINR 要求。

由前所述，执行 SIC 时，用户的功率要满足式(7-26)。

$$
p_{km} \geqslant \frac{r_0 \left(|h_{km}|^2 \sum_{i=1}^{m-1} p_{ki} + \sigma^2 \right)}{|h_{km}|^2} = r_0 \left(\sum_{i=1}^{m-1} p_{ki} + \frac{\sigma^2}{|h_{km}|^2} \right) \tag{7-26}
$$

式(7-26) 中的等号成立时，第 2 个用户至第 M 个用户刚好满足 SIC 需求，并且检测期望接收信号时的 SINR 刚好达到最低 SINR 要求。

令式(7-26) 中的等号成立且 $m=2$，得到 p_{k2} 与 p_{k1} 的关系为

$$
p_{k2} = \frac{r_0 \left(|h_{k2}|^2 p_{k1} + \sigma^2 \right)}{|h_{k2}|^2} = r_0 p_{k1} + \frac{r_0 \sigma^2}{|h_{k2}|^2} \tag{7-27}
$$

令式(7-26)中的等号成立且 $m=3$，得到 p_{k3} 与 p_{k1} 的关系为

$$p_{k3} = \frac{r_0 \left[|h_{k3}|^2 (p_{k1}+p_{k2}) + \sigma^2 \right]}{|h_{k3}|^2} = r_0 \left[p_{k1} + r_0 p_{k1} + \frac{r_0 \sigma^2}{|h_{k2}|^2} + \frac{\sigma^2}{|h_{k3}|^2} \right] \tag{7-28}$$

令式(7-26)中的等号成立且 $m=4$，得到 p_{k4} 与 p_{k1} 的关系为

$$p_{k4} = r_0 \left[p_{k1}(1+r_0)^2 + \frac{r_0(1+r_0)\sigma^2}{|h_{k2}|^2} + \frac{r_0 \sigma^2}{|h_{k3}|^2} + \frac{\sigma^2}{|h_{k4}|^2} \right] \tag{7-29}$$

采用归纳法可得，$m=3,\cdots,M$ 时，p_{km} 与 p_{k1} 的关系为

$$p_{km} = r_0 \left[p_{k1}(1+r_0)^{m-2} + \sum_{i=2}^{m-1} \frac{r_0 \sigma^2 (1+r_0)^{m-i-1}}{|h_{ki}|^2} + \frac{\sigma^2}{|h_{km}|^2} \right] \tag{7-30}$$

将 p_{km} 带入 $\sum_{m=1}^{M} p_{km} = p_k$ 可得，

$$p_{k1} + r_0 p_{k1} + \frac{r_0 \sigma^2}{|h_{k2}|^2} + \sum_{m=3}^{M} r_0 \left[p_{k1}(1+r_0)^{m-2} + \sum_{i=2}^{m-1} \frac{r_0 \sigma^2 (1+r_0)^{m-i-1}}{|h_{ki}|^2} + \frac{\sigma^2}{|h_{km}|^2} \right] = p_k \tag{7-31}$$

由式(7-31)可得 p_{k1} 的取值为

$$p_{k1} = \frac{p_k - \Delta_{k1}}{\Delta_{k2}} \tag{7-32}$$

其中，$\Delta_{k1} = \sum_{m=3}^{M} r_0 \left[\sum_{i=2}^{m-1} \frac{r_0 \sigma^2 (1+r_0)^{m-i-1}}{|h_{ki}|^2} + \frac{\sigma^2}{|h_{km}|^2} \right] + \frac{r_0 \sigma^2}{|h_{k2}|^2}$，$\Delta_{k2} = 1 + r_0 + \sum_{m=3}^{M} r_0 (1+r_0)^{m-2}$。

p_{k1} 的取值满足式(7-32)且 p_{km} 的取值满足式(7-31)时，第 k 个簇中的用户 u_{k1} 的单位带宽速率为 $R_{k1} = \log_2 \left(1 + \xi(k) \dfrac{p_k - \Delta_{k1}}{\Delta_{k2}} \right)$，其中，$\xi(k) = \dfrac{|h_{k1}|^2}{\sigma^2}$，第 k 个簇中的其他用户的单位带宽速率为 $R_{km} = \log_2(1+r_0)$，$m=2,3,\cdots,M$。此时，该簇内用户的速率之和为 $\log_2 \left(1 + \xi(k) \dfrac{p_k - \Delta_{k1}}{\Delta_{k2}} \right) + (M-1)\log_2(1+r_0)$。

7.4.3 无速率约束时多簇内功率分配

根据 7.4.2 小节中的结果，将式(7-24)简化为

$$\max_{p_k} \sum_{k=1}^{K} \left[\log_2 \left(1 + \xi(k) \frac{p_k - \Delta_{k1}}{\Delta_{k2}} \right) + (M-1)\log_2(1+r_0) \right] = \max_{p_k} \sum_{k=1}^{K} \left[\log_2 \left(1 + \xi(k) \frac{p_k - \Delta_{k1}}{\Delta_{k2}} \right) \right]$$

$$\text{s. t. } C1: \sum_{k=1}^{K} p_k = P_{\max}$$

$$C2: p_k \geqslant p_{k0} \qquad \forall k \tag{7-33}$$

式(7-33) 中不需要式(7-24) 中的约束条件 $C3$。因为当第 k 个簇的总功率不低于该簇所需的最低功率时，按照式(7-30) 和式(7-32) 分配的功率能满足 SIC 需求，所以无需式(7-24) 中的约束条件 $C3$。式(7-24) 中的最大化问题需要求解 MK 个用户功率，式(7-33) 中的最大化问题只需要求解 K 个簇的功率，因此，式(7-33) 是式(7-24) 的简化表达形式。

采用拉格朗日法求解式(7-33)，构造拉格朗日函数 $F(p_k, \ k = 1, \ 2, \ \cdots, \ K, \ \lambda)$，

$$F(p_k, k = 1, 2, \cdots, K, \lambda) = \sum_{k=1}^{K}\left[\log_2\left(1 + \xi(k)\frac{p_k - \Delta_{k1}}{\Delta_{k2}}\right)\right] - \lambda\left(\sum_{k=1}^{K}p_k - P_{\max}\right) \tag{7-34}$$

式中，λ 是拉格朗日乘子。求 $F(p_k, \lambda)$ 关于 p_k 和 λ 的导数并令其等于 0，得到式(7-35) 给出的方程组，

$$\begin{cases} \dfrac{\mathrm{d}F(p_k, k = 1, 2, \cdots, K, \lambda)}{\mathrm{d}p_k} = \dfrac{\dfrac{\xi(k)}{\Delta_{k2}}}{\left(1 + \xi(k)\dfrac{p_k - \Delta_{k1}}{\Delta_{k2}}\right)\ln 2} - \lambda = 0, \quad k = 1, 2, \cdots, K \\[3ex] \displaystyle\sum_{k=1}^{K}p_k = P_{\max} \end{cases} \tag{7-35}$$

求解式(7-35) 中的方程组可得

$$p_k = \left[\frac{1}{\lambda\ln 2} - \frac{\Delta_{k2}}{\xi(k)} + \Delta_{k1}\right]_{p_{k0}} \tag{7-36}$$

式中，λ 的取值满足 $\displaystyle\sum_{k=1}^{K}p_k = P_{\max}$。式(7-36) 中，如果 $\dfrac{1}{\lambda\ln 2} - \dfrac{\Delta_{k2}}{\xi(k)} + \Delta_{k1} \geqslant p_{k0}$，则 $p_k = \dfrac{1}{\lambda\ln 2} - \dfrac{\Delta_{k2}}{\xi(k)} + \Delta_{k1}$，否则 $p_k = p_{k0}$。

由式(7-36) 求解出 p_k 后，带入式(7-32) 得到为第 k 个簇的第一个用户分配的功率 p_{k1}，然后再由式(7-30) 得到为该簇的第 m 个用户分配的功率 p_{km}，$m = 2$，3，$\cdots$，M。

7.4.4 仿真结果

图 7-4 仿真了 $r_0 = 0.1$ 时系统的总速率，假定信道服从独立的瑞利衰落，高斯白噪声的方差为 1，用户的总数分别为 6、9 和 12，每个簇中包含 3 个用户，簇的数量分别为 2、3 和 4。仿真中，SNR 的范围为 10～20dB。若信道条件较差，设定的功率可能低于满足 SIC 时系统所需的最低功率，此时令系统总速率为零。若设定的功率不低于满足 SIC 时系统所

5G非正交多址接入技术：
理论、算法与实现

需的最低功率，则按照所提算法计算功率和总速率。仿真图中的速率指平均速率。从图中能看出，SNR 高于 12dB 时，用户数越多，总速率越高。因为用户越多，需要的频段越多，占用的资源越多，从而其从速率越高。

图 7-5 仿真了 $r_0 = 0.1$ 时系统的总速率低于 $5\text{bit} \cdot \text{s}^{-1} \cdot \text{Hz}^{-1}$ 的概率。由于所提方案的目标是最大化系统总速率，每个簇中的第 2 个用户至第 M 个用户刚好满足 SIC 需求，这些用户的速率是已知的，因此没有仿真单个用户的中断概率。从该图中能看出，用户总数越多，总速率小于 $5\text{bit} \cdot \text{s}^{-1} \cdot \text{Hz}^{-1}$ 的概率越低，因为每个簇中的用户数相同时，用户数越多，簇越多，从而使用的频段越多，从而系统的总速率越高。

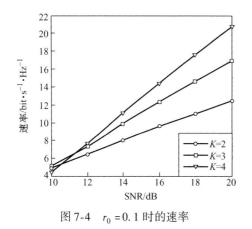

图 7-4　$r_0 = 0.1$ 时的速率

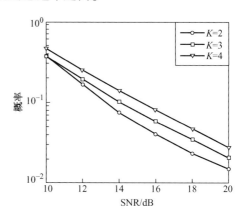

图 7-5　$r_0 = 0.1$ 时总速率低于 $5\text{bit} \cdot \text{s}^{-1} \cdot \text{Hz}^{-1}$ 的概率

7.5　单小区速率约束下最大速率的功率分配

本节提出了 NOMA 系统中最大化总速率的功率分配方法。基站根据信道条件以及每个用户的速率需求，计算每个簇所需的最低总功率以及系统所需的最低总功率，以系统所需的最低总功率作为约束条件，构建最大化所有簇内所有用户的速率之和的功率分配优化问题，将该问题转化为最大化单个簇内总速率的功率分配优化子问题，求解每个子问题，基于此再求解簇间的功率分配，根据簇间功率分配的结果，在单个簇内以最大化该簇的总速率为目标为每个用户分配功率。

7.5.1　速率约束下的最低功率

假定 r_0 是正确检测信号时对 SINR 的最低要求，r_{km} 是 u_{km} 的最低速率需求对应的

$SINR$，$r_{km} \geqslant r_0$，因此，要求式（7-37）成立。

$$s_{u_{kj} \to x_{km}} = \frac{p_{km} |h_{kj}|^2}{|h_{kj}|^2 \sum_{i=1}^{m-1} p_{ki} + \sigma^2} \geqslant r_0, \quad j < m \tag{7-37}$$

$$s_{u_{km} \to x_{km}} = \frac{p_{km} |h_{km}|^2}{|h_{km}|^2 \sum_{i=1}^{m-1} p_{ki} + \sigma^2} \geqslant r_{km} \tag{7-38}$$

式（7-37）中，$j = 1$，2，$\cdots$，M，$m = 1$，2，$\cdots$，M。由此可推出，p_{km} 的取值满足

$$p_{km} \geqslant \left\{ \frac{r_{km} \left(|h_{km}|^2 \sum_{i=1}^{m-1} p_{ki} + \sigma^2 \right)}{|h_{km}|^2}, \frac{r_0 \left(|h_{kj}|^2 \sum_{i=1}^{m-1} p_{ki} + \sigma^2 \right)}{|h_{kj}|^2}, j < m \right\} \tag{7-39}$$

令 $l(|h_{kj}|^2) = \dfrac{r_0 \left(|h_{kj}|^2 \sum_{i=1}^{m-1} p_{ki} + \sigma^2 \right)}{|h_{kj}|^2}$，$j \leqslant m$，$l(|h_{kj}|^2)$ 是的 $|h_{kj}|^2$ 单调递减函数。

由于 $|h_{k1}|^2 \geqslant |h_{k2}|^2 \geqslant \cdots \geqslant |h_{kM}|^2$，当 $j = m$ 时，$l(|h_{kj}|^2)$ 达到最大值。又因为 $r_{km} \geqslant r_0$，因此，式（7-40）成立。

$$\frac{r_{km} \left(|h_{km}|^2 \sum_{i=1}^{m-1} p_{ki} + \sigma^2 \right)}{|h_{km}|^2} \geqslant \frac{r_0 \left(|h_{kj}|^2 \sum_{i=1}^{m-1} p_{ki} + \sigma^2 \right)}{|h_{kj}|^2} \tag{7-40}$$

因此，式（7-39）可表示为

$$p_{km} \geqslant \frac{r_{km} \left(|h_{km}|^2 \sum_{i=1}^{m-1} p_{ki} + \sigma^2 \right)}{|h_{km}|^2} \tag{7-41}$$

p_{km} 的取值范围与噪声方差、该用户的最低 SINR 需求 r_{km}、信道较强用户的信道增益和功率有关。接下来推导满足所有用户速率需求时所需的最低功率。

令式（7-41）中的等号成立且 $m = 1$，得到 u_{k1} 所需的最低功率 p_{k10} 为

$$p_{k10} = \frac{r_{k1} \sigma^2}{|h_{k1}|^2} \tag{7-42}$$

令式（7-41）中的等号成立且 $m = 2$，得到 u_{k2} 所需的最低功率 p_{k20} 与 p_{k1} 的关系为

$$p_{k20} = \frac{r_{k2} (|h_{k2}|^2 p_{k1} + \sigma^2)}{|h_{k2}|^2} = r_{k2} p_{k1} + \frac{r_{k2} \sigma^2}{|h_{k2}|^2} \tag{7-43}$$

令式（7-41）中的等号成立且 $m=3$，得到 u_{k3} 所需的最低功率 p_{k30} 与 p_{k1} 的关系为

$$p_{k30} = r_{k3}\left[(1+r_{k2})p_{k1} + \frac{r_{k2}\sigma^2}{|h_{k2}|^2}\right] + \frac{r_{k3}\sigma^2}{|h_{k3}|^2} \tag{7-44}$$

令式（7-41）中的等号成立且 $m=4$，得到 u_{k4} 所需的最低功率 p_{k40} 与 p_{k1} 的关系为

$$p_{k4} = r_{k4}\left[(1+r_{k2})(1+r_{k3})p_{k1} + \frac{r_{k2}(1+r_{k3})\sigma^2}{|h_{k2}|^2} + \frac{r_{k3}\sigma^2}{|h_{k3}|^2}\right] + \frac{r_{k4}\sigma^2}{|h_{k4}|^2} \tag{7-45}$$

令式（7-41）中的等号成立且 $m=5$，得到 u_{k5} 所需的最低功率 p_{k50} 与 p_{k1} 的关系为

$$p_{k5} = r_{k5}\sigma^2\left[(1+r_{k2})(1+r_{k3})(1+r_{k4})p_{k1} + \frac{r_{k2}(1+r_{k3})(1+r_{k4})\sigma^2}{|h_{k2}|^2} + \frac{r_{k3}(1+r_{k4})\sigma^2}{|h_{k3}|^2} + \frac{r_{k4}\sigma^2}{|h_{k4}|^2}\right] +$$

$$\frac{r_{k5}\sigma^2}{|h_{k5}|^2} \tag{7-46}$$

采用归纳法可得，$m=2$，3，$\cdots$，M 时，u_{km} 所需的最低功率 p_{km0} 与 p_{k1} 的关系为

$$p_{km0} = r_{km}\sigma^2\left[p_{k1}\prod_{i=2}^{m-1}(1+r_{ki}) + \sum_{i=2}^{m-1}\frac{r_{ki}\prod_{j=i+1}^{m-1}(1+r_{kj})\sigma^2}{|h_{ki}|^2}\right] + \frac{r_{km}\sigma^2}{|h_{km}|^2} \tag{7-47}$$

式（7-47）成立时，u_{km} 的速率刚好达到所需的最低速率。将式（7-42）带入式（7-47）可得，u_{km} 所需的最低功率 p_{km0} 为

$$p_{km0} = r_{km}\sigma^4\sum_{i=1}^{m-1}\frac{r_{ki}\prod_{j=i+1}^{m-1}(1+r_{kj})}{|h_{ki}|^2} + \frac{r_{km}\sigma^2}{|h_{km}|^2} \tag{7-48}$$

从而第 k 个簇所需的最低总功率 p_{k0} 为

$$p_{k0} = \sigma^4\sum_{m=1}^{M}r_{km}\sum_{i=1}^{m-1}\frac{r_{ki}\prod_{j=i+1}^{m-1}(1+r_{kj})}{|h_{ki}|^2} + \sum_{m=1}^{M}\frac{r_{km}\sigma^2}{|h_{km}|^2} \tag{7-49}$$

用 $P_{\min}$ 表示要满足所有用户的最低速率需求所需的最低总功率。

$$P_{\min} = \sigma^4\sum_{k=1}^{K}\sum_{m=1}^{M}r_{km}\sum_{i=1}^{m-1}\frac{r_{ki}\prod_{j=i+1}^{m-1}(1+r_{kj})}{|h_{ki}|^2} + \sum_{k=1}^{K}\sum_{m=1}^{M}\frac{r_{km}\sigma^2}{|h_{km}|^2} \tag{7-50}$$

7.5.2　速率约束的功率分配

假定基站的总功率 $P_{\max} \geqslant P_{\min}$，否则无法保证每个用户的速率需求。最大化总速率的

功率分配的目标可表示为

$$\max_{p_{kj}} \sum_{k=1}^{K} \sum_{j=1}^{M} R_{kj} = \max_{p_{kj}} \sum_{k=1}^{K} \sum_{j=1}^{M} \log_2\left(1 + \frac{p_{kj} \, |h_{kj}|^2}{|h_{kj}|^2 \sum_{i=1}^{j-1} p_{ki} + \sigma^2}\right)$$

$$\text{s. t. } C1 : \sum_{k=1}^{K} \sum_{j=1}^{M} p_{kj} = P_{\max} \tag{7-51}$$

$$C2 : \sum_{j=1}^{M} p_{kj} \geqslant p_{k0} \quad \forall k$$

$$C3 : \frac{p_{km} \, |h_{km}|^2}{|h_{km}|^2 \sum_{i=1}^{m-1} p_{ki} + \sigma^2} \geqslant r_{km}, \quad \forall k, \forall m$$

式中，约束条件 $C1$ 表示系统的总功率为 $P_{\max}$；约束条件 $C2$ 表示单个簇的总功率不能低于该簇所需的最低总功率；约束条件 $C3$ 用于保证每个用户的最低速率需求。

可采用拉格朗日方法求解式(7-51)，与文献［14］中的方法类似，然而，该文献的方法很复杂，$M=4$ 时，功率分配分 8 种情况，没有固定的表达式，不利于接下来求解簇间的功率分配。此处给出一种次优的求解方法。该方法使得每个簇内第 2 个用户至第 M 个用户刚好满足最低速率需求，尽可能地提高第一个用户的速率。

第 2 个用户至第 M 个用户刚好满足最低速率需求时的功率与 p_{k1} 的关系如式(7-47) 所示。将式(7-47) 带入 $\sum_{m=1}^{M} p_{km} = p_k$ 可得

$$\sum_{m=1}^{M} r_{km}\sigma^2 \left[p_{k1}\prod_{i=2}^{m-1}(1+r_{ki}) + \sum_{i=2}^{m-1} \frac{r_{ki}\prod_{j=i+1}^{m-1}(1+r_{kj})\sigma^2}{|h_{ki}|^2}\right] + \sum_{m=1}^{M} \frac{r_{km}\sigma^2}{|h_{km}|^2} = p_k \tag{7-52}$$

由式(7-52) 可得

$$p_{k1} = \frac{p_k - \Delta_{k3}}{\Delta_{k4}} \tag{7-53}$$

式中，$\Delta_{k3} = \sum_{m=1}^{M} \frac{r_{km}\sigma^2}{|h_{km}|^2} + \sum_{m=1}^{M} r_{km}\sigma^2 \sum_{i=2}^{m-1} \frac{r_{ki}\prod_{j=i+1}^{m-1}(1+r_{kj})\sigma^2}{|h_{ki}|^2}$；$\Delta_{k4} = \sum_{m=1}^{M} r_{km}\sigma^2 \prod_{i=2}^{m-1}(1+r_{ki})$。此时，该簇内所有用户的速率之和为 $\log_2\left(1 + \frac{p_k - \Delta_{k3}}{\Delta_{k4}}\right) + \sum_{m=2}^{M} \log_2(1 + r_{km})$。

第 k 个簇的功率为 p_k 且按照式(7-47) 和式(7-53) 分配功率时，式(7-51) 可化为

$$\max_{p_{kj}} \sum_{k=1}^{K} \log_2\left(1 + \frac{p_k - \Delta_{k3}}{\Delta_{k4}}\right) + \sum_{m=2}^{M} \log_2(1 + r_{km})$$

$$\text{s. t. } C1: \sum_{k=1}^{K} p_k = P_{\max} \tag{7-54}$$

$$C2: p_k \geqslant p_{k0}$$

此处无需式(7-51) 中的约束条件 $C3$，因为约束条件 $C2$ 成立且按照式(7-47) 和式(7-53) 分配功率时，式(7-51) 中的约束条件 $C3$ 必定成立。

接下来采用拉格朗日法求解式(7-54)。构造拉格朗日函数 $F(p_k, \lambda)$，

$$F(p_k, \lambda) = \sum_{k=1}^{K} \log_2\left(1 + \frac{p_k - \Delta_{k3}}{\Delta_{k4}}\right) + \sum_{m=2}^{M} \log_2(1 + r_{km}) - \lambda\left(\sum_{k=1}^{K} p_k - P_{\max}\right) \tag{7-55}$$

其中，λ 是拉格朗日乘子。求 $F(p_k, \lambda)$ 关于 p_k 和 λ 的导数并令其等于0，得到式(7-56) 给出的方程组。

$$\begin{cases} \dfrac{\mathrm{d}F(p_k, \lambda)}{\mathrm{d}p_k} = \dfrac{\dfrac{1}{\Delta_{k4}}}{\left(1 + \dfrac{p_k - \Delta_{k3}}{\Delta_{k4}}\right)\ln 2} - \lambda = 0, \quad k = 1, 2, \cdots, K \\ \sum_{k=1}^{K} p_k = P_{\max} \end{cases} \tag{7-56}$$

由式(7-56) 可得

$$p_k = \left[\frac{1}{\lambda \ln 2} - \Delta_{k4} + \Delta_{k3}\right]_{p_{k0}} \tag{7-57}$$

式中，λ 的取值满足 $\sum_{k=1}^{K} p_k = P_{\max}$。式(7-57) 中，如果 $\frac{1}{\lambda \ln 2} - \Delta_{k4} + \Delta_{k3} \geqslant p_{k0}$，则 $p_k = \frac{1}{\lambda \ln 2} - \Delta_{k4} + \Delta_{k3}$，否则 $p_k = p_{k0}$。

由式(7-57) 求解出 p_k 后，带入式(7-53) 得到为第 k 个簇的第一个用户分配的功率 p_{k1}，然后再由式(7-47) 得到为该簇的第 m 个用户分配的功率 p_{km}，$m = 2$，3，$\cdots$，M。

7.5.3 仿真结果

图7-6、图7-7和图7-8仿真了系统的和速率，假定信道服从独立的瑞利衰落，高斯白噪声的方差为1，用户的总数分别为6、9和12，每个簇中包含3个用户，簇的数量分别为 $K=2$、$K=3$ 和 $K=4$。图例括号中的第一个参数表示 K，第 $i+1$ 个参数表示 r_{ki}，$i=1$，2，3。图7-6假设用户的最低单位带宽速率相等且均为1，图7-7假设 $r_{k1}=1$ 且 $r_{k2}=r_{k3}=1.5$，图7-8假设 $r_{k1}=1$ 且 $r_{k2}=r_{k3}=2$。从图中能看出，其他参数相同时，随着簇数目 K 的增大，即用户数越多，系统的总速率越高。此外，比较这三张图能看出，每个簇中的第二个用户和第三个用户的最低速率需求越低，系统的总速率越高。原因在于：在总功率固定时，后两个用户的最低速率需求越低，分配给这两个用户的功率越低，从而有更多的功率分配给了每个簇中的第一个用户，从而能提高了系统的总速率。

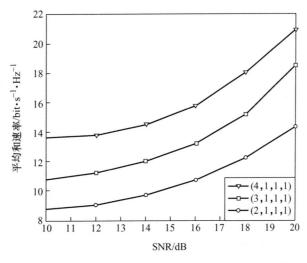

图 7-6 $r_{k1}=r_{k2}=r_{k3}=1$ 时所提方案的系统平均和速率

图7-9仿真了所提方案的中断概率，图例括号中的第一个参数表示 K，第二个参数表示 r_0。仿真中假设所有用户速率的门限值相等且等于 r_0，r_0 有三种取值，其一，$r_0=1$，在图7-9中用实线表示；其二，$r_0=1.5$，在图7-9中用点画线表示；其三，$r_0=2$，在图7-9中用虚线表示，图例括号中的第一个参数表示 K，第二个参数表示 r_0。从图7-9中能看出，$r_0=1$ 时的中断概率最低，$r_0=1.5$ 次之，$r_0=2$ 最高。原因在于：中断概率只与门限值有关，门限值越低，中断概率越低。

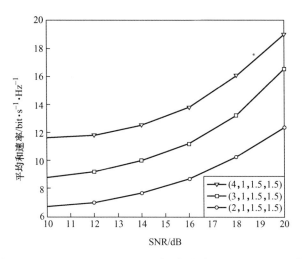

图 7-7　$r_{k1} = 1$ 且 $r_{k2} = r_{k3} = 1.5$ 时所提方案的系统平均和速率

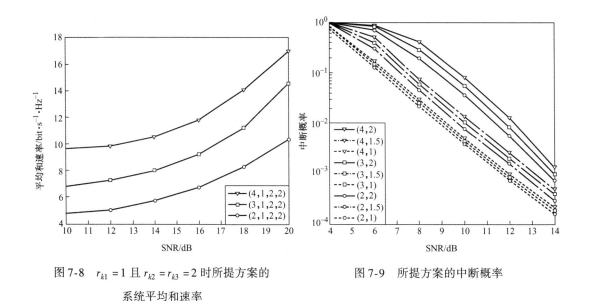

图 7-8　$r_{k1} = 1$ 且 $r_{k2} = r_{k3} = 2$ 时所提方案的
系统平均和速率

图 7-9　所提方案的中断概率

7.6　单小区最大化能量效率的功率分配

对于多簇且每个簇包含任意用户的下行 NOMA 系统，本节提出了最大化能量效率的功率分配方法。对于每个簇，基站采用二分法找到该簇的功率不受限制时最大化该簇能量效率的功率，然后基于此结果，给出一种迭代的簇间功率分配方法，根据簇间功率分配的结果为每个用户分配功率。

7.6.1 最大化能量效率的优化问题

在给定的总功率且满足每个用户速率需求的情况下，系统的能量效率表示为

$$\lambda = \frac{\sum_{k=1}^{K}\sum_{m=1}^{M}R_{km}}{\sum_{k=1}^{K}\sum_{m=1}^{M}P_{km}} \tag{7-58}$$

式中，R_{km} 的表达式如式（7-15）所示。假定在第 k 个簇的功率为 p_k 时，该簇内 M 个用户的速率之和的最大值为 $R_k(p_k) = \log_2\left(1 + \frac{|h_{k1}|^2(p_k - \Delta_{k1})}{\Delta_{k2}}\right) + (M-1)\log_2(1 + r_0)$，其中，$r_0$ 是正确检测信号时对 SINR 的最低要求，Δ_{k1} 和 Δ_{k2} 的表达式在 7.4 小节中给出。在第 k 个簇的功率为 p_k 时，该簇最大的能量效率为

$$e_k(p_k) = \frac{\log_2\left(1 + \frac{|h_{k1}|^2(p_k - \Delta_{k1})}{\Delta_{k2}}\right) + (M-1)\log_2(1 + r_0)}{p_k} \tag{7-59}$$

功率分配的目标是：在满足 SIC 需求且总功率不超过 $P_{\max}$ 的情况下，通过调整簇间功率 p_k，$k = 1,2,\cdots,K$，最大化系统的能量效率，可表示为

$$\max \frac{\sum_{k=1}^{K}R_k(p_k)}{\sum_{k=1}^{K}p_k} = \frac{\sum_{k=1}^{K}\log_2\left(1 + \frac{|h_{k1}|^2(p_k - \Delta_{k1})}{\Delta_{k2}}\right) + (M-1)\log_2(1 + r_0)}{\sum_{k=1}^{K}p_k}$$

$$\text{s. t. } C1: \sum_{k=1}^{K}p_k \leq P_{\max} \tag{7-60}$$

$$C2: p_k \geq p_{k0} = r_0\sum_{m=2}^{M}\left[\sum_{i=1}^{m-1}\frac{r_0(r_0+1)^{m-i-1}}{|h_{ki}|^2} + \frac{1}{|h_{km}|^2}\right] + \frac{r_0}{|h_{k1}|^2}, \quad \forall k$$

式中，C1 表示基站的总功率不高于 $P_{\max}$；C2 用于保证用户的最低速率要求。

7.6.2 次优的功率分配

无法直接给出式（7-60）中优化问题的最优解，本小节给出一种次优的求解方法。先

求出单个簇的总功率变化时，该簇的最大能量效率。用 p_{k0} 表示第 k 个簇所需的最低功率，由于总功率不超过 P_{max} 时，第 k 个簇的最大功率为 $p_{kmax} = P_{max} - \sum_{m=1,m\neq k}^{K} p_{m0}$。$p_k \in [p_{k0},$ $P_{kmax}]$ 时，最大化该簇能量效率的优化问题表示为

$$\max_{p_k}\{e_k(p_k)\}$$

$$= \max\left\{\frac{\log_2\left(1 + \frac{|h_{k1}|^2(p_k - \Delta_{k1})}{\Delta_{k2}}\right) + (M-1)\log_2(1 + r_0)}{p_k}\right\} \tag{7-61}$$

$$\text{s. t. } p_k \in [p_{k0}, P_{kmax}]$$

为便于推导，$e_k(p_k)$ 可简化为

$$e_k(p_k) = \frac{\log_2(1 + c_k p_k - d_k) + (M-1)\log_2(1 + r_0)}{p_k} \tag{7-62}$$

式中，$c_k = \frac{|h_{k1}|^2}{\Delta_{k2}}$；$d_k = \frac{|h_{k1}|^2\Delta_{k1}}{\Delta_{k2}}$。式(7-61) 中的优化问题是寻找 $e_k(p_k)$ 最大时对应的 p_k 的取值。

接下来分析 $p_k \geq 0$ 时 $e_k(p_k)$ 的增减性，再结合 p_k 的取值范围分析最大化该簇的能量效率时 p_k 的取值。$e_k(p_k)$ 关于 p_k 的偏导数的求解如下。

$$\frac{\partial e_k(p_k)}{\partial p_k} = \frac{\frac{c_k p_k}{\ln 2(1 + c_k p_k - d_k)} - \log_2(1 + c_k p_k - d_k) - (M-1)\log_2(1 + r_0)}{p_k^2} \tag{7-63}$$

无法直接观察出 $\frac{\partial e_k(p_k)}{\partial p_k}$ 的增减性，也无法推导出 $\frac{\partial e_k(p_k)}{\partial p_k} = 0$ 时 p_k 的取值。$\frac{\partial e_k(p_k)}{\partial p_k}$ 的分母恒大于 0，下面分析 $\frac{\partial e_k(p_k)}{\partial p_k}$ 的分子大于 0 或小于 0 的条件。

令 $\chi(p_k) = \frac{c_k p_k}{\ln 2(1 + c_k p_k - d_k)} - \log_2(1 + c_k p_k - d_k) - (M-1)\log_2(1 + r_0)$，求 $\chi(p_k)$ 关于 p_k 的偏导数可得

$$\frac{\partial \chi(p_k)}{\partial p_k} = \frac{-c_k^2 p_k}{\ln 2(1 + c_k p_k - d_k)^2} < 0 \tag{7-64}$$

由于 $\frac{\partial \chi(p_k)}{\partial p_k} < 0$ 恒成立，因此 $\chi(p_k)$ 是 p_k 的单调递减函数。当 $c_k p_k - d_k$ 趋向于 -1 时，

$\chi(p_k)$ 大于 0，当 $c_k p_k - d_k$ 趋向于正无穷时，$\chi(p_k)$ 小于 0，因此，存在 p_k' 使得 $\chi(p_k)$ 等于 0。当 $p_k < p_k'$ 时，$\chi(p_k)$ 大于 0，当 $p_k > p_k'$ 时，$\chi(p_k)$ 小于 0。因此，$p_k < p_k'$ 时，$\frac{\partial e_k(p_k)}{\partial p_k} > 0$，$p_k > p_k'$ 时，$\frac{\partial e_k(p_k)}{\partial p_k} < 0$，即 $e_k(p_k)$ 在区间 $[0, p_k']$ 上单调递增，$e_k(p_k)$ 在区间 $[p_k', +\infty]$ 上单调递减，从而，$p_k = p_k'$ 时，$e_k(p_k)$ 达到最大值。

将本节与 6.6 节相比较可看出，两种功率分配算法的目标相同，不同之处在于单个簇中的用户数的不同，从而也导致了推导过程中的公式不同，然而功率分配算法的思路相同，因此，将 6.6 小节中功率分配算法中的公式替换为本小节的公式就是式（7-59）的次优解。算法的具体步骤如下。

步骤一：采用二分法找出每个簇的 p_k'。

步骤二：基站先为每个簇分配功率 p_{k0}，若 $p_k' \leqslant p_{k0}$，将该簇放在集合 A 中，否则将该簇放在集合 B 中，$k = 1$，2，$\cdots$，K，K 是簇的总数。

步骤三：对于集合 B 中的任意簇 b，计算 $\frac{e_b(p_b') - e_b(p_{b0})}{p_b' - p_{b0}}$，找出向量 $\left\{ \frac{e_b(p_b') - e_b(p_{b0})}{p_b' - p_{b0}}, b \in B \right\}$ 的最大元素对应的簇，用簇 n 表示，则为该簇分配功率 $\min\left\{ p_n', P_{max} - \sum_{a \in A} p_a - \sum_{b \in B, b \neq n} p_b \right\}$，$p_a$ 表示为簇 a 分配的功率，p_b 表示为簇 b 分配的功率，将簇 n 放入集合 A 中。

步骤四：重复步骤三直到将所有的功率分配完毕或者集合 B 为空集。

步骤五：用 p_k' 表示步骤四基站为第 k 个簇分配的功率，基站为 u_{k1} 分配功率 $p_k' - \sum_{m=2}^{M} p_{km0}$，基站为 u_{km} 分配功率 p_{km0}，$k = 1$，2，$\cdots$，K，$m = 2$，3，$\cdots$，M，K 是簇的总数，M 是每个簇中用户的总数。

7.6.3　仿真结果

图 7-10 仿真了 $r_0 = 1$ 时所提方案的能量效率。假定单个基站分别服务了 9、12 和 15 个用户，簇数目 $K = 3$，即每个簇中的用户数 $M = 3$、4 和 5，信道服从独立的瑞利分布，高斯白噪声的均值为 0、方差为 1。图例括号中的第一个参数表示 M，第二个参数表示 r_0。从图中可看出，当基站总功率固定时，随着 M 的增大，系统的能量效率降低，原因在于，M 越大，基站分配给簇中弱用户的功率越多，从而系统的和速率越低。从图中还能看出，SNR 范围为 20～30dB 时，随着基站总功率的增大，系统的能量效率先增大后保持不变，原因在于：随着总功率

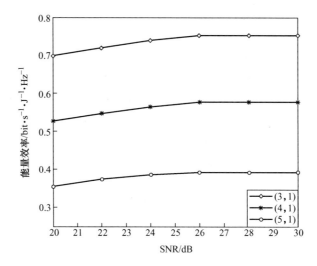

图 7-10　$r_0 = 1$ 时，所提方案的能量效率

的增大，为强用户分配的功率以及能量效率也随着增大，当功率超过最优功率时，即使再增大总功率，最优的功率仍保持不变，即能量效率保持不变。

图 7-11 仿真了 $r_0 = 2$ 时所提方案的能量效率。从图中可看出，当基站总功率固定时，随着 M 的增大，系统的能量效率降低，原因如前所述。从图中还能看出，SNR 范围为 $20 \sim 30\text{dB}$ 时，随着基站总功率的增大，系统的能量效率先增大后保持不变。

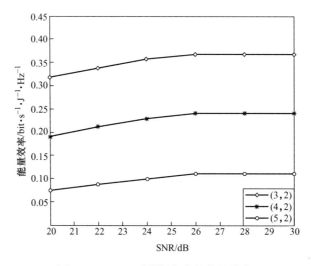

图 7-11　$r_0 = 2$ 时所提方案的能量效率

7.7 单小区最大化折中的功率分配

对于多簇且每个簇包含任意用户的下行 NOMA 系统，本节提出了最大化折中的功率分配方法，基站建立最大化速率与能量效率折中的功率分配优化问题，先求解单簇内最大化速率与能量效率折中的功率分配，得到单簇内速率与能量效率折中的最大值与该簇的总功率之间的关系，基于此结果，将优化问题中用户间的功率分配转化为簇间功率分配，求解簇间功率分配并根据此结果为每个用户分配功率。

7.7.1 折中的功率分配优化问题

在给定的总功率且满足每个用户速率需求的情况下，速率与能量效率折中的功率分配可表示为

$$\lambda = \beta \sum_{k=1}^{K} \sum_{m=1}^{M} R_{km} + (1-\beta) \frac{\sum_{k=1}^{K} \sum_{m=1}^{M} R_{km}}{\sum_{k=1}^{K} \sum_{m=1}^{M} p_{km}} \tag{7-65}$$

其中，β 是速率的权重因子，$1-\beta$ 是能量效率的权重因子，$0 < \beta < 1$。

在第 k 个簇的功率为 p_k 时，该簇内所有用户的速率之和的最大值为 $R_k(p_k) = \log_2\left(1 + \dfrac{p_k - \Delta_{k3}}{\Delta_{k4}}\right) + \Delta_{k5}$，其中，$\Delta_{k4} = \sum\limits_{m=1}^{M} r_{km} \sigma^2 \prod\limits_{i=2}^{m-1}(1 + r_{ki})$，$\Delta_{k3} = \sum\limits_{m=1}^{M} \dfrac{r_{km} \sigma^2}{|h_{km}|^2} + \sum\limits_{m=1}^{M} r_{km} \sigma^2 \sum\limits_{i=2}^{m-1}$

$\dfrac{r_{ki} \prod\limits_{j=i+1}^{m-1}(1 + r_{kj}) \sigma^2}{|h_{ki}|^2}$，$\Delta_{k5} = \sum\limits_{m=2}^{M} \log_2(1 + r_{rm})$。此时速率与能量效率折中的最大值为

$$\lambda_k(p_k) = \beta \sum_{k=1}^{K} \left(\log_2\left(1 + \frac{p_k - \Delta_{k3}}{\Delta_{k4}}\right) + \Delta_{k5} \right) + (1-\beta) \frac{\sum_{k=1}^{K} \left[\log_2\left(1 + \frac{p_k - \Delta_{k3}}{\Delta_{k4}}\right) + \Delta_{k5} \right]}{\sum_{k=1}^{K} p_k} \tag{7-66}$$

功率分配的目标是：通过调整簇间功率 p_k，$k = 1, 2, \cdots, K$，最大化系统的速率与能量效率的折中可表示为

$$\max\beta\sum_{k=1}^{K}\left[\log_2\left(1+\frac{p_k-\Delta_{k3}}{\Delta_{k4}}\right)+\Delta_{k5}\right]+(1-\beta)\frac{\sum_{k=1}^{K}\left[\log_2\left(1+\frac{p_k-\Delta_{k3}}{\Delta_{k4}}\right)+\Delta_{k5}\right]}{\sum_{k=1}^{K}p_k} \tag{7-67}$$

$$\text{s. t. } C1:\sum_{k=1}^{K}p_k=P_{\max}$$

$$C2:p_k\geqslant p_{k0}\qquad\forall k$$

式中，$p_{k0}=\sum_{m=1}^{M}p_{km0}=r_0\sigma^2\sum_{m=2}^{M}\left[\sum_{i=1}^{m-1}\frac{r_0(r_0+1)^{m-i-1}}{|h_{ki}|^2}+\frac{1}{|h_{km}|^2}\right]+\frac{r_0\sigma^2}{|h_{k1}|^2}$ ；$C1$ 表示基站的总

功率不高于 $P_{\max}$ ；$C2$ 用于保证用户的最低速率要求。

7.7.2　多用户多簇折中的功率分配

无法直接给出式(7-67) 中优化问题的最优解，将该优化问题分解为多个子问题，先求出最大化单个簇速率与能量效率折中的功率分配，用公式表示为

$$\max\{\lambda_k(p_k)\}$$

$$=\max\left\{\beta\left[\log_2\left(1+\frac{p_k-\Delta_{k3}}{\Delta_{k4}}\right)+\Delta_{k5}\right]+(1-\beta)\frac{\left[\log_2\left(1+\frac{p_k-\Delta_{k3}}{\Delta_{k4}}\right)+\Delta_{k5}\right]}{p_k}\right\} \tag{7-68}$$

$$\text{s. t. } C1:p_{k0}\leqslant p_k<P_{\max}-\sum_{i=1,i\neq k}^{K}p_{i0},\qquad\forall k$$

上面的优化问题是寻找 $\lambda_k(p_k)$ 最大时对应 p_k 的取值。接下来分析 $\lambda_k(p_k)$ 的增减性。$\lambda_k(p_k)$ 关于 p_k 的偏导数的求解如下。

$$\frac{\partial\lambda_k(p_k)}{\partial p_k}=\beta\frac{1}{(p_k+\Delta_{k6})\ln2}+(1-\beta)\frac{\frac{p_k}{(p_k+\Delta_{k6})\ln2}-\log_2\left(\frac{p_k+\Delta_{k6}}{\Delta_{k4}}\right)-\Delta_{k5}}{p_k^2} \tag{7-69}$$

若 $\frac{\partial\lambda_k(p_k)}{\partial p_k}>0$ ，则

$$\beta\frac{p_k^2}{(p_k+\Delta_{k6})\ln2}+(1-\beta)\left[\frac{p_k}{(p_k+\Delta_{k6})\ln2}-\log_2\left(\frac{p_k+\Delta_{k6}}{\Delta_{k4}}\right)-\Delta_{k5}\right]>0 \tag{7-70}$$

令 $\eta_k(p_k)=\frac{p_k^2}{(p_k+\Delta_{k6})\ln2}-\frac{p_k}{(p_k+\Delta_{k6})\ln2}+\log_2\left(\frac{p_k+\Delta_{k6}}{\Delta_{k4}}\right)+\Delta_{k5}$ ，$\theta_k(p_k)=\log_2\left(\frac{p_k+\Delta_{k6}}{\Delta_{k4}}\right)+$

$\Delta_{k5} - \dfrac{p_k}{(p_k + \Delta_{k6})\ln 2}$，则式（7-70）可写为

$$\beta\eta_k(p_k) > \theta_k(p_k) \tag{7-71}$$

即 $\dfrac{\partial\lambda_k(p_k)}{\partial p_k} > 0$ 等价于 $\beta\eta_k(p_k) > \theta_k(p_k)$。根据以上分析，可得出 $\lambda_k(p_k)$ 的增减性如下。

若 $\eta_k > 0$ 且 $\beta > \dfrac{\theta_k(p_k)}{\eta_k(p_k)}$，$\lambda_k(p_k)$ 是 p_k 的单调递增函数。

若 $\eta_k > 0$ 且 $\beta < \dfrac{\theta_k(p_k)}{\eta_k(p_k)}$，$\lambda_k(p_k)$ 是 p_k 的单调递减函数。

若 $\eta_k < 0$ 且 $\beta < \dfrac{\theta_k(p_k)}{\eta_k(p_k)}$，$\lambda_k(p_k)$ 是 p_k 的单调递增函数。

若 $\eta_k < 0$ 且 $\beta > \dfrac{\theta_k(p_k)}{\eta_k(p_k)}$，$\lambda_k(p_k)$ 是 p_k 的单调递减函数。

分别求 $\eta_k(p_k)$ 和 $\theta_k(p_k)$ 关于 p_k 的偏导数，

$$\frac{\partial\eta_k(p_k)}{\partial p_k} = \frac{p_k^2 + 2p_k\Delta_{k6} + p_k}{\ln 2 \, (p_k + \Delta_{k6})^2} > 0$$

$$\frac{\partial\theta_k(p_k)}{\partial p_k} = \frac{p_k}{(p_k + \Delta_{k6})^2 \ln 2} > 0$$

因为 $\dfrac{\partial\eta_k(p_k)}{\partial p_k} > 0$ 和 $\dfrac{\partial\theta_k(p_k)}{\partial p_k} > 0$ 恒成立，故 $\eta_k(p_k)$ 和 $\theta_k(p_k)$ 是 p_k 的单调递增函数。当 $p_k > 2^{\left[1 + \log_2(\Delta_{k4}) - \Delta_{k5}\right]} - \Delta_{k6}$ 成立时，$\dfrac{\eta_k(p_k)}{\theta_k(p_k)}$ 是 p_k 的单调递增函数。

7.7.3　仿真结果

图 7-12 ~ 图 7-14 仿真了在不同的速率权重因子 β 范围下系统的和速率与能量效率之间的折中。假定单个基站服务了 6 个用户，每个簇中有 3 个用户，即簇数目 $K = 2$，信道服从独立的瑞利分布，高斯白噪声的均值为 0、方差为 1。仿真中假设基站总功率 $P_{\max}$ 有四种取值，分别为：25dB、20dB、15dB 和 10dB。

图 7-12 仿真了 β 的范围为 $[0.9, 1]$ 时系统的和速率与能量效率之间的折中。从图 7-12 中能看出，$P_{\max}$ 相同时，随着 β 的增大，系统的和速率与能量效率之间的折中随之增大。原因在于：能量效率可能随着功率的增大而减小，和速率随着功率的增大一直增

大，β 越大，和速率所占的比重越高，从而和速率与能量效率之间的折中越高。从图 7-12 中还能看出，β 相同时，随着 P_{max} 的增大，系统的和速率与能量效率之间的折中随之增大。原因在于：随着 P_{max} 的增大，提高了部分用户或全部用户的功率，在不降低能量效率的情况下，提高了部分用户或全部用户的速率，从而提高了和速率与能量效率之间的折中。

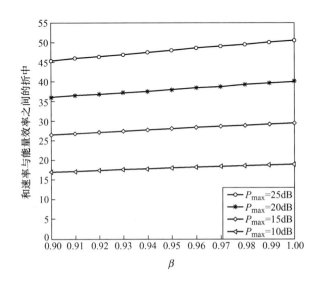

图 7-12 $\beta \in [0.9, 1]$ 时系统的和速率与能量效率之间的折中

图 7-13 仿真了速率的权重因子 β 的取值范围为 $[0.5, 0.6]$ 时，系统的和速率与能量效率之间的折中。从图 7-13 中能看出，P_{max} 相同时，随着 β 的增大，系统的和速率与能量效率的折中随之增大；当 β 值相同时，随着 P_{max} 的增大，系统的和速率与能量效率之间的折中随之增大。比较图 7-13 和图 7-12 可看出，图 7-13 中 P_{max} 对应的曲线低于图 7-12 中相等的 P_{max} 对应的曲线，这是因为，在其他条件相同的情况下，β 越低，和速率与能量效率的折中越低。

图 7-14 仿真了速率的权重因子 β 的取值范围为 $[0.2, 0.3]$ 时系统的和速率与能量效率的折中。比较图 7-12、图 7-13 和图 7-14 可看出，图 7-14 中 P_{max} 对应的曲线低于其他两张图中相等的 P_{max} 对应的曲线，这是因为，图 7-14 中 β 的取值范围低于其他两张图中 β 的取值范围。

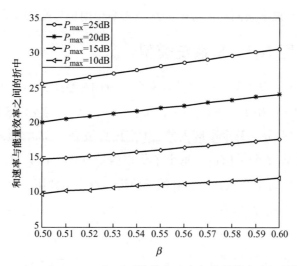

图7-13　$\beta \in [0.5,\ 0.6]$　时系统的和速率与能量效率之间的折中

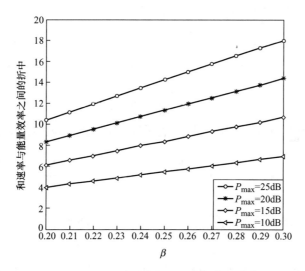

图7-14　$\beta \in [0.2,\ 0.3]$　时系统的和速率与能量效率之间的折中

7.8　多小区最大公平的功率分配

本节提出了多小区NOMA系统中最大公平的功率分配方案，以单个基站的功率作为约束条件，建立了最大公平的功率分配优化问题，先求出单个簇内所有用户的速率都相同时，该簇的总功率与该簇内每个用户的速率之间的关系，然后又给出了一种基于迭代的簇

间功率分配方法，最后根据簇间功率分配的结果为每个用户分配功率。

7.8.1 多小区 NOMA 系统模型

考虑包含 I 个基站和 IJM 个用户的多小区下行 NOMA 系统，如图 7-15 所示。每个小区有一个 BS 和 JM 个用户，用 $I = \{BS_1，\cdots，BS_i，\cdots，BS_I\}$ 表示 BS 的集合。每个 BS 为本小区内的 JM 个用户服务，每个小区内的 JM 个用户被分为 M 个簇，每个簇包含 J 个用户。总带宽 W 被等分给 M 个子信道，每个子信道的带宽为 $B = W/M$，$C = \{C_1，C_2，\cdots，C_M\}$ 是子信道的集合。每个小区共享所有的子信道，每个簇使用一个子信道，同一小区内的簇间子信道正交。用 u_{ijm} 表示第 i 个小区中第 m 个子信道上的第 j 个用户，$i = 1，2，\cdots，I，j = 1，2，\cdots，J，m = 1，2，\cdots，M$。用 $h_{i,ijm}$ 表示 BS_i 到 u_{ijm} 的信道，其中 $i = 1，2，\cdots，I$，假设所有的信道都相互独立并且 $|h_{i,i1m}|^2 \leqslant |h_{i,i2m}|^2 \leqslant \cdots \leqslant |h_{i,iJm}|^2$。用 q_{im} 表示 BS_i 在子信道 C_m 上的总传输功率，$q_{im} = \sum_{j=1}^{J} p_{ijm}$，$\forall m \in M$，$\forall i \in I$，其中，$u_{ijm}$ 的功率为 p_{ijm}，$p_{i1m} \geqslant p_{i2m} \geqslant \cdots \geqslant p_{iJm}$。

根据 NOMA 原理，BS_i 在子信道 C_m 上发送信号 s_{im}，s_{im} 的表达形式为

$$s_{im} = \sum_{j=1}^{J} \sqrt{p_{ijm}} s_{ijm} \tag{7-72}$$

式中，s_{ijm} 表示 u_{ijm} 的期望接收信号。用 y_{ijm} 表示 u_{ijm} 的接收信号，y_{ijm} 的表达形式为

$$y_{ijm} = h_{i,ijm} s_{im} + \sum_{k \in I/\{i\}} h_{k,ijm} s_{km} + n_{ijm} = \sum_{l=1}^{J} h_{i,ijm} \sqrt{p_{ilm}} s_{ilm} + \sum_{k \in I/\{i\}} h_{k,ijm} \sum_{n=1}^{J} \sqrt{p_{knm}} s_{knm} + n_{ijm} \tag{7-73}$$

式中，$h_{k,ijm}$ 表示 BS_k 到 u_{ijm} 的信道，n_{ijm} 是 u_{ijm} 接收到的高斯白噪声，均值为零、方差为 σ^2。

根据 SIC 原理，用户 u_{ijm} 在解码自身的期望接收信号 s_{ijm} 前，依次解码出同一簇中弱用户 u_{ilm} 的期望接收信号 s_{ilm}，$l \in \{1，\cdots，j-1\}$，并从 y_{ijm} 中消除 s_{ilm} 造成的干扰，直至检测出 s_{ijm}。经过正确的 SIC 之后，u_{ijm} 会受到强用户 u_{ikm} 的期望接收信号 s_{ikm} 以及其他 BS_n 发送的信号的干扰，$k = j+1，\cdots，J，n \neq i$。因此，用户 u_{ijm} 在子信道 C_m 上的可达速率可以表示为

$$r_{ijm} = B \log_2 \left(1 + \frac{p_{ijm}}{\sum_{n=j+1}^{J} p_{inm} + Z_{ijm}} \right) \tag{7-74}$$

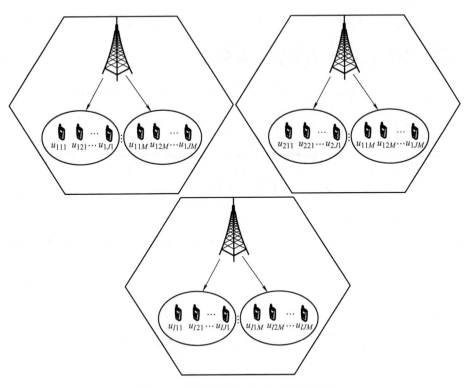

图 7-15　多小区下行 NOMA 系统模型图

其中，$Z_{ijm} = \dfrac{\sum\limits_{k \in I / \{i\}} |h_{k,ijm}|^2 q_{km} + \sigma^2}{|h_{i,ijm}|^2}$。

所提方案的目标是：在满足 SIC 需求的情况下，通过分配适当的功率，最大化用户的公平性，功率分配的目标函数可表示为

$$\max_{p_{ijm}} \min\{r_{ijm}, i = 1,2,\cdots,I, \quad j = 1,2,\cdots,J, \quad m = 1,2,\cdots,M\} \tag{7-75}$$

$$\text{s. t.} \sum_{m=1}^{M} q_{im} \leqslant P_i^{\max}, \quad \forall i \in I$$

其中，约束条件表示同一小区中簇的功率之和不能超过该基站的最高功率 $P_i^{\max}$。

若直接求解式(7-75) 中的优化问题，则需要采用遍历的方法求出 IJM 个用户的功率，复杂度极高。为此，本节给出一种简化的求解方法，先将式(7-75) 中的优化问题分解为单个簇中最大公平的功率分配优化问题，求出单个簇内所有用户的速率都相同时，该簇的总功率与该簇内每个用户的速率之间的关系，然后将式(7-75) 中的优化问题简化为簇间的功率分配问

题，给出一种迭代的簇间功率分配方法，最后根据簇间功率分配的结果为每个用户分配功率。

7.8.2 单簇内最大公平的功率分配

对于第 i 个小区中的第 m 个簇，在保证 SIC 的情况下，最大公平的功率分配的目标函数可表示为

$$\max_{p_{ijm}}\min\{r_{ijm}, j = 1, 2, \cdots, J\}$$

$$\text{s. t. } \sum_{j=1}^{J} p_{ijm} = q_{im} \tag{7-76}$$

式中，约束条件表示第 i 个小区中的第 m 个簇的总功率为 q_{im}。

由文献［15］可得出，单个簇的功率与该簇内每个用户的速率之间的关系可以表示为

$$q_{im} = 2\sum_{j=1}^{J}(2^{\frac{r_{ijm}}{B}} - 1)\sum_{s=1}^{j-1}\frac{r_{ism}}{B}\frac{\sum\limits_{k \in I/\{i\}}|h_{k,ijm}|^2 q_{km} + \sigma^2}{|h_{i,ijm}|^2} \tag{7-77}$$

最大公平的功率分配使得该簇内每个用户的速率都相同，即 $r_{i1m} = r_{i2m} = \cdots = r_{iJm}$，不妨用 r_{im} 表示 r_{ijm}，$j = 1, 2, \cdots, J$，此时式(7-77) 可以转化为

$$q_{im} = (2^{\frac{r_{im}}{B}} - 1)\sum_{j=1}^{J}2\sum_{s=1}^{j-1}\frac{r_{im}}{B}\frac{\sum\limits_{k \in I/\{i\}}|h_{k,ijm}|^2 q_{km} + \sigma^2}{|h_{i,ijm}|^2} \tag{7-78}$$

以 r_{im} 作为未知变量，在 MATLAB 中求解式(7-79) 中的方程，得到式(7-80)。式(7-80) 给出了以最大公平为准则分配功率时，该簇内每个用户的速率与该簇的总功率之间的关系。由于式(7-80) 中函数的表达式较长，故不在此列出具体公式。

$$q_{im} - (2^{\frac{r_{im}}{B}} - 1)\sum_{j=1}^{J}2\sum_{s=1}^{j-1}\frac{r_{im}}{B}\frac{\sum\limits_{k \in I/\{i\}}|h_{k,ijm}|^2 q_{km} + \sigma^2}{|h_{i,ijm}|^2} = 0 \tag{7-79}$$

$$r_{im} = f_{im}(q_{km}, h_{k,ijm}, \sigma^2, j = 1, 2, \cdots, J, \quad k = 1, 2, \cdots, I) \tag{7-80}$$

7.8.3 多小区内最大公平的功率分配

式(7-80) 给出了单个簇内每个用户的速率与该簇总功率之间的关系。然而，单簇内最大公平的功率分配不能直接应用于多小区中，应为簇间的功率相互制约且小区间相互干扰。因此，本小节给出了一种基于以最大公平为准则的基于迭代的多小区内的功率分配方法。

第 i 个小区中的第 m 个簇中的所有用户的速率都相同且为 r_{im} 时，可将式(7-75) 中的优化问题简化为

$$\underset{q_{im}}{\text{maxmin}}\{f_{im}(q_{km},h_{k,ijm},\sigma^2,j=1,2,\cdots,J, \quad k=1,2,\cdots,I),m=1,2,\cdots,M,i=1,2,\cdots,I\}$$

$$\text{s. t.} \sum_{m=1}^{M} q_{im} \leqslant P_i^{\max}, \quad \forall i \in I \tag{7-81}$$

其中，约束条件表示同一小区内簇的功率之和不能超过 $P_i^{\max}$。

式(7-75) 中的优化问题要求 IJM 个用户的功率，而式(7-81) 中的优化问题仅求出 IM 个用户的功率，因此，式(7-81) 是式(7-75) 的一种简化表达形式。但是，无法直接给出式(7-81) 的闭式解，为此接下来给出一种迭代的簇间功率分配方案。该方案的思路如下：首先为每个簇分配初始功率 q_{im}；由 q_{im} 计算第 i 个小区中第 m 个簇内所有用户速率相等时的 r_{im}，找出 $\{r_{im}, i=1, 2, \cdots, I, m=1, 2, \cdots, M\}$ 中的最大元素及最小元素，分别用 r_{la} 和 r_{nb} 表示，若 $|r_{la}-r_{nb}|>\varepsilon$，分别调整第 l 个小区和第 n 个小区内簇的功率。然后，根据新的功率再次计算得到第 i 个小区中第 m 个簇的所有用户速率相等时的 r_{im}，找出此时速率中的最大值和最小值并继续调整功率，直到本次迭代时的最小功率低于前一次迭代时的最小功率。迭代的簇间功率分配方案的具体步骤如下。

步骤 1：首先将每个基站的功率平均分配给该小区内的所有簇，即为第 i 个小区的第 m 个簇分配功率 $q_{im}=P_i^{\max}/M$，令 $t=1$。

步骤 2：将 q_{im} 代入式(7-80)，计算第 i 个小区中第 m 个簇内所有用户速率相等时的 r_{im}

并组成矩阵 $mv_t = \begin{bmatrix} r_{11}, & r_{12}, & \cdots, & r_{1M} \\ & & \vdots & \\ r_{i1}, & r_{i2}, & \cdots, & r_{iM} \\ & & \vdots & \\ r_{I1}, & r_{I2}, & \cdots, & r_{IM} \end{bmatrix}$, $i=1, 2, \cdots, I, m=1, 2, \cdots, M$; 用变量 last-

minmv 表示 mv_t 中的最小元素。

步骤 3：找出 mv_t 中最大元素及最小元素，分别用 r_{la} 和 r_{nb} 表示，其中，r_{la} 和 r_{nb} 的第一个下标表示该元素所在的行即对应的簇所在小区的序号，第二个下标表示该元素所在的列即对应的簇在该小区内的序号。

步骤 4：若 $l=n$，则增加 r_{nb} 对应的簇的功率同时减少 r_{la} 对应的簇的功率，即令 $q_{la}=q_{la}-\theta$ 且 $q_{nb}=q_{nb}+\theta$，θ 是预先设置的一个非常小的正数，执行步骤8，否则，执行步骤5~步骤8。

步骤 5：找出 mv_t 中第 l 行的最小元素 r_{lb} 和第 n 行中的最大元素 r_{na}。

步骤 6：调整第 l 个小区中簇的功率，减少第 l 行中最大元素对应簇的功率同时增加该行中最小元素对应簇的功率，分别用簇 la 和簇 lb 表示最大元素和最小元素对应的簇，令 $q_{la} = q_{la} - \theta$ 且 $q_{lb} = q_{lb} + \theta$。

步骤 7：调整第 n 个小区中的簇的功率，减少第 n 行最大元素对应簇的功率同时增加该行中最小元素对应簇的功率，分别用簇 na 和簇 nb 表示最大元素和最小元素对应的簇，令 $q_{na} = q_{na} - \theta$ 且 $q_{nb} = q_{nb} + \theta$。

步骤 8：令 $t = t + 1$，根据新的功率再次计算得到第 i 个小区中第 m 个簇的所有用户速率相等时的 $r_{im}(i = 1, 2, \cdots, I, m = 1, 2, \cdots, M)$ 并组成矩阵 mv_t，用变量 minmv 表示 mv_t 中的最小元素，若 minmv > lastminmv，则令 lastminmv = minmv 且重复步骤 3 至步骤 8，直至 minmv < lastminmv。

该算法首先将每个基站的总功率平均分配给该小区的所有簇，然后将功率和信道代入式(7-80) 得到在该功率分配下每个簇的用户的速率，将这些速率组成矩阵 mv_t，mv_t 的每一行的元素代表单个小区内多个簇内用户的速率。找出 mv_t 中的最大元素和最小元素，若两者在同一行中，表示速率最大的簇和速率最小的簇在同一个小区内，则调整这两个簇的功率，增大最小元素对应簇的功率同时减小最大元素对应簇的功率，若两者不在同一行中，表示速率最高的簇和速率最低的簇分别在两个小区中，则需要调整这两个小区的功率。分别找出这两个小区中最高速率对应的簇和最低速率对应的簇，分别调整这两个簇的功率。调整功率后再一次计算单个簇的速率，若本次的最低速率高于上次的最低速率，则继续迭代以提高最低速率，否则停止迭代，前一次迭代时的功率即为最大公平的功率。

7.8.4 仿真结果

本小节仿真了所提方案的用户最低速率，并与平均分配功率时的用户最低速率做比较。仿真图中，实线表示所提方案的用户最低功率，虚线表示平均分配功率时的用户最低速率，图例括号中的三个参数分别表示 I、J 和 M，横坐标表示单个基站端的信噪比。假定信道服从独立的瑞利分布，高斯白噪声的均值为 0，方差为 1。

图 7-16 中，I 和 J 的取值均为 2，M 的取值分别为 2、3 和 4。从图 7-16 能看出，I 和 J 相同时，M 越小，最低速率越高。原因在于：单个基站的总功率相同时，簇个数越少，分配给单个簇的功率越高，从而最低速率越高。从图 7-16 还能看出，所提方案的最低速率高

于平均分配功率时的用户最低速率，从而所提方案提高了用户间的公平性。

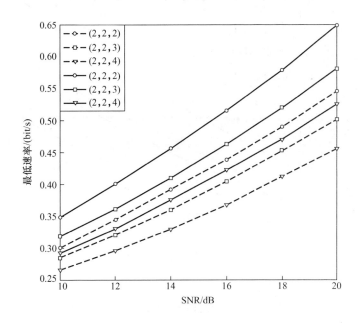

图 7-16 *M* 变化时两种方案的用户最低速率

图 7-17 中，*I* 和 *M* 的取值均为 2，*J* 的取值分别为 2、3 和 4。从图 7-17 能看出，*I* 和 *M* 相同时，*J* 越小，最低速率越高，*J* 越大，最低速率越低。原因在于：单个基站的总功率和簇数量相同时，分配给单个簇的功率相同，单个簇内的用户数越多，干扰越大，从而用户的最低速率越低。从图 7-17 还能看出，所提方案的最低速率高于平均分配功率时的用户最低速率，从而所提方案提高了用户间的公平性。比较图 7-16 和图 7-17 可看出，(*I*，*J*，*M*) = (2，2，3) 时的最低速率高于 (*I*，*J*，*M*) = (2，3，2) 时的最低速率，原因在于，前者每个簇包含两个用户，后者的每个簇中包含 3 个用户，即前者使用的频段较多，干扰相对较少，从而提高了用户的最低速率。

图 7-18 中，*M* 和 *J* 的取值均为 2，*I* 的取值分别为 2、3 和 4。从图 7-17 能看出，*M* 和 *J* 相同时，*I* 越小，最低速率越高，*I* 越大，最低速率越低。原因在于，*I* 越小，基站越少，用户间的干扰越少，从而最低速率越高。比较图 7-16 和图 7-18 可看出，(*I*，*J*，*M*) = (3，2，2) 时的最低速率高于 (*I*，*J*，*M*) = (2，2，3) 时的最低速率，原因在于，前者共有 3 个基站，后者共有 2 个基站，单个基站的功率相同且总的用户数相同时，前者的总功率较高，从而提高了用户的最低速率。

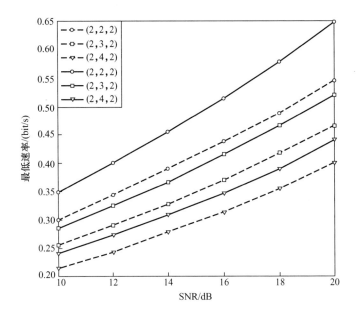

图 7-17　*J* 变化时两种方案的用户最低速率

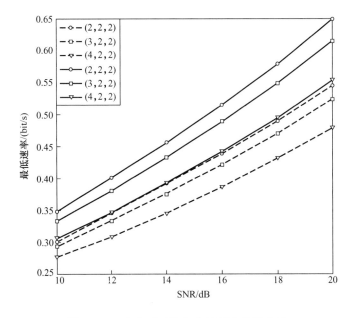

图 7-18　*I* 变化时两种方案的用户最低速率

7.9　本章小结

本章研究了下行 NOMA 系统中的功率分配方案，对于多簇且每个簇包含多用户的单小区下行 NOMA 系统，给出了最大公平、最大化总速率、最大化能量效率以及最大化速率与能量效率折中的功率分配方案，对于多小区下行 NOMA 系统，给出了最大公平的功率分配方案。仿真结果显示，所提方案的性能优于相同场景中的已有方案。所提方案的不足之处在于以下两点：其一，没有进行子信道分配以进一步提高系统的性能；其二，没有考虑到硬件损耗以及非理想 CSI 对系统性能的影响。

参 考 文 献

[1]　LI Q,NIU H,PAPATHANASSIOU A T,et al. 5G network capacity：key elements and technologies[J]. IEEE Veh. Technol. Mag.,2014,9(1)：71-78.

[2]　DAI L,WANG B,YUAN Y,et al. Non-orthogonal multiple access for 5G：solutions,challenges,opportunities, and future research trends[J]. IEEE Commun. Mag.,2015,53(9)：74-81.

[3]　DING Z,LIU Y,CHOI J,et al. Application of non-orthogonal multiple access in LTE and 5G networks[J]. IEEE Commun. Mag.,2017,55(2)：185-191.

[4]　BI Q,LIANG L,YANG S. Non-orthogonal multiple access technology for 5G systems[J]. Telecommunications Science,2015,31(5)：20-27.

[5]　ISLAM S M R,AVAZOV N,DOBRE O A,et al Power-domain non-orthogonal multiple access(NOMA) in 5G Systems：potentials and challenges[J]. IEEE Commun. Surveys & Tutorials,2016,19(2)：721-742.

[6]　CHOI J. Power allocation for max-sum rate and max-min rate proportional fairness in NOMA[J]. IEEE Commun. Lett.,2016,20(10)：2055-2058.

[7]　LIU F,MAHONEN P,PETROVA M. Proportional fairness-based power allocation and user set selection for downlink NOMA systems[C]// IEEE ICC,2016：1-6.

[8]　ZENG M,YADAV A,DOBRE OA,et al. Energy-efficient power allocation for MIMO-NOMA with multiple users in a cluster[J]. IEEE Access,2018,6(5)：5170-5181.

[9]　WANG J,XU H,FAN L,et al. Energy-efficient joint power and bandwidth allocation for NOMA systems[J]. IEEE Commun. Lett.,2018,22(4)：780-783.

[10]　FANG F,ZHANG H,CHENG J,et al. Joint user scheduling and power allocation optimization for energy-efficient NOMA systems with imperfect CSI[J]. IEEE J. Sel. Areas Commun.,2017,35(12)：2874-2885.

［11］　ABBASI Z Q A,SO D K C. Power allocation for sum rate maximization in non-orthogonal multiple access system［C］// IEEE PIMRC. 2015:1839-1843.

［12］　TSAI Y,WEI H. Quality-balanced user clustering schemes for non-orthogonal multiple access systems［J］. IEEE Commun. Lett.,2018,22(1):113-116.

［13］　CHEN R,WANG X,XU Y. Power allocation optimization in MC-NOMA systems for maximizing weighted sum-rate［C］// The 24th Asia-Pacific Conference on Communications(APCC). 2018.

［14］　ALI M,TABASSUM H,HOSSAIN E. Dynamic user clustering and power allocation for uplink and downlink non-orthogonal multiple access(NOMA) systems［J］. IEEE Access,2016(4):6325-6343.

［15］　YANG Z,PAN C,XU W. Power control for multi-cell networks with non-orthogonal multiple access［J］. IEEE Trans. Wireless Commun.,2018,17(2):927-942.

第 8 章

理想硬件单小区上行 NOMA 的功率
分配方法

　　本章研究了单小区上行 NOMA 系统中的功率分配方案。对于包含任意用户的单簇单小区上行 NOMA 系统，以单个用户的速率需求作为约束条件，以最大化权重总速率和最大化能量效率为目标，建立相应的功率分配优化问题，解决优化问题得到满足目标的功率分配。仿真结果显示所提方案的性能优于相同场景中的已有方案。

8.1　研究背景

　　随着物联网和互联网的快速发展，智能终端日渐普及，对移动通信系统的连接数密度、流量密度、用户体验速率、峰值速率、时延、移动性等要求越来越高。同时，日益短缺的频谱资源限制了大规模智能终端的连接。因此，在面对海量用户接入时，引入了非正交多址接入（NOMA）技术。功率域复用的 NOMA 技术是 5G 网络的候选技术之一，在满足 5G 对频谱效率的需求的同时，还可以满足低时延、高可靠性、大规模连接等需求[1-3]。NOMA 技术引入了一个新的维度即功率域[3]，将多个用户的信号叠加在相同的时频资源上，接收端接收到信号后采用连续干扰消除（SIC）技术以减少用户间的干扰，从而实现多址接入[4,5]。功率分配不仅关系到各用户信号的检测次序，还影响到系统的可靠性和有效性，因此，NOMA 系统中的功率分配是近年的研究热点之一。

　　文献［6-10］研究了上行 NOMA 系统的功率分配方案。对于多簇且每个簇包含两用户的上行 NOMA 系统，文献［7］利用图论中的最大加权独立集方法求解了最大化系统和速率的功率分配。文献［8］分别研究了单簇和多簇 NOMA 系统中最大化系统和速率的功率分配方案。然而，文献［6-8］没有考虑到用户的权重。对于多簇且每个簇包含任意用户的上行 NOMA 系统，文献［9］推导了最大化系统权重能量效率的功率分配方案。对于多簇且每个簇包含两个用户的上行 NOMA 系统，文献［10］利用拉格朗日对偶方法求解出最大化系统权重和速率的各用户功率，然而，该文献假定近距离用户的权重高于远距离用户的权重。

　　对于包含任意用户的单个 NOMA 簇，文献［6］以用户最低速率需求和用户传输功率作为约束条件，以最大化能量效率作为目标，提出一种基于丁克尔巴赫算法的功率分配方案。对于多簇且每个簇包含任意用户 NOMA 系统，文献［11］提出了最大化能量效率的功率分配方案，然而该文献没有考虑用户的最低速率需求。

　　针对以上研究的不足，本章节研究了单小区下行 NOMA 系统中的功率分配方案，其主要研究工作总结如下：

1）建立最大化权重和速率的功率分配优化问题，对于权重递增或递减的情况，分别给出了最大化权重和速率的功率分配方法。

2）建立最大化能量效率的功率分配优化问题，对于单个簇，基站采用二分法找到该簇的功率不受限制时最大化该簇能量效率的功率，然后基于此结果，给出一种迭代的簇间功率分配方法，根据簇间功率分配的结果为每个用户分配功率。

8.2　上行 NOMA 系统模型

如图 8-1 所示，考虑包含 1 个基站和 M 个用户的单小区上行 NOMA 系统，基站和用户都配置单根天线。用 u_m 表示第 m 个用户，$m = 1, 2, \cdots, M$。所有的用户使用相同的频段，u_m 到基站的信道为 h_m，$|h_1|^2 \geqslant |h_2|^2 \geqslant \cdots \geqslant |h_M|^2$。$u_m$ 的功率为 p_m，$p_m \leqslant p_m^{\max}$，$p_m^{\max}$ 是用户 u_m 最大的发送功率。

用 y 表示基站的接收信号，y 的表达形式为

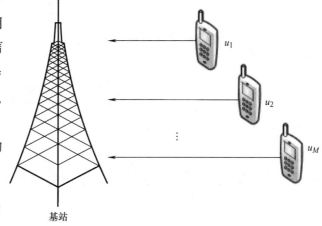

图 8-1　单小区上行 NOMA 系统模型

$$y = \sum_{m=1}^{M} \sqrt{p_m} h_m x_m + n \quad (8\text{-}1)$$

式中，x_m 是 u_m 的发送信号；n 是基站接收到的高斯白噪声，均值为 0，方差为 σ^2。

与文献 [6] 相同，基站按信号强度递减的顺序依次检测每个用户的发送信号并消减该信号带来的干扰。

u_1 首先检测出 x_1，并消除该信号对 y 造成的干扰，然后再检测 x_2，并消除该信号对 y 造成的干扰，依次检测其他信号并消除这些信号对 y 造成的干扰，直至检测出 x_M。基站检测 x_m 时的信干噪比（SINR）为

$$\mathrm{SINR}_{x_m} = \frac{p_m |h_m|^2}{\displaystyle\sum_{i=m+1}^{M} p_i |h_i|^2 + \sigma^2} \quad (8\text{-}2)$$

假定单个用户的最低单位带宽速率需求为 $R^{\min}$，该速率对应的信干噪比为 c，则 $c =$

$2^{R^{\min}} - 1$，SINR_{x_m} 要满足

$$\frac{p_m |h_m|^2}{\displaystyle\sum_{i=m+1}^{M} p_i |h_i|^2 + \sigma^2} \geqslant c \tag{8-3}$$

由此可推出，p_m 的取值满足

$$p_m \geqslant c \left(\sum_{i=m+1}^{M} \frac{p_i |h_i|^2}{|h_m|^2} + \frac{\sigma^2}{|h_m|^2} \right) \tag{8-4}$$

根据式(8-2)，u_m 的单位带宽速率 R_m 的表达形式为

$$R_m = \log_2 \left(1 + \frac{p_m |h_m|^2}{\displaystyle\sum_{i=m+1}^{M} p_i |h_i|^2 + \sigma^2} \right) \tag{8-5}$$

系统中 M 个用户的单位带宽权重和速率为

$$R_m = \sum_{m=1}^{M} \omega_m \log_2 \left(1 + \frac{p_m |h_m|^2}{\displaystyle\sum_{i=m+1}^{M} p_i |h_i|^2 + \sigma^2} \right) \tag{8-6}$$

式中，ω_m 是 u_m 的权重。

8.3　最大化权重和速率的功率分配方案

目前，对于包含任意用户的上行 NOMA 系统，尚未有学者研究最大化权重和速率的功率分配方法。为此，本节提出了包含任意用户的上行单簇 NOMA 系统中最大化权重和速率的功率分配方案。以单个用户的最大发送功率和用户的最低速率需求作为约束条件，建立最大化权重和速率的功率分配优化问题，对于权重递增或递减的情况，分别给出了最大化权重和速率的功率分配方法。仿真结果显示，当用户的权重不相等时，所提方案的系统权重和速率优于相同场景中的已有方法。上行系统中的多个簇采用正交频段时，不同簇用户间的功率不存在制约关系，单簇的功率分配方案可直接应用于多簇场景中的每个簇。

8.3.1　最大化权重和速率的优化问题

所提方案的目标是：在满足每个用户最低单位带宽速率需求下，通过分配适当的功

率，最大化系统的权重和速率。功率分配的目标可表示为

$$\max_{p_m} \sum_{m=1}^{M} \omega_m \log_2 \left(1 + \frac{p_m |h_m|^2}{\sum_{i=m+1}^{M} p_i |h_i|^2 + \sigma^2} \right) \tag{8-7}$$

$$\text{s. t. } C1: p_m \leqslant p_m^{\max}, \quad \forall m$$

$$C2: R_m \geqslant R^{\min}, \quad \forall m$$

式中，$C1$ 表示每个用户的发送功率不能超过 $p_m^{\max}$；$C2$ 表示 u_m 的单位带宽速率不低于 $R^{\min}$。

本小节推导了在满足 u_m 的最低单位带宽速率需求的条件下，p_m 的取值范围，$m = 1$，2，$\cdots$，M。

令式(8-4) 中的 $m = M$，可推出 p_M 的取值范围满足

$$p_M \geqslant c\alpha_M \tag{8-8}$$

式中，$\alpha_m = \dfrac{\sigma^2}{|h_m|^2}$，$m = 1$，$2$，$\cdots$，$M$。令式(8-4) 中的 $m = M - 1$，可推出 $p_{(M-1)}$ 的取值范围满足

$$p_{(M-1)} \geqslant c \left(\frac{p_M |h_M|^2}{|h_{(M-1)}|^2} + \frac{\sigma^2}{|h_{(M-1)}|^2} \right) \geqslant c(c+1)\alpha_{(M-1)} \tag{8-9}$$

令式(8-4) 中的 $m = M - 2$，可推出 $p_{(M-2)}$ 的取值范围满足

$$p_{(M-2)} \geqslant c \left(\frac{\sum_{u=0}^{1} p_{(M-u)} |h_{(M-u)}|^2 + \sigma^2}{|h_{(M-2)}|^2} \right) \geqslant c(c+1)^2 \alpha_{(M-2)} \tag{8-10}$$

令式(8-4) 中的 $m = M - 3$，可推出 $p_{(M-3)}$ 的取值范围满足

$$p_{(M-3)} \geqslant c \left(\frac{\sum_{u=0}^{2} p_{(M-u)} |h_{(M-u)}|^2 + \sigma^2}{|h_{(M-3)}|^2} \right) \geqslant c(c+1)^3 \alpha_{(M-3)} \tag{8-11}$$

令式(8-4) 中的 $m = M - 4$，可推出 $p_{(M-4)}$ 的取值范围满足

$$p_{(M-4)} \geqslant c \left(\frac{\sum_{u=0}^{3} p_{(M-u)} |h_{(M-u)}|^2 + \sigma^2}{|h_{(M-4)}|^2} \right) \geqslant c(c+1)^4 \alpha_{(M-4)} \tag{8-12}$$

采用归纳法可得，p_m 的取值满足式(8-13)。

$$p_m \geqslant c \left(\frac{\sum\limits_{u=0}^{M-m-1} p_{(M-u)} |h_{(M-u)}|^2 + \sigma^2}{|h_m|^2} \right) \geqslant c(c+1)^{M-m} \alpha_m \tag{8-13}$$

用 $p_m^{\min}$ 表示满足 u_m 的最低单位带宽速率需求时 u_m 所需的最低功率，$p_m^{\min}$ 的取值为

$$p_m^{\min} = c(c+1)^{M-m} \alpha_m \tag{8-14}$$

8.3.2 优化问题的求解

令 $G_m = \dfrac{|h_m|^2}{\sigma^2}$，$m = 1, 2, \cdots, M$，则式(8-7)中的优化问题可等价表示为

$$\max_{p_m} \sum_{m=1}^{M} \omega_m \log_2 \left(1 + \frac{p_m G_m}{\sum\limits_{i=m+1}^{M} p_i G_i + 1} \right) \tag{8-15}$$

$$\text{s. t. } C1: p_m \leqslant p_m^{\max}, \quad \forall m$$

$$C2: R_m \geqslant R^{\min}, \quad \forall m$$

将式(8-15)中系统的权重和速率等效表示为式(8-16)。

$$R^{\text{sum}} = \omega_1 \log_2 \left(1 + \sum_{m=1}^{M} p_m G_m \right) + \sum_{j=2}^{M} (\omega_j - \omega_{j-1}) \log_2 (1 + p_j G_j) \tag{8-16}$$

求 R^{sum} 关于 p_m 的偏导数，可得

$$\frac{\partial R^{\text{sum}}}{\partial p_m} = \frac{\omega_1 G_m}{\ln2 \left(1 + \sum\limits_{i=1}^{M} p_i G_i \right)} + \sum_{n=2}^{m-1} \frac{(\omega_n - \omega_{n-1}) G_m}{\ln2 \left(1 + \sum\limits_{l=n}^{M} p_l G_l \right)} + \frac{(\omega_m - \omega_{m-1}) G_m}{\ln2 \left(1 + \sum\limits_{j=m}^{M} p_j G_j \right)} \tag{8-17}$$

由于 $\dfrac{\partial R^{\text{sum}}}{\partial p_1} = \dfrac{\omega_1 G_1}{\ln2 \left(1 + \sum\limits_{i=1}^{M} p_i G_i \right)} > 0$ 恒成立，所以 R^{sum} 是 p_1 的单调递增函数，系统权

重和速率最大时，u_1 的最优功率为 $p_1 = p_1^{\max}$。

$m = 2, \cdots, M$ 时，$\dfrac{\partial R^{\text{sum}}}{\partial p_m}$ 是否大于 0 与权重有关，接下来给出在不同权重场景下最大化系统权重和速率的功率分配方案。

Case1： $\omega_{m-1} \leqslant \omega_m$，$m = 2, \cdots, M$

$\omega_{m-1}\leqslant\omega_m$ 时，$\dfrac{\partial R^{sum}}{\partial p_m}>0$ 恒成立，即 R^{sum} 是 p_m 的单调递增函数，由于 $p_m^{min}\leqslant p_m\leqslant p_m^{max}$，当 $p_m=p_m^{max}$ 时，R^{sum} 达到最大值。

综上，若 $\omega_{m-1}\leqslant\omega_m$，用户 u_m 的发送功率为 p_m^{max} 时，系统的权重和速率最大。

Case2：$\omega_{m-1}>\omega_m$，$m=2$，$\cdots$，M

如果 $\dfrac{\partial R^{sum}}{\partial p_m}>0$，则有

$$\omega_m > \sum_{x=1}^{m-2}\omega_x\frac{\left(1+\sum_{j=m}^{M}p_jG_j\right)p_xG_x}{\left(1+\sum_{k=x}^{M}p_kG_k\right)\left(1+\sum_{s=x+1}^{M}p_sG_s\right)}+\omega_{m-1}\frac{p_{m-1}G_{m-1}}{1+\sum_{i=m-1}^{M}p_iG_i} \tag{8-18}$$

接下来通过 p_i 与 p_M 的关系，$i=1$，2，$\cdots$，$M-1$，将式(8-18) 中大于号右边的部分表示为 p_M 的函数。令式(8-4) 中的 $m=M-1$，可推出

$$p_{M-1}\geqslant c\left(\frac{p_M|h_M|^2+\sigma^2}{|h_{(M-1)}|^2}\right) \tag{8-19}$$

令式(8-4) 中的 $m=M-2$，可推出

$$p_{M-2}\geqslant c\left(\frac{p_{M-1}|h_{M-1}|^2+p_M|h_M|^2+\sigma^2}{|h_{(M-2)}|^2}\right)\geqslant c(c+1)\frac{p_M|h_M|^2+\sigma^2}{|h_{(M-2)}|^2} \tag{8-20}$$

令式(8-4) 中的 $m=M-3$，可推出

$$p_{M-3}\geqslant c\left(\frac{p_{M-2}|h_{M-2}|^2+p_{M-1}|h_{M-1}|^2}{|h_{(M-3)}|^2}+\frac{+p_M|h_M|^2+\sigma^2}{|h_{(M-3)}|^2}\right)\geqslant c(c+1)^2\frac{p_M|h_M|^2+\sigma^2}{|h_{(M-3)}|^2} \tag{8-21}$$

依次类推，可得出

$$p_m\geqslant c(c+1)^{M-m-1}\frac{p_M|h_M|^2+\sigma^2}{|h_m|^2} \tag{8-22}$$

式中，$m=1$，2，$\cdots$，$M-1$。

将式(8-18) 中大于号右侧定义为 p_i 的函数 $g(p_i,\ i=1,\ 2,\ \cdots,\ M)$，推导能得出，$g(p_i,\ i=1,\ 2,\ \cdots,\ M)$ 是 p_i 的单调递增函数。结合式(8-22)，将式(8-18) 转化为式(8-23)，

$$\omega_m > \sum_{x=1}^{m-2} \omega_x \frac{1 + \sum_{j=m}^{M-1} c(c+1)^{M-j-1} \frac{p_M G_M + 1}{G_j} + \frac{c}{G_M}}{1 + \sum_{k=x}^{M-1} c(c+1)^{M-k-1} \frac{p_M G_M + 1}{G_k} + \frac{c}{G_M}} \times \frac{c(c+1)^{M-x-1} \frac{p_M G_M + 1}{G_x}}{1 + \sum_{s=x+1}^{M-1} c(c+1)^{M-s-1} \frac{p_M G_M + 1}{G_s} + \frac{c}{G_M}}$$

$$+ \omega_{m-1} \frac{c(c+1)^{M-m} \frac{p_M G_M + 1}{G_{m-1}}}{1 + \sum_{i=m-1}^{M-1} c(c+1)^{M-i-1} \frac{p_M G_M + 1}{G_i} + \frac{c}{G_M}} \tag{8-23}$$

将式（8-23）大于号右侧的部分定义为 p_M 的函数 $f(p_M)$，求 $f(p_M)$ 关于 p_M 的导数可得，$\frac{\partial f(p_M)}{\partial p_M} > 0$ 恒成立，即 $f(p_M)$ 是 p_M 的单调递增函数。由于 $p_M^{\min} \leqslant p_M \leqslant p_M^{\max}$，$f(p_M^{\min}) \leqslant f(p_M) \leqslant f(p_M^{\max})$，因此，$\omega_m \geqslant f(p_M^{\max})$ 时，$\frac{\partial R^{\mathrm{sum}}}{\partial p_m} > 0$ 恒成立，即 R^{sum} 是 p_m 的单调递增函数，当 $p_m = p_m^{\max}$ 时，R^{sum} 达到最大值。

同理可知，如果 $\frac{\partial R^{\mathrm{sum}}}{\partial p_m} < 0$，则有

$$\omega_m < f(p_M) \tag{8-24}$$

由于 $f(p_M^{\min}) \leqslant f(p_M) \leqslant f(p_M^{\max})$，当 $\omega_m < f(p_M^{\min})$ 时，$\frac{\partial R^{\mathrm{sum}}}{\partial p_m} < 0$ 恒成立，R^{sum} 是 p_m 的单调递减函数，当 $p_m = p_m^{\min}$ 时，R^{sum} 达到最大值。

当 ω_m 的取值范围在 $\left[f(p_M^{\min}), f(p_M^{\max}) \right]$ 时，无法判断 ω_m 是否大于 $g(p_i, i=1, 2, \cdots, M)$，从而无法直接为该簇分配功率。接下来给出一种迭代的功率分配方法，步骤如下。

步骤 1：计算 $f(p_M^{\min})$ 和 $f(p_M^{\max})$ 的值，对于任意簇，若 $\omega_m < f(p_M^{\min})$，则为用户分配功率 $p_m^{\min}$，将该用户放入集合 B 中；若 $\omega_m > f(p_M^{\max})$，则为用户分配功率 $p_m^{\max}$，将该用户放入集合 B 中；若满足 $f(p_M^{\min}) \leqslant \omega_m \leqslant f(p_M^{\max})$，则为用户分配最小功率 $p_m^{\min}$，将该用户放入集合 A 中。依次将为用户分配的功率放入集合 Q_1 中，令 $k=1$。

步骤 2：将 Q_k 中的功率代入 $g(p_i, i=1, 2, \cdots, M)$，对于集合 A 中的任意用户 u_n，若 $\omega_n > g(p_i, i=1, 2, \cdots, M)$，则为用户 u_n 重新分配功率 $p_n^{\max}$，否则为用户 u_n 重新分配功率 $p_n^{\min}$，令 $k=k+1$，依次将为用户分配的功率放入集合 Q_k 中。

步骤 3：重复步骤 2，直至集合 $Q_{k-1} = Q_k$。

8.3.3 仿真结果

本节仿真了不同用户权重下所提方案的系统权重和速率，并与文献［8］中的最大化和速率方案进行了比较。假定单个簇中的用户数 M 分别为 2、3 和 4，信道服从独立的瑞利分布，高斯白噪声的均值为 0、方差为 1。

图 8-2 仿真了 $\omega_{m-1}<\omega_m$ 时两种方案的系统权重和速率。参数设置如下：$M=2$ 时，$\omega_1=0.6$，$\omega_2=1.4$；$M=3$ 时，$\omega_1=0.4$，$\omega_2=1.1$，$\omega_3=1.5$；$M=4$ 时，$\omega_1=0.4$，$\omega_2=0.5$，$\omega_3=1.5$，$\omega_4=1.6$。图例括号中的参数表示用户数 M，图 8-3 和图 8-4 中的图例也采用此种表示方法。图 8-2 中所提方案用实线表示，对比方案用虚线表示。从图 8-2 中能看出，随着用户数 M 的增加，所提方案的系统权重和速率随之增加。原因在于：随着 M 的增加，更多的用户使用了相同的频段，提高了频段利用率，从而能提高权重和速率。从图 8-2 中还能看出，M 分别为 2、3 和 4 且信噪比（SNR）范围为 18～30dB 时，所提方案的系统权重和速率均高于对比方案。SNR 为 30dB 且 $M=2$ 时所提方案的权重和速率比对比方案大约提高了 $2.2\mathrm{bit}\cdot\mathrm{s}^{-1}\cdot\mathrm{Hz}^{-1}$；$M=3$ 和 $M=4$ 时所提方案的权重和速率比对比方案分别提高了 $2.7\mathrm{bit}\cdot\mathrm{s}^{-1}\cdot\mathrm{Hz}^{-1}$ 和 $3.3\mathrm{bit}\cdot\mathrm{s}^{-1}\cdot\mathrm{Hz}^{-1}$。原因在于：所提方案能最大化 $\omega_{m-1}<\omega_m$ 时系统的权重和速率，而对比方案只能最大化用户的权重相同时系统的和速率。

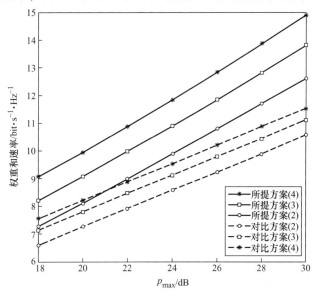

图 8-2 $\omega_{m-1}<\omega_m$ 时两种方案的系统权重和速率

图 8-3 仿真了 $\omega_{m-1} > \omega_m$ 时两种方案的系统权重和速率。参数设置如下：$M=2$ 时，$\omega_1 = 1.1$，$\omega_2 = 0.9$；$M=3$ 时，$\omega_1 = 1.3$，$\omega_2 = 1.2$，$\omega_3 = 0.5$；$M=4$ 时，$\omega_1 = 1.8$，$\omega_2 = 1.7$，$\omega_3 = 0.3$，$\omega_4 = 0.2$。从图 8-3 中能看出，随着用户数 M 的增加，所提方案系统的权重和速率随之增加。从图 8-3 中还能看出，M 分别为 2、3 和 4 时，所提方案系统的权重和速率均高于对比方案。SNR 为 30dB 且 $M=2$ 时所提方案的权重和速率比对比方案大约提高了 $0.5\mathrm{bit} \cdot \mathrm{s}^{-1} \cdot \mathrm{Hz}^{-1}$；$M=3$ 和 $M=4$ 时，所提方案的权重和速率比对比方案分别提高了 $1.8\mathrm{bit} \cdot \mathrm{s}^{-1} \cdot \mathrm{Hz}^{-1}$ 和 $3.7\mathrm{bit} \cdot \mathrm{s}^{-1} \cdot \mathrm{Hz}^{-1}$。

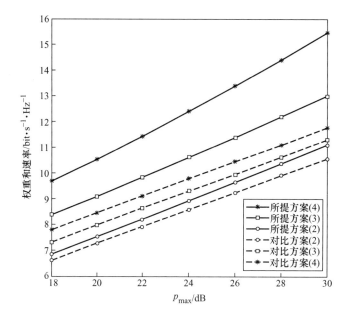

图 8-3 $\omega_{m-1} > \omega_m$ 时两种方案的系统权重和速率

图 8-4 仿真了 $\omega_{m-1} = \omega_m$ 时两种方案的系统权重和速率。假定 $\omega_{m-1} = \omega_m = 1$，$m=2$，$\cdots$，$M$，从图 8-4 中能看出，随着用户数 M 的增加，所提方案的系统权重和速率随之增加。从图 4 中还能看出，M 分别为 2、3 和 4，所提方案的系统权重和速率均低于对比方案，原因在于：当 $\omega_{m-1} = \omega_m = 1$ 时，相当于不考虑用户权重，然而，所提方案考虑了单个用户的最低速率需求，对比方案并没有考虑单个用户的最低速率需求。尽管对比方案系统的权重和速率均高于所提方案，但是，从图 8-4 可以看出，当 SNR 为 30dB 且 M 分别为 2、3 和 4 时，对比方案的权重和速率比所提方案仅分别提高了 $0.4\mathrm{bit} \cdot \mathrm{s}^{-1} \cdot \mathrm{Hz}^{-1}$、$0.6\mathrm{bit} \cdot \mathrm{s}^{-1} \cdot \mathrm{Hz}^{-1}$ 和 $0.7\mathrm{bit} \cdot \mathrm{s}^{-1} \cdot \mathrm{Hz}^{-1}$。

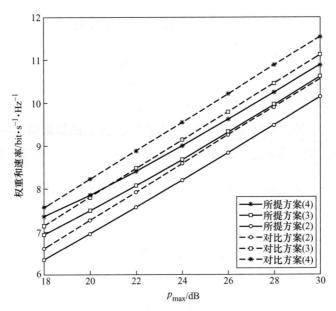

图 8-4　$\omega_{m-1} = \omega_m$ 时两种方案的系统权重和速率

8.4　最大化能量效率的功率分配

本节提出了上行 NOMA 系统中最大化能量效率的功率分配方法，适用于包括 1 个基站和 MK 个用户的上行 NOMA 系统，且基站和用户都配置单天线。基站根据信道条件以及每个用户的最低速率需求计算每个用户所需的最低功率以及每个簇所需的最低功率，对于每个簇，基站采用二分法找到该簇的功率不受限制时最大化该簇能量效率的功率，然后基于此结果，给出一种迭代的簇间功率分配方法，根据簇间功率分配的结果为每个用户分配功率。

8.4.1　最大化能量效率的优化问题

系统模型如图 8-1 所示，不考虑用户权重时，用户的和速率为

$$R^{\text{sum}} = \sum_{m=1}^{M} \log_2 \left(1 + \frac{p_m |h_m|^2}{\sum_{i=m+1}^{M} p_i |h_i|^2 + \sigma^2} \right) = \log_2 \left(1 + \sum_{m=1}^{M} p_m G_m \right) \tag{8-25}$$

在满足每个用户最低单位带宽速率需求下，最大化能量效率的功率分配可表示为

$$p_{m,m=1,2,\cdots,M}^{\max} \quad \dfrac{\log_2\left(1 + \displaystyle\sum_{m=1}^{M} p_m G_m\right)}{\displaystyle\sum_{m=1}^{M} p_m} \tag{8-26}$$

$$\text{s. t.} \quad p_m^{\min} \leqslant p_m \leqslant p_m^{\max}$$

式中，$p_m^{\max}$ 是用户 u_m 最大的发送功率；$p_m^{\min}$ 是用户 u_m 所需的最低功率。若直接求解式(8-26) 中的优化问题，则要采取迭代的方法，复杂度极高。为此，先求解所有用户的总功率为某一常数，即 $\displaystyle\sum_{m=1}^{M} p_m = P$ 时最大的能量效率，然后再求解所有用户的总功率变化时最大的能量效率。

8.4.2　最大化能量效率的功率分配

$\displaystyle\sum_{m=1}^{M} p_m = P$ 时最大化能量效率的优化问题可以表示为

$$\max \log_2\left(1 + \sum_{m=1}^{M} p_m G_m\right)$$

$$\text{s. t.} \sum_{m=1}^{M} p_m = P \tag{8-27}$$

$$p_m^{\min} \leqslant p_m \leqslant p_m^{\max}$$

式(8-27) 所示的优化问题等效于最大化 $\displaystyle\sum_{m=1}^{M} p_m G_m$。由于 $G_1 \geqslant G_2 \geqslant \cdots \geqslant G_M$，若不考虑约束条件，则 $p_1 = P$ 且 $p_i = 0(i=2,3,\cdots,M)$ 时，$\displaystyle\sum_{m=1}^{M} p_m G_m$ 达到最大值。然而，每个用户都有速率需求，因此，当第 2 个用户至第 M 个用户刚好满足最低速率需求，并且将其余的功率都分配给第一个用户时，$\displaystyle\sum_{m=1}^{M} p_m G_m$ 达到最大值。式(8-27) 所示的优化问题的解为

$$\begin{cases} p_m = p_m^{\min}, m = 2,3,\cdots,M \\ p_1 = \left[P - \displaystyle\sum_{m=2}^{M} p_m^{\min}\right]^{p_m^{\max}} \end{cases} \tag{8-28}$$

此时的能量效率为

$$e(P) = \frac{\log_2\left[1 + G_1\left(P - \sum_{m=2}^{M} p_m^{\min}\right) + \sum_{m=2}^{M} p_m^{\min} G_m\right]}{P} \tag{8-29}$$

式（8-26）所示的优化问题可以转化为

$$\max_P e(P) = \max_P \frac{\log_2\left[1 + G_1\left(P - \sum_{m=2}^{M} p_m^{\min}\right) + \sum_{m=2}^{M} p_m^{\min} G_m\right]}{P}$$

$$\text{s. t.} \sum_{m=1}^{M} p_m^{\min} \leqslant P \leqslant \sum_{m=1}^{M} p_m^{\max} \tag{8-30}$$

$$P - \sum_{m=2}^{M} p_m^{\min} \leqslant p_1^{\max}$$

约束条件 $P - \sum_{m=2}^{M} p_m^{\min} \leqslant p_1^{\max}$ 表示 u_1 的功率不能超高该用户的最高发送功率。由约束条件可

得，$P \leqslant \min\left\{\sum_{m=1}^{M} p_m^{\max}, p_1^{\max} + \sum_{m=2}^{M} p_m^{\min}\right\}$。

求 $e(P)$ 关于 P 的导数可得

$$\frac{\partial e(P)}{\partial P} = \frac{\dfrac{G_1 P}{\left[1 + G_1\left(P - \sum_{m=2}^{M} p_m^{\min}\right) + \sum_{m=2}^{M} p_m^{\min} G_m\right]\ln 2} - \log_2\left[1 + G_1\left(P - \sum_{m=2}^{M} p_m^{\min}\right) + \sum_{m=2}^{M} p_m^{\min} G_m\right]}{P^2} \tag{8-31}$$

令 $\delta = \sum_{m=2}^{M} p_m^{\min}$ 且 $\chi = 1 + \sum_{m=2}^{M} p_m^{\min} G_m$，式（8-31）可化为

$$\frac{\partial e(P)}{\partial P} = \frac{G_1 P - [G_1(P-\delta) + \chi]\ln 2\log_2[G_1(P-\delta) + \chi]}{P^2[G_1(P-\delta) + \chi]\ln 2} \tag{8-32}$$

用 $\beta(P)$ 表示式（8-32）等式右边的分子，求 $\beta(P)$ 关于 P 的导数可得

$$\frac{\partial \beta(P)}{\partial P} = G_1 P - [G_1 P - G_1\delta + \chi]\ln 2\log_2[G_1(P-\delta) + \chi] \tag{8-33}$$

计算可得，$P > \dfrac{2^{G_1\delta - \chi + 2} + G_1\delta - \chi}{G_1}$ 时，$\dfrac{\partial \beta(P)}{\partial P} < 0$，$P < \dfrac{1 + G_1\delta - \chi}{G_1}$ 时，$\dfrac{\partial \beta(P)}{\partial P} > 0$，因此，

必定存在 P^*，使得 $\dfrac{\partial \beta(P^*)}{\partial P} = 0$。当 $P < P^*$ 时，$\dfrac{\partial \beta(P)}{\partial P} > 0$，$\dfrac{\partial e(P)}{\partial P} > 0$，$e(P)$ 单调递增，

当 $P > P^*$ 时，$\frac{\partial \beta(P)}{\partial P} < 0$，$\frac{\partial e(P)}{\partial P} < 0$，$e(P)$ 单调递减，因此，$P = P^*$ 时，$e(P)$ 达到最大值。

无法给出 P^* 的闭合表达式，可采用二分法找到 P^*，具体步骤如下。

步骤一：令 $P_1 = \dfrac{1 + G_1 \delta - \chi}{G_1}$，$P_2 = \dfrac{2^{G_1 \delta - \chi + 2} + G_1 \delta - \chi}{G_1}$，用 P_0 表示 P_1 和 P_2 的中间值，即 $P_0 = \dfrac{P_1 + P_2}{2}$。

步骤二：将 P_0 代入式（8-33）计算 $\dfrac{\partial \beta(P_0)}{\partial P}$，若 $\dfrac{\partial \beta(P)}{\partial P} > 0$，令 $P_1 = P_0$ 且 $P_2 = \dfrac{2^{G_1 \delta - \chi + 2} + G_1 \delta - \chi}{G_1}$，执行步骤三；若 $\dfrac{\partial \beta(P)}{\partial P} < 0$，令 $P_1 = \dfrac{1 + G_1 \delta - \chi}{G_1}$ 且 $P_2 = P_0$，执行步骤三；若 $\dfrac{\partial \beta(P)}{\partial P} = 0$，则令 $P^* = P_0$，不再执行后面的步骤。

步骤三：令 $P_0 = \dfrac{P_1 + P_2}{2}$，重复步骤二，直至 $\left| \dfrac{\partial \beta(P_0)}{\partial P} \right| < \varepsilon$，$\varepsilon$ 是预先设定的非常小的正数。

采用二分法找到 P^* 后，若 $\sum\limits_{m=1}^{M} p_m^{\min} \geqslant P^*$，则 $P = \sum\limits_{m=1}^{M} p_m^{\min}$ 时，系统的能量效率最大。若 $\sum\limits_{m=1}^{M} p_m^{\min} < P^* \leqslant \min \left\{ \sum\limits_{m=1}^{M} p_m^{\max}, p_1^{\max} + \sum\limits_{m=2}^{M} p_m^{\min} \right\}$，则 $P = P^*$ 时，系统的能量效率最大。若 $P^* > \min \left\{ \sum\limits_{m=1}^{M} p_m^{\max}, p_1^{\max} + \sum\limits_{m=2}^{M} p_m^{\min} \right\}$，则 $P = \min \left\{ \sum\limits_{m=1}^{M} p_m^{\max}, p_1^{\max} + \sum\limits_{m=2}^{M} p_m^{\min} \right\}$ 时，系统的能量效率最大。综上，最大化能量效率的功率的表达式为

$$
P = \begin{cases} \sum\limits_{m=1}^{M} p_m^{\min}, & P^* \leqslant \sum\limits_{m=1}^{M} p_m^{\min} \\[4mm] P^*, & \sum\limits_{m=1}^{M} p_m^{\min} < P^* \leqslant \min \left\{ \sum\limits_{m=1}^{M} p_m^{\max}, p_1^{\max} + \sum\limits_{m=2}^{M} p_m^{\min} \right\} \\[4mm] \min \left\{ \sum\limits_{m=1}^{M} p_m^{\max}, p_1^{\max} + \sum\limits_{m=2}^{M} p_m^{\min} \right\}, & P^* > \min \left\{ \sum\limits_{m=1}^{M} p_m^{\max}, p_1^{\max} + \sum\limits_{m=2}^{M} p_m^{\min} \right\} \end{cases}
$$

8.4.3 仿真结果

本小节仿真了所提方案的能量效率。假定单个基站分别服务了 2、3、4 和 5 个用户，

信道服从独立的瑞利分布，高斯白噪声的均值为0、方差为1。图8-5中$R^{\min}=1$，图8-6中$R^{\min}=2$，图例括号中的第一个参数表示用户数，第二个参数表示最低速率需求$R^{\min}$。

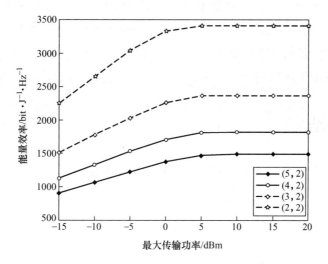

图 8-5　$R^{\min}=1$ 时所提方案的能量效率

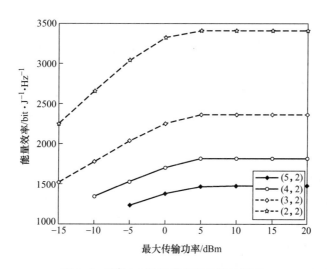

图 8-6　$R^{\min}=2$ 时所提方案的能量效率

从这两张图中均可看出，随着用户数的增多，系统的能量效率逐渐增大。原因在于，用户越多，可利用的总功率越高，从而系统的和速率越高。从这两张图中还能看出，信噪比（SNR）范围为$-15\sim20$dB 时，随着$p^{\max}$的增大，系统的能量效率先增大后保持不变，

原因在于：随着总功率的增大，为强用户分配的功率以及能量效率也随着增大，当功率超过最优功率时，即使再增大总功率，最优的功率仍保持不变，即能量效率保持不变。比较这两张图能看出，$R^{\min}=2$ 且传输功率低于 $-10\mathrm{dB}$ 时，无法仿真得出系统的能量效率，$R^{\min}=1$ 时，即使最高的传输功率低于 $-10\mathrm{dB}$，仍能仿真出能量效率。这是因为，最低速率需求越高，需要的最低功率越高，当第 m 个用户的功率低于最低功率 $p_m^{\min}$ 时，不满足用户的速率需求，从而无法得到能量效率。

8.5　本章小结

本章研究了单小区上行 NOMA 系统中的功率分配方案。对于包含任意用户的单簇单小区上行 NOMA 系统，给出了最大化权重总速率和最大化能量效率的功率分配方案。仿真结果显示，所提方案的性能优于相同场景中的已有方案。所提方案的不足之处在于以下两点：其一，只考虑了单小区的场景，没有考虑到多小区相互干扰的情况；其二，没有考虑到硬件损耗以及非理想 CSI 对系统性能的影响。

参 考 文 献

[1]　BI Q,LIN L,YANG S,et al. Non-orthogonal multiple access technology for 5G systems[J]. Telecommunications Science,2015,31(5):20-27.

[2]　BENJEBBOUR A,SAITO Y,KISHIYAMA Y,et al. Concept and practical considerations of non-orthogonal multiple access(NOMA) for future radio access[C]// The International Symposium on Intelligent Signal Processing and Communications Systems. 2013:770-774.

[3]　RIAZUL S M I,AVAZOV N,DOBRE O A,et al. Power-domain non-orthogonal multiple access(NOMA) in 5G Systems:potentials and challenges[J]. IEEE Commun. Surveys & Tutorials,2017,19(2):721-742.

[4]　XIA B,WANG J,XIAO K,et al. Outage performance analysis for the advanced SIC receiver in wireless NOMA systems[J]. IEEE Trans. on Veh. Technol.,2018,67(7):6711-6715.

[5]　RABEE F A,DAVASLIOGLU K,GITLIN R. The optimum received power levels of uplink non-orthogonal multiple access(NOMA) signals[C]// Wireless & Microwave Technology Conference. 2017.

[6]　ZENG M,YADAV A,DOBRE O A,et al. Energy-efficient power allocation for uplink NOMA[C]// IEEE Globecom,Abu Dhabi,United Arab Emirates. 2018:1-6.

[7]　ZHAI D,DU J. Spectrum efficient resource management for multi-carrier-based NOMA networks:a graph-based method[J]. IEEE Wireless Commun. Lett.,2018,7(3):388-391.

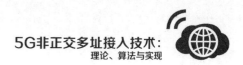
［8］　RUBY R,ZHONG S,YANG H,et al. Enhanced uplink resource allocation in non-orthogonal multiple access systems［J］. IEEE Trans. Wireless Commun. ,2018,17(3):1432-1444.

［9］　FANG F,DING Z,LIANG W,et al. Optimal energy efficient power allocation with user fairness for uplink MC-NOMA systems［J］. IEEE Wireless Commun. Lett. ,2019,8(4):1133-1136.

［10］　LV G,LI X,SHANG R,et al. Dynamic resource allocation for uplink non-orthogonal access systems［J］. IET Communications,2018,12(6):649-655.

［11］　ZENG M,NGUYEN N,DOBRE O A,et al. Spectral and energy efficient resource allocation for multi-carrier uplink NOMA systems［C］// IEEE Trans. Veh. Technol. 2019:1-5.

第 9 章

硬件损伤 NOMA 传输技术及性能

本章将 NOMA 技术应用到近端用户存在直接链路的单天线 NOMADH AF 协作中继系统中，分析硬件损伤对系统性能的影响，给出 Nakagami-m 衰落信道下的系统 OP 的准确表达式和高 SNR 下的近似表达式，接着分析系统的 ESR，并求出 ESR 上界的闭式表达式。最后通过仿真验证理论分析结果的正确性。

9.1 研究背景

随着移动通信系统的迅速增长，OMA 技术受限于频谱资源和接入能力而难以满足未来移动通信需求。为了满足这一需求，多种技术相继被提出来，例如 LS- MIMO、UDN、SCN 和 NOMA 等。NOMA 能够大幅度提高频谱效率，因而受到学术界和工业界的广泛关注。与传统的 OMA 相比，NOMA 可以根据用户的信道条件不同对其分配不同的功率，同时还允许多个用户在相同的时间和频率资源内进行多路复用。最后，在接收端通过 SIC 技术来译码出用户的信号。

文献 [1-7] 研究了不同衰落信道下的 NOMA DH AF 协作中继系统的性能，其中在文献 [1]，作者 Kim 等人在协作中继系统中使用 NOMA 技术来提高系统的频谱效率，分析了瑞利衰落信道下的平均速率及渐近性能，另外，他们提出使用 NOMA 的次优功率分配方案来提高系统的性能。文献 [2] 研究了 Nakagami-m 衰落信道下的 NOMA 系统性能，分析了基站与用户之间有中继和无中继的两种场景下的中断概率和吞吐量。为了证明所提出的 NOMA 方案与传统的 OMA 相比，能显著提高系统的性能，作者 Kader 等人在文献 [3] 分析了频率平坦块衰落信道下的 OP 和 ESR 的闭式表达式。MEN J 等人在文献 [6,7] 研究了下行协作中继系统的 OP 以及 ESR，其各个链路采用 Nakagami-m 衰落信道。然而，以上的研究都是建立在理想的硬件条件下，在实际系统中，硬件并不都是完美的，存在不同形式的损伤，例如正交调制/解调器的 I/Q 不平衡[8]、功率放大器的非线性失真和量化噪声[9]。虽然通过补偿算法和校正方法可以减少硬件损伤的影响，但由于估计误差、校正方法的不准确和不同形式噪声的存在，硬件损伤不能完全消除。

鉴于以上文献 [1-7] 没有考虑到硬件损伤对系统性能的影响，本章研究硬件损伤对 NOMA DH AF 下行协作中继系统性能的影响，其主要研究工作总结如下：1）由于基站与远端用户之间距离较远，存在障碍和深衰落，因此假定基站与远端用户之间没有直传链路，而近端用户可以从基站和中继节点处接收信号，其中，各个链路采用 Nakagami-m 衰落信道；2）考虑硬件损伤对下行协作中继系统性能的影响，推导给出 OP 和 ESR 的确切闭式表

达式以及高 SNR 下的近似表达式，通过 MATLAB 仿真验证了硬件损伤能够降低系统性能理论的正确性。

9.2　系统模型

综合考虑一个 NOMA DH AF 中继协作系统，如图 9-1 所示，由一个基站 S，一个中继 R，一个远端用户 D_f 和一个近端用户 D_n 组成，假设各个节点采用单天线配置。S 与 R、R 与 D_f、R 与 D_n、S 与 D_n 之间的信道增益系数分别表示为 h_{SR}，h_{RD_f}，h_{RD_n}，h_{SD_n}，S 与 R 的传输功率分别为 P_S 和 P_R，且 $P_S = P_R = P$。与此同时，假设所有链路都存在均值为 0，方差为 N_0 的 AWGN，即 $v_i \sim \mathcal{CN}(0, N_0)$。整个通信过程分为两个时隙。

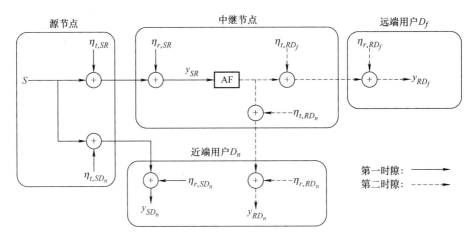

图 9-1　基于硬件损伤下的 NOMA DH AF 中继系统的系统模型

第一时隙：在 NOMA 协议下，S 发送信号 $\sqrt{a_f P_S} s_f + \sqrt{a_n P_S} s_n$ 到 R 和 D_n，其中，a_f 和 a_n 是功率分配因子，a_f 和 a_n 满足 $a_f > a_n$ 且 $a_f + a_n = 1$。同时，D_f 和 D_n 接收到的信息满足 $\mathrm{E}[|s_f|^2] = \mathrm{E}[|s_n|^2] = 1$。所以，$R$ 和 D_n 接收到的信号表示为

$$y_i = h_i(\sqrt{a_f P_S} s_f + \sqrt{a_n P_S} s_n + \eta_{t,i}) + \eta_{r,i} + v_i, \quad i \in \{SR, SD_n\} \tag{9-1}$$

式中，$\eta_{t,i}$ 表示硬件损伤在发送端引起的失真噪声；$\eta_{r,i}$ 表示硬件损伤在接收端引起的失真噪声。基于参考文献 [10]，收发端失真噪声服从高斯分布，即

$$\eta_{t,i} \sim \mathcal{CN}(0, \kappa_{t,i}^2 P), \eta_{r,i} \sim \mathcal{CN}(0, \kappa_{r,i}^2 P |h_i|^2) \tag{9-2}$$

式中，$\kappa_{t,i}$ 和 $\kappa_{r,i}$ 分别表示发送端和接收端的硬件损伤系数，且 $\kappa_{t,i}$ 和 $\kappa_{r,i}$ 均需要满足大于等

于 0。结合式(9-2)，式(9-1) 可简写为

$$y_i = h_i(\sqrt{a_f P_S}s_f + \sqrt{a_n P_S}s_n + \eta_i) + v_i, i \in \{SR, SD_n\} \tag{9-3}$$

式中，发送端失真噪声服从高斯分布 $\eta_i \sim \mathcal{CN}(0, \kappa_i^2 P)$；硬件损伤系数 $\kappa_i = \sqrt{\kappa_{t,i}^2 + \kappa_{r,i}^2}$。
当 $\kappa_i = 0$，$i \in \{SR, SD_n\}$ 时，式(9-3) 简化成理想系统下的表达式。

$$y_i = h_i(\sqrt{a_f P_S}s_f + \sqrt{a_n P_S}s_n) + v_i, i \in \{SR, SD_n\} \tag{9-4}$$

式中，v_i，$i \in \{SR, SD_n\}$ 分别表示 R 和 D_n 的高斯白噪声；同时，h_i 服从 Nakagami-m 分布，即信道增益 ρ_i 满足 $\rho_i = |h_i|^2 \sim G(\alpha_i, \beta_i)$。因此，在 D_n 处近端解 D_f 信号的 SINR 可表示为

$$\Gamma_{SD_{f \to n}} = \frac{a_f \gamma \rho_{SD_n}}{(a_n + \kappa_{SD_n}^2)\gamma \rho_{SD_n} + 1} \tag{9-5}$$

其中，$\gamma = P_S/N_0$ 表示基站处的传输 SNR，基于 NOMA 中的干扰消除技术，D_n 的信号在译码之前总会先解除 D_f 的信号并将其消除，所以 D_n 信号的 SINR 可表示为

$$\Gamma_{SD_n} = \frac{a_n \gamma \rho_{SD_n}}{\kappa_{SD_n}^2 \gamma \rho_{SD_n} + 1} \tag{9-6}$$

第二时隙：R 接收到 S 的信号进行放大转发到 D_f，因此 D_f 和 D_n 接收到的信号可表示为

$$y_i = Gh_i(h_{SR}\sqrt{a_f P_S}s_f + h_{SR}\sqrt{a_n P_S}s_n + h_{SR}\eta_{SR} + v_{SR}) + h_i\eta_i + v_i, i \in \{RD_f, RD_n\} \tag{9-7}$$

其中，硬件损伤情况下的中继放大增益可定义为 $G = \sqrt{P_R/[P_S|h_{SR}|^2(1 + \kappa_{SR}^2) + N_0]}$，
$\eta_i \sim \mathcal{CN}(0, \kappa_i^2 P)$ 表示用户 D_f 或 D_n 处的失真噪声，v_i 表示复高斯白噪声。当 $\kappa_i = 0$ 时，
式(9-7) 简化成理想系统下的接收信号。

$$y_i = Gh_i(h_{SR}\sqrt{a_f P_S}s_f + h_{SR}\sqrt{a_n P_S}s_n + v_{SR}) + v_i, i \in \{RD_f, RD_n\} \tag{9-8}$$

D_f 在非理想情况下的 SINR 表示为

$$\Gamma_{RD_f} = \frac{a_f \gamma^2 \rho_{SR}\rho_{RD_f}}{(a_n + d_1)\gamma^2 \rho_{SR}\rho_{RD_f} + b_1 \gamma \rho_{SR} + b_2 \gamma \rho_{RD_f} + 1} \tag{9-9}$$

式中，$d_1 = \kappa_{SR}^2 + \kappa_{RD_f}^2 + \kappa_{SR}^2 \kappa_{RD_f}^2$；$b_1 = 1 + \kappa_{SR}^2$；$b_2 = 1 + \kappa_{RD_f}^2$。式(9-9) 由四部分组成：
1) $a_f \gamma^2 \rho_{SR}\rho_{RD_f}$ 表示有用的 D_f 的信号；2) $a_n \gamma^2 \rho_{SR}\rho_{RD_f} + \gamma \rho_{SR} + \gamma \rho_{RD_f}$ 表示来自 D_n 的信号干扰；3) $d_1 \gamma^2 \rho_{SR}\rho_{RD_f} + \kappa_{SR}^2 \gamma \rho_{SR} + \kappa_{RD_f}^2 \gamma \rho_{RD_f}$ 表示硬件损伤的组成部分；4) 1 表示归一化的AWGN。在 D_n 端，D_n 解 D_f 信号的 SINR 和 D_n 解自身信号的 SINR 分别为

$$\Gamma_{RD_{f \to n}} = \frac{a_f \gamma^2 \rho_{SR} \rho_{RD_n}}{(a_n + d_2) \gamma^2 \rho_{SR} \rho_{RD_n} + b_1 \gamma \rho_{SR} + b_3 \gamma \rho_{RD_n} + 1} \tag{9-10}$$

$$\Gamma_{RD_n} = \frac{a_n \gamma^2 \rho_{SR} \rho_{RD_n}}{d_2 \gamma^2 \rho_{SR} \rho_{RD_n} + b_1 \gamma \rho_{SR} + b_3 \gamma \rho_{RD_n} + 1} \tag{9-11}$$

式中，$d_2 = \kappa_{SR}^2 + \kappa_{RDn}^2 + \kappa_{SR}^2 \kappa_{RD_n}^2$；$b_3 = 1 + \kappa_{RD_n}^2$。当 $\kappa_{SR} = \kappa_{RD_f} = \kappa_{RD_n} = \kappa_{SD_n} = 0$ 时，式(9-5)、式(9-6) 和式(9-9) ~ 式(9-11) 简化为理想硬件情况下的 SINR。

9.3　性能分析

在本小节中，为了突出硬件损伤对 NOMA 协作中继系统的影响，分析了系统的中断性能和 ESR。首先，基于 Nakagami-m 衰落信道的 PDF 和 CDF，推导得到系统的 OP 和 ESR 的确切闭式表达式。由于求得的表达式十分复杂，不能直观看出硬件损伤对系统性能的影响，因此，紧接着又对系统的 OP 和 ESR 进行高 SNR 下的近似。

9.3.1　中断概率

在 Nakagami-m 衰落信道下，研究了 NOMA DH AF 协作中继系统下两个用户的 OP 的准确表达式，同时分析了 OP 的渐近性能。无论是在硬件损伤还是理想硬件情况下，求取 OP 的方法是相同的，因此，在本小节中对理想硬件情况下的 OP 省略其求解过程。

为了便于表述，假设 D_f 和 D_n 的 OP 分别为 $P_{\text{out}}^{D_f}$ 和 $P_{\text{out}}^{D_n}$，推导给出 D_f 和 D_n 的 OP 的确切闭式表达式，并且假设两用户的目标 SINR 是由它们的信道状态条件决定的。

（1）远端用户 D_f 的 OP

如果 D_f 未能正确检测出自身的信号将会发生中断，那么 D_f 处的 OP 的表达式可以表示为

$$P_{\text{out}}^{D_f} = \Pr(\Gamma_{RD_f} < \bar{\gamma}_{\text{thf}}) \tag{9-12}$$

式中，$\bar{\gamma}_{\text{thf}}$ 表示 D_f 的中断阈值。

将式(9-9) 代入式(9-12) 中，经过一些简单的计算，D_f 的 OP 可进一步表示为

$$P_{\text{out}}^{D_f} = \Pr(\rho_{SR} < \lambda) + \int_{\lambda}^{\infty} f_{\rho_{SR}}(y) \int_{0}^{\frac{\lambda(b_1 y + c)}{b_2(y - \lambda)}} f_{\rho_{RD_f}}(x) \, dx \, dy$$

$$= 1 - \frac{1}{\Gamma(\alpha_{SR})\beta_{SR}^{\alpha_{SR}}} e^{-\frac{\lambda}{\beta_{SR}} - \frac{b_1 \lambda}{b_2 \beta_{RD_f}}} \sum_{g_{RD_f}=0}^{\alpha_{RD_f}-1} \sum_{j=0}^{\alpha_{SR}-1} \sum_{n=0}^{g_{RD_f}} \binom{\alpha_{SR}-1}{j} \binom{g_{RD_f}}{n} \left(\frac{\lambda}{b_2 \beta_{RD_f}}\right)^{g_{RD_f}} \frac{\lambda^{\alpha_{SR}-1-j}}{g_{RD_f}!}$$

$$\underbrace{(b_1\lambda+c)^n(b_1)^{g_{RD_f}-n}\int_0^\infty y^{j-n}e^{-\frac{y}{\beta_{SR}}-\frac{\lambda(b_1\lambda+c)}{b_2\beta_{RD_f}y}}dy}_{I_1}$$

$$(9\text{-}13)$$

等式(9-13) 成立的必要条件为 $\bar\gamma_{thf}<a_f/(a_n+d_1)$，如果这个条件不满足，那么无论系统的 SINR 怎么变化，远端用户将无法正确检测出自身的信号。定义 $c=1/\gamma$，$\lambda=b_2c\,\bar\gamma_{thf}/(a_f-a_n\bar\gamma_{thf}-d_1\bar\gamma_{thf})$。式(9-13) 遵循二项式定理，以及基于参考文献 [11] 中的 [Eq. (3.471.9)]，I_1 可重写为

$$I_1=2\left[\frac{\lambda\beta_{SR}(b_1\lambda+c)}{b_2\beta_{RD_f}}\right]^{\frac{j-n+1}{2}}K_{j-n+1}\left[2\sqrt{\frac{\lambda(b_1\lambda+c)}{b_2\beta_{SR}\beta_{RD_f}}}\right]$$

$$(9\text{-}14)$$

其中，$K_v[\cdot]$ 表示第二类修正贝塞尔函数[11]。最后，将式(9-14) 代入式(9-13) 中，可得远端用户 D_f 的中断概率的闭式表达式为

$$P_{out}^{D_f,ni}=1-\frac{2}{\Gamma(\alpha_{SR})\beta_{SR}^{\alpha_{SR}}}e^{-\frac{\lambda}{\beta_{SR}}-\frac{b_1\lambda}{b_2\beta_{RD_f}}}\sum_{g_{RD_f}=0}^{\alpha_{RD_f}-1}\sum_{j=0}^{\alpha_{SR}-1}\sum_{n=0}^{g_{RD_f}}\binom{\alpha_{SR}-1}{j}\binom{g_{RD_f}}{n}\left(\frac{\lambda}{b_2\beta_{RD_f}}\right)^{g_{RD_f}}\times$$

$$\frac{\lambda^{\alpha_{SR}-1-j}}{g_{RD_f}!}(b_1\lambda+c)^n(b_1)^{g_{RD_f}-n}\left[\frac{\lambda\beta_{SR}(b_1\lambda+c)}{b_2\beta_{RD_f}}\right]^{\frac{j-n+1}{2}}K_{j-n+1}\left[2\sqrt{\frac{\lambda(b_1\lambda+c)}{b_2\beta_{SR}\beta_{RD_f}}}\right]$$

$$(9\text{-}15)$$

（2）近端用户 D_n 的 OP

由于 D_n 是通过中继和基站来接收到信号的，在 D_n 的接收端通过使用最大比合并算法处理接收到的信号，即在 $R\to D_n$ 和 $S\to D_n$ 之间选择出一个最大的 SINR。如果 D_n 在两个时隙中不能成功译码出 D_f 的信号或者不能译码出自己的信号，则 D_n 将会发生中断。因此，D_n 的 OP 可以表示为

$$P_{out}^{D_n}=\underbrace{\left[1-Pr(\Gamma_{SD_{f\to n}}\geqslant\bar\gamma_{thf},\Gamma_{SD_n}\geqslant\bar\gamma_{thn})\right]}_{\Psi_1}\underbrace{\left[1-Pr(\Gamma_{RD_{f\to n}}\geqslant\bar\gamma_{thf},\Gamma_{RD_n}\geqslant\bar\gamma_{thn})\right]}_{\Psi_2}$$

$$(9\text{-}16)$$

式中，$\bar\gamma_{thn}$ 表示 D_n 处的中断阈值。

将式(9-5)、式(9-6)、式(9-10) 和式(9-11) 代入式(9-16) 中，那么 Ψ_1 和 Ψ_2 可分别计算为

$$\Psi_1=1-Pr(\rho_{SD_n}\geqslant\max(\tau_1,\tau_2)=\tau)$$

$$=1-\sum_{g_{SD_n}=0}^{\alpha_{SD_n}-1}\frac{1}{g_{SD_n}}e^{-\frac{\tau}{\beta_{SD_n}}}\left(\frac{\tau}{\beta_{SD_n}}\right)^{g_{SD_n}}$$

$$(9\text{-}17)$$

$$\Psi_2=1-Pr\left(\rho_{RD_n}\geqslant\frac{\theta(b_1\rho_{SR}+c)}{b_3(\rho_{SR}-\theta)},\rho_{SR}\geqslant\max(\theta_1,\theta_2)=\theta\right)$$

$$= 1 - \frac{1}{\Gamma(\alpha_{SR})\beta_{SR}^{\alpha_{SR}}} e^{-\frac{\theta}{\beta_{SR}} - \frac{b_1\theta}{b_3\beta_{RD_n}}} \sum_{g_{RD_n}=0}^{\alpha_{RD_n}-1} \sum_{j=0}^{\alpha_{SR}-1} \sum_{n=0}^{g_{RD_n}} \binom{\alpha_{SR}-1}{j} \binom{g_{RD_n}}{n} \left(\frac{\theta}{b_3\beta_{RD_n}}\right)^{g_{RD_n}} \times$$

$$\frac{\theta^{\alpha_{SR}-1-j}}{g_{RD_n}!} (b_1\theta + c)^n \times (b_1)^{g_{RD_n}-n} \underbrace{\int_0^\infty y^{j-n} e^{-\frac{y}{\beta_{SR}} - \frac{\theta(b_1\theta+c)}{b_3\beta_{RD_n}y}} \mathrm{d}y}_{I_2} \tag{9-18}$$

式中，$\tau = \max(\tau_1, \tau_2)$；$\tau_1 = c\bar{\gamma}_{\mathrm{thf}}/[a_f - (a_n + \kappa_{SD_n}^2)\bar{\gamma}_{\mathrm{thf}}]$，$\tau_2 = c\bar{\gamma}_{\mathrm{thn}}/(a_n - \kappa_{SD_n}^2\bar{\gamma}_{\mathrm{thn}})$，$\theta = \max$ (θ_1, θ_2)，$\theta_1 = b_3c\bar{\gamma}_{\mathrm{thf}}/[a_f - (a_n - d_2)\bar{\gamma}_{\mathrm{thf}}]$，$\theta_2 = b_3c\bar{\gamma}_{\mathrm{thn}}/(a_n - d_2\bar{\gamma}_{\mathrm{thn}})$。注意到式(9-18) 是在以下的假设条件下成立的：$\bar{\gamma}_{\mathrm{thf}}(a_n + \kappa_{SD_n}^2) > a_f$，$\bar{\gamma}_{\mathrm{thn}}\kappa_{SD_n}^2 > a_n$。通过参考文献［11］中的［Eq. (3.471.9)］，I_2 可计算为

$$I_2 = 2\left[\frac{\theta\beta_{SR}(b_1\theta+c)}{b_3\beta_{RD_n}}\right]^{\frac{j-n+1}{2}} \mathrm{K}_{j-n+1}\left[2\sqrt{\frac{\theta(b_1\theta+c)}{b_3\beta_{SR}\beta_{RD_n}}}\right] \tag{9-19}$$

最后，将式(9-19) 代入式(9-18) 中，再将式(9-17) 和式(9-18) 代入式(9-16) 中，可以得到收发端存在硬件损伤情况下的近端用户 D_n 的确切闭式表达式。

$$P_{\mathrm{out}}^{D_n,\mathrm{ni}} = \left[1 - \sum_{g_{SD_n}=0}^{\alpha_{SD_n}-1} \frac{1}{g_{SD_n}!} e^{-\frac{\tau}{\beta_{SD_n}}} \left(\frac{\tau}{\beta_{SD_n}}\right)^{g_{SD_n}}\right] \left\{1 - \frac{2}{\Gamma(\alpha_{SR})\beta_{SR}^{\alpha_{SR}}} e^{-\frac{\theta}{\beta_{SR}} - \frac{b_1\theta}{b_3\beta_{RD_n}}} \times\right.$$

$$\sum_{g_{RD_n}=0}^{\alpha_{RD_n}-1} \sum_{j=0}^{\alpha_{SR}-1} \sum_{n=0}^{g_{RD_n}} \binom{\alpha_{SR}-1}{j} \binom{g_{RD_n}}{n} \left(\frac{\theta}{b_3\beta_{RD_n}}\right)^{g_{RD_n}} \frac{\theta^{\alpha_{SR}-1-j}}{g_{RD_n}!} (b_1\theta+c)^n \times$$

$$\left.(b_1)^{g_{RD_n}-n}\left[\frac{\theta\beta_{SR}(b_1\theta+c)}{b_3\beta_{RD_n}}\right]^{\frac{j-n+1}{2}} \mathrm{K}_{j-n+1}\left[2\sqrt{\frac{\theta(b_1\theta+c)}{b_3\beta_{SR}\beta_{RD_n}}}\right]\right\} \tag{9-20}$$

9.3.2 渐进分析

式(9-15) 和式(9-20) 求取的用户 OP 的准确表达式十分复杂，不能直观看出中断概率受哪些因素的影响。为了减少计算复杂度并且能更深入地分析系统的中断性能，对 OP 进行近似分析。通过表征高 SNR 下信道增益的 CDF，分析了 OP 在高 SNR 下的近似性能。在高 SNR 下，信道增益 ρ_i 的近似 CDF 可表示为

$$F_{\rho_i}^\infty(x) \approx \frac{1}{\alpha_i!}\left(\frac{x}{\beta_i}\right)^{\alpha_i} \tag{9-21}$$

（1）远端用户 D_f 的近似 OP

基于式(9-13) 和式(9-21)，远端用户 D_f 在高 SNR 下的近似闭式表达式为

$$P_{D_f}^{\infty} = \frac{1}{\alpha_{SR}!}\left(\frac{\lambda}{\beta_{SR}}\right)^{\alpha_{SR}} + \frac{1}{\Gamma(\alpha_{SR})\beta_{SR}^{\alpha_{SR}}\alpha_{RD_f}!}\sum_{j=0}^{\alpha_{RD_f}}\binom{\alpha_{RD_f}}{j}\left(\frac{\lambda}{b_2\beta_{RD_f}}\right)^{\alpha_{RD_f}} \times$$

$$(b_1\lambda + c)^j b_1^{\alpha_{RD_f}-j}\underbrace{\int_0^{\infty}(y+\lambda)^{\alpha_{SR}-1}y^{-n}e^{-\frac{y+\lambda}{\beta_{SR}}}\mathrm{d}y}_{I_3} \tag{9-22}$$

注意到当 $\gamma\to\infty$ 时，I_3 就转变成了式(9-23) 所示的积分公式。

$$I_4 = \int_0^{\infty}y^{\alpha_{SR}-1-n}e^{-\frac{y}{\beta_{SR}}}\mathrm{d}y \tag{9-23}$$

同样通过采用参考文献［11］中的［Eq.(3.351.3)］，I_4 可重写为

$$I_4 = (\alpha_{SR}-1-j)!\,\beta_{SR}^{\alpha_{SR}-j} \tag{9-24}$$

最后，将式(9-24) 代入式(9-22)，就可以得到远端用户 D_f 在高 SNR 下的近似表达式为

$$P_{D_f}^{\infty,\mathrm{ni}} \approx \frac{1}{\alpha_{SR}!}\left(\frac{\lambda}{\beta_{SR}}\right)^{\alpha_{SR}} + \frac{1}{\Gamma(\alpha_{SR})\beta_{SR}^{\alpha_{SR}}\alpha_{RD_f}!}\sum_{j=0}^{\alpha_{RD_f}}\binom{\alpha_{RD_f}}{j}\left(\frac{\lambda}{b_2\beta_{RD_f}}\right)^{\alpha_{RD_f}}$$

$$\times (\alpha_{SR}-1-j)!\,(b_1\lambda+c)^j(\beta_{SR})^{\alpha_{SR}-j}(b_1)^{\alpha_{RD_f}-j} \tag{9-25}$$

（2）近端用户 D_n 的近似 OP

基于式(9-16)、式(9-21)，Ψ_1 和 Ψ_2 在高 SNR 下的近似表达式为

$$\Psi_1 \approx \frac{1}{\alpha_{SD_n}!}\left(\frac{\tau}{\beta_{SD_n}}\right)^{\alpha_{SD_n}} \tag{9-26}$$

$$\Psi_2 = \int_0^{\infty}f_{\rho_{SR}}(y+\theta)\frac{1}{\alpha_{RD_n}!}\left[\frac{\theta(b_1y+b_1\theta+c)}{b_3\beta_{RD_n}y}\right]^{\alpha_{RD_n}}\mathrm{d}y$$

$$= \frac{1}{\Gamma(\alpha_{SR})\beta_{SR}^{\alpha_{SR}}\alpha_{RD_n}!}\sum_{j=0}^{\alpha_{RD_n}}\binom{\alpha_{RD_n}}{j}\left(\frac{\theta}{b_3\beta_{RD_n}}\right)^{\alpha_{RD_n}}(b_1\theta+c)^j \times$$

$$b_1^{\alpha_{RD_n}-j}\underbrace{\int_0^{\infty}(y+\theta)^{\alpha_{SR}-1}y^{-n}e^{-\frac{y+\theta}{\beta_{SR}}}\mathrm{d}y}_{I_5} \tag{9-27}$$

同样当 $\gamma\to\infty$ 时，I_5 就转变成了式(9-23) 所示的积分公式。因此，将式(9-24) 的结果代入式(9-27) 中，再将式(9-26) 和式(9-27) 代入式(9-16) 中，就可以得到近端用户 D_n 的中间概率的近似表达式，如式(9-28) 所示。

$$P_{D_n}^{\infty,\mathrm{ni}} \approx \frac{1}{\Gamma(\alpha_{SR})\beta_{SR}^{\alpha_{SR}}\alpha_{SD_n}!\,\alpha_{RD_n}!}\sum_{j=0}^{\alpha_{RD_n}}\binom{\alpha_{RD_n}}{j}\left(\frac{\theta}{b_3\beta_{RD_n}}\right)^{\alpha_{RD_n}}\left(\frac{\tau}{\beta_{SD_n}}\right)^{\alpha_{SD_n}} \times$$

$$(\alpha_{SR}-1-j)!\,(b_1\theta+c)^j(\beta_{SR})^{\alpha_{SR}-j}(b_1)^{\alpha_{RD_f}-j} \tag{9-28}$$

从式(9-25)和式(9-28)中可以看出，在高 SNR 情况下，衰落参数和硬件损伤对 OP 的影响更加明显。上述结果表明，用户 D_f 的性能取决于中继链路的衰落参数及硬件损伤 (α_{SR}，α_{RD_f}，β_{SR}，β_{RD_f}，κ_{SR}，κ_{RD_f})，而用户 D_n 的 OP 受直连链路和中继链路的衰落参数及硬件损伤 (α_{SR}，α_{RD_f}，α_{SD_n}，β_{SR}，β_{RD_f}，β_{SD_n}，κ_{SR}，κ_{RD_n}，κ_{SD_n}) 的影响。

9.3.3 信道容量

在 NOMA 协作中继系统中，基站可以同时服务多个用户，因此除了 OP，所有用户的 ESR 也是衡量系统性能的一个重要指标。另外，理想情况下的 ESR 并不能简单地通过让硬件损伤等于 0 得到。因此，在 Nakagami-m 衰落信道下，本小节研究了 NOMA DH AF 协作中继系统分别在理想硬件和硬件损伤情况下的 ESR。认为两用户的目标 SINR 是由其信道条件所决定的，在这种情况下，当 $\rho_{RD_n} < \rho_{RD_f}$ 时，$\Gamma_{RD_{f \to n}} \geqslant \Gamma_{RD_n}$ 是不满足条件的，因此 D_f 和 D_n 的瞬时可达速率可分别表示为

$$R_{D_f} = \frac{1}{2} \log_2 \left(1 + \Gamma_{RD_f} \right) \tag{9-29}$$

$$R_{D_n} = \begin{cases} \frac{1}{2} \log_2 \left[1 + \max \left(\Gamma_{SD_n}, \Gamma_{RD_n} \right) \right], \rho_{RD_n} > \rho_{RD_f} \\ \frac{1}{2} \log_2 \left(1 + \Gamma_{SD_n} \right), \rho_{RD_n} < \rho_{RD_f} \end{cases} \tag{9-30}$$

其中，式(9-30)中的 1/2 表示系统经过两个时隙传输用户的数据，所以两用户的 ER 可分别表示为

$$R_{\mathrm{ave}}^{D_f} = \frac{1}{2} \mathrm{E} \left[\log_2 \left(1 + \Gamma_{RD_f} \right) \right] \tag{9-31}$$

$$R_{\mathrm{ave}}^{D_n} = \Pr(\rho_{RD_n} > \rho_{RD_f}) \underbrace{\mathrm{E} \left[\frac{1}{2} \log_2 \left[1 + \max \left(\Gamma_{SD_n}, \Gamma_{RD_n} \right) \right] \right]}_{R_{\mathrm{ave}}^{D_n,1}} +$$

$$\underbrace{\Pr(\rho_{RD_n} < \rho_{RD_f}) \mathrm{E} \left[\frac{1}{2} \log_2 \left(1 + \Gamma_{SD_n} \right) \right]}_{R_{\mathrm{ave}}^{D_n,2}} \tag{9-32}$$

（1）近似分析

通过使用近似公式 $\mathrm{E} \left[\log_2 \left(1 + x/y \right) \right] \approx \log_2 \left(1 + \mathrm{E}[x]/\mathrm{E}[y] \right)$[10]，将 ρ_i 的平均衰落取均值为：$\mathrm{E}_{\rho_i}[\rho_i] = \alpha_i \beta_i$。另外，$\rho_{RD_f}$ 和 ρ_{RD_n} 都是服从独立同分布的随机变量，所以 ρ_{RD_f} 和

ρ_{RD_n}满足 $\Pr(\rho_{RD_f} > \rho_{RD_n}) = \Pr(\rho_{RD_f} < \rho_{RD_n}) = 1/2$。因此，ESR 在 Nakagami-$m$ 衰落信道下的近似表达式如下。

■ 硬件损伤情况下（$\kappa_{SR} = \kappa_{RD_f} = \kappa_{RD_n} = \kappa_{SD_n} \neq 0$）

$$R_{ave}^{sum\_ni} \approx \frac{1}{2}\log_2\left[1 + \frac{a_f\gamma^2\hat{\rho}_{SR}\hat{\rho}_{RD_f}}{(a_n + d_1)\gamma^2\hat{\rho}_{SR}\hat{\rho}_{RD_f} + b_1\gamma\hat{\rho}_{SR} + b_2\gamma\hat{\rho}_{RD_f} + 1}\right]$$

$$+ \frac{1}{4}\log_2\left[1 + \max\left(\frac{a_n\gamma\hat{\rho}_{SD_n}}{\kappa_{SD_n}^2\gamma\hat{\rho}_{SD_n} + 1}, \frac{a_n\gamma^2\hat{\rho}_{SR}\hat{\rho}_{RD_n}}{d_2\gamma^2\hat{\rho}_{SR}\hat{\rho}_{RD_n} + b_1\gamma\hat{\rho}_{SR} + b_3\gamma\hat{\rho}_{RD_n} + 1}\right)\right]$$

$$+ \frac{1}{4}\log_2\left(1 + \frac{a_n\gamma\hat{\rho}_{SD_n}}{\kappa_{SD_n}^2\gamma\hat{\rho}_{SD_n} + 1}\right) \tag{9-33}$$

式中，$\hat{\rho}_i = \alpha_i\beta_i$，$i \in \{SR, RD_f, RD_n, SD_n\}$。

■ 理想硬件情况下（$\kappa_{SR} = \kappa_{RD_f} = \kappa_{RD_n} = \kappa_{SD_n} = 0$）

$$R_{ave}^{sum\_id} \approx \frac{1}{2}\log_2\left(1 + \frac{a_f\gamma^2\hat{\rho}_{SR}\hat{\rho}_{RD_f}}{a_n\gamma^2\hat{\rho}_{SR}\hat{\rho}_{RD_f} + \gamma\hat{\rho}_{SR} + \gamma\hat{\rho}_{RD_f} + 1}\right) + \frac{1}{4}\log_2(1 + a_n\gamma\hat{\rho}_{SD_n}) +$$

$$\frac{1}{4}\log_2\left[1 + \max\left(a_n\gamma\hat{\rho}_{SD_n}, \frac{a_n\gamma^2\hat{\rho}_{SR}\hat{\rho}_{RD_n}}{\gamma\hat{\rho}_{SR} + \gamma\hat{\rho}_{RD_n} + 1}\right)\right] \tag{9-34}$$

虽然式（9-26）和式（9-27）以闭式表达式的形式评估了协作中继系统的 ESR，但不能直观地看出衰落参数和失真噪声对 ESR 的影响。因此，在下文中分析了存在硬件损伤时 NOMA DH AF 协作中继系统的渐近 ESR。为了做出对比，还分析了理想硬件条件下 ESR 的上界。

（2）硬件损伤下的渐近和理想硬件下的上界分析

在独立同分布的 Nakagami-m 衰落信道下，当 $\gamma \to \infty$，重点分析 ESR 在硬件损伤和理想硬件下渐近和上界的表达式。

■ 硬件损伤情况下（$\kappa_{SR} = \kappa_{RD_f} = \kappa_{RD_n} = \kappa_{SD_n} \neq 0$）

将式（9-9）代入式（9-31）中，式（9-6）和式（9-11）代入式（9-32）中，再进行一些简单的计算，可以得到高 SNR 下的 SEP 为

$$R_{ave}^{ni} \approx \frac{1}{2}\log_2\left(1 + \frac{a_f}{a_n + d_1}\right) + \frac{1}{4}\log_2\left(1 + \frac{a_n}{\hat{k}}\right) + \frac{1}{4}\log_2\left(1 + \frac{a_n}{\kappa_{SD_n}^2}\right) \tag{9-35}$$

式中，$\hat{k} = \min(\kappa_{SD_n}^2, d_2)$，从式（9-35）可以看出，$R_{ave}^{sum\_ni}$ 是一个独立于信道状态条件的定值，并且 $R_{ave}^{sum\_ni}$ 的值取决于功率分配系数以及高 SNR 下的硬件损伤系数。

■ 理想硬件情况下（$\kappa_{SR} = \kappa_{RD_f} = \kappa_{RD_n} = \kappa_{SD_n} = 0$）

在理想硬件条件下，由于积分的高复杂性很难获得理想硬件下 ESR 的渐近表达式。基于不等式 $xy/(xy+1) \leqslant \min(x, y)$[12]，在高 SNR 下，可以得到

$$R_{\text{ave}}^{D_f, \text{id}} = \frac{1}{2}\log_2\left(1 + \frac{a_f\gamma^2\rho_{SR}\rho_{RD_f}}{a_n\gamma^2\rho_{SR}\rho_{RD_f} + \gamma\rho_{SR} + \gamma\rho_{RD_f} + 1}\right)$$

$$\approx \frac{1}{2}\log_2\left(1 + \frac{a_f}{a_n}\right) \tag{9-36}$$

$$R_{\text{ave}}^{D_{n,1}, \text{id}} = \text{E}\left\{\frac{1}{2}\log_2\left(1 + \max\left[a_n\gamma\rho_{SD_n}, \frac{a_n\gamma^2\rho_{SR}\rho_{RD_n}}{\gamma\rho_{SR} + \gamma\rho_{RD_n} + 1}\right]\right)\right\}$$

$$\leqslant \text{E}\left[\frac{1}{2\ln2}\ln\left[1 + a_n\gamma\text{man}(\rho_{SD_n}, \min(\rho_{SR}, \rho_{RD_n}))\right]\right] \tag{9-37}$$

令 $W = \max[\rho_{SD_n}, \min(\rho_{SR}, \rho_{RD_n})]$，$R_{\text{ave}}^{D_{n,1}, \text{id}}$ 的上界可重新写为

$$R_{\text{ave}}^{D_{n,1}, \text{id}} \leqslant \text{E}\left[\frac{1}{2\ln2}\ln(1 + a_n\gamma w)\right]$$

$$\leqslant \frac{1}{2\ln2}\int_0^\infty f_W(w)\ln(1 + a_n\gamma w)\,\mathrm{d}w$$

$$\leqslant \frac{a_n\gamma}{2\ln2}\int_0^\infty \frac{1 - F_W(w)}{1 + a_n\gamma w}\,\mathrm{d}w \tag{9-38}$$

为了得到最终的近似表达式，需要计算出 W 的 CDF，如式(9-39) 所示。

$$F_W(w) = \Pr[\max(\rho_{SD_n}, \min(\rho_{SR}, \rho_{RD_n})) \leqslant w]$$

$$= \Pr(\rho_{SD_n} \leqslant w)[1 - \Pr(\rho_{SR} > w)\Pr(\rho_{RD_n} > w)]$$

$$= 1 - \sum_{g_{SD_n}=0}^{\alpha_{SD_n}-1} \frac{1}{g_{SD_n}!}\mathrm{e}^{-\frac{w}{\beta_{SD_n}}}\left(\frac{w}{\beta_{SD_n}}\right)^{g_{SD_n}} - \sum_{g_{SR}=0}^{\alpha_{SR}-1}\sum_{g_{RD_n}=0}^{\alpha_{RD_n}-1} \frac{1}{g_{SR}!g_{RD_n}!}\mathrm{e}^{-\frac{w}{\beta_{SR}}-\frac{w}{\beta_{RD_n}}} \times$$

$$\left(\frac{w}{\beta_{SR}}\right)^{g_{SR}}\left(\frac{w}{\beta_{RD_n}}\right)^{g_{RD_n}} + \sum_{g_{SR}=0}^{\alpha_{SR}-1}\sum_{g_{RD_n}=0}^{\alpha_{RD_n}-1}\sum_{g_{SD_n}=0}^{\alpha_{SD_n}-1} \frac{1}{g_{SR}!g_{RD_n}!g_{SD_n}!} \times$$

$$\mathrm{e}^{-\frac{w}{\beta_{SD_n}}-\frac{w}{\beta_{SR}}-\frac{w}{\beta_{RD_n}}}\left(\frac{w}{\beta_{SR}}\right)^{g_{SR}}\left(\frac{w}{\beta_{RD_n}}\right)^{g_{RD_n}}\left(\frac{w}{\beta_{SD_n}}\right)^{g_{SD_n}} \tag{9-39}$$

将式(9-39) 代入式(9-38) 中，再令 $v = a_n\gamma w$，$R_{\text{ave}}^{D_{n,1}, \text{id}}$ 可重写为

$$R_{\text{ave}}^{D_{n,1}, \text{id}} \leqslant \frac{1}{2\ln2}\left\{\sum_{g_{SD_n}}^{\alpha_{SD_n}-1} \frac{1}{g_{SD_n}!}\left(\frac{1}{a_n\gamma\beta_{SD_n}}\right)^{g_{SD_n}}\underbrace{\int_0^\infty \frac{\mathrm{e}^{-\frac{v}{a_n\gamma\beta_{SD_n}}}v^{g_{SD_n}}}{1 + v}\,\mathrm{d}v}_{\Phi_1} + \sum_{g_{SR}=0}^{\alpha_{SR}-1}\sum_{g_{RD_n}=0}^{\alpha_{RD_n}-1} \times\right.$$

$$\left.\frac{1}{g_{SR}!g_{RD_n}!}\left(\frac{1}{a_n\gamma\beta_{SR}}\right)^{g_{SR}}\left(\frac{1}{a_n\gamma\beta_{RD_n}}\right)^{g_{RD_n}}\underbrace{\int_0^\infty \frac{\mathrm{e}^{-\frac{v}{a_n\gamma\beta_{SR}}-\frac{v}{a_n\gamma\beta_{RD_n}}}v^{g_{SR}+g_{RD_n}}}{1 + v}\,\mathrm{d}v}_{\Phi_2} + \right.$$

$$\sum_{g_{SR}=0}^{\alpha_{SR}-1} \sum_{g_{RD_n}=0}^{\alpha_{RD_n}-1} \sum_{g_{SD_n}=0}^{\alpha_{SD_n}-1} \frac{1}{g_{SR}!g_{RD_n}!g_{SD_n}!} \left(\frac{1}{a_n\gamma\beta_{SR}}\right)^{g_{SR}} \left(\frac{1}{a_n\gamma\beta_{RD_n}}\right)^{g_{RD_n}} \times$$

$$\left(\frac{1}{a_n\gamma\beta_{SD_n}}\right)^{g_{SD_n}} \underbrace{\int_0^\infty \frac{e^{-\frac{v}{a_n\gamma\beta_{SR}}-\frac{v}{a_n\gamma\beta_{RD_n}}-\frac{v}{a_n\gamma\beta_{SD_n}}}v^{g_{SR}+g_{RD_n}+g_{SD_n}}}{1+v}dv}_{\Phi_3}\Bigg\}$$

$$\tag{9-40}$$

令 $f_1 = 1/a_n\gamma\beta_{SD_n}$，$f_2 = 1/a_n\gamma\beta_{SR}$，$f_3 = 1/a_n\gamma\beta_{RD_n}$，以及利用参考文献 [11] 中的 [Eq. (3.352.4)] 和 [Eq. (3.353.5)]，可以得到 Φ_1，Φ_2 和 Φ_3 为

$$\Phi_1 = \begin{cases} -e^{f_1}\mathrm{Ei}(-f_1), g_{SD_n} = 0 \\ (-1)^{g_{SD_n}-1}e^{f_1}\mathrm{Ei}(-f_1) + \sum_{L=1}^{g_{SD_n}}(L-1)!(-1)^{g_{SD_n}-L}(f_1)^{-L}, g_{SD_n} > 0 \end{cases} \tag{9-41}$$

$$\Phi_2 = \begin{cases} -e^{f_1+f_3}\mathrm{Ei}(-f_2-f_3), g_{SR}+g_{RD_n} = 0 \\ (-1)^{g_{SR}+g_{RD_n}-1}e^{f_2+f_3}\mathrm{Ei}(-f_2-f_3) + \sum_{L=1}^{g_{SR}+g_{RD_n}}(L-1)! \\ \times(-1)^{g_{SR}+g_{RD_n}-L}(f_2+f_3)^{-L}, g_{SR}+g_{RD_n} > 0 \end{cases} \tag{9-42}$$

$$\Phi_3 = \begin{cases} -e^{f_1+f_2+f_3}\mathrm{Ei}(-f_1-f_2-f_3), g_{SR}+g_{RD_n}+g_{SD_n} = 0 \\ (-1)^{g_{SR}+g_{RD_n}+g_{SD_n}-1}e^{f_1+f_2+f_3}\mathrm{Ei}(-f_1-f_2-f_3) + \sum_{L=1}^{g_{SR}+g_{RD_n}+g_{SD_n}}(L-1)! \times \\ (-1)^{g_{SR}+g_{RD_n}+g_{SD_n}-L}(f_1+f_2+f_3)^{-L}, g_{SR}+g_{RD_n}+g_{SD_n} > 0 \end{cases} \tag{9-43}$$

式中，Ei 为指数积分函数，接下来，对 $R_{\mathrm{ave}}^{D_{n,2},\mathrm{id}}$ 取均值为

$$R_{\mathrm{ave}}^{D_{n,2},\mathrm{id}} = \mathrm{E}\left[\frac{1}{2}\log_2(1 + a_n\gamma\rho_{SD_n})\right] \tag{9-44}$$

令 $W = \rho_{SD_n}$，则 W 服从 Nakagami-m 衰落，W 的 CDF 为

$$F_W(w) = \mathrm{Pr}(\rho_{SD_n} \leqslant w)$$

$$= 1 - \sum_{g_{SD_n}=0}^{\alpha_{SD_n}-1} \frac{1}{g_{SD_n}!}e^{-w/\beta_{SD_n}}\left(\frac{w}{\beta_{SD_n}}\right)^{g_{SD_n}} \tag{9-45}$$

因此，$R_{\mathrm{ave}}^{D_{n,2},\mathrm{id}}$ 可重写为

$$R_{\mathrm{ave}}^{D_{n,2},\mathrm{id}} = \frac{a_n\gamma}{2\ln2}\int_0^\infty \frac{1-F_W(w)}{1+a_2\gamma w}dw$$

$$= \sum_{g_{SD_n}=0}^{\alpha_{SD_n}-1} \frac{1}{g_{SD_n}!}\left(\frac{1}{a_n\gamma\beta_{SD_n}}\right)^{g_{SD_n}} \underbrace{\int_0^\infty \frac{e^{-\frac{v}{a_n\gamma\beta_{SD_n}}}v^{g_{SD_n}}}{1+v}dv}_{\Phi_1} \tag{9-46}$$

基于式(9-41)，可以得到 $R_{ave}^{D_n,2,id}$ 的最终结果。然后，结合式(9-36)、式(9-40)和式(9-46)，就可以得到 ESR 在理想硬件条件下的上界见式(9-47)。

$$R_{ave}^{id} \leqslant \frac{1}{2}\log_2\left(1 + \frac{a_f}{a_n}\right) + \frac{1}{2\ln2}\sum_{g_{SD_n}}^{\alpha_{SD_n}-1}\frac{1}{g_{SD_n}!}(f_1)^{g_{SD_n}}\Phi_1 + \frac{1}{4\ln2} \times$$

$$\left[\sum_{g_{SR}=0}^{\alpha_{SR}-1}\sum_{g_{RD_n}=0}^{\alpha_{RD_n}-1}\frac{1}{g_{SR}!g_{RD_n}!}(f_2)^{g_{SR}}(f_3)^{g_{RD_n}}\Phi_2\sum_{g_{SR}=0}^{\alpha_{SR}-1}\sum_{g_{RD_n}=0}^{\alpha_{RD_n}-1} \times\right.$$

$$\left.\sum_{g_{SD_n}=0}^{\alpha_{SD_n}-1}\frac{1}{g_{SR}!g_{RD_n}!g_{SD_n}!}(f_1)^{g_{SD_n}}(f_2)^{g_{SR}}(f_3)^{g_{RD_n}}\Phi_3\right] \tag{9-47}$$

9.4 仿真结果

在本节中，通过 MATLAB 仿真来验证理论分析结果的正确性。同时，为了凸显硬件损伤对 NOMA DH AF 协作中继系统性能的影响，还将理想硬件条件下的 OP 及 ESR 的结果加入仿真分析中。在以下仿真中，除非另有说明，统一地将功率分配系数设为 $a_f = 3/4$，$a_n = 1/4$，中断阈值 $\overline{\gamma}_{thf} = 1$，$\overline{\gamma}_{thn} = 3$。此外，为了便于分析硬件损伤对系统性能的影响，将 AWGN 的方差设为 $N_i = 1$，$i \in \{SR, RD_f, RD_n, SD_n\}$，硬件损伤系数设为 $\kappa_{SR} = \kappa_{RD_f} = \kappa_{RD_n} = \kappa_{SD_n} = \kappa$。

图 9-2 给出了不同硬件损伤程度（$\kappa \in \{0,0.1,0.17\}$）下 NOMA DH AF 协作中继系统的 OP 与 SNR 的关系曲线图，其中 Nakagami-m 衰落信道的衰落参数设置为：$\alpha_{SR} = 4$，$\alpha_{RD_f} = \alpha_{RD_n} = \alpha_{SD_n} = 2$；$\beta_{SR} = \beta_{RD_n} = \beta_{SD_n} = 1$，$\beta_{RD_f} = 4$。从图中可以看出，式(9-15)和式(9-20)得到的 OP 理论分析结果与蒙特卡洛仿真结果吻合，这证明了在 9.3 节中理论分析 OP 的正确性。在高 SNR 下，式(9-25)、式(9-28)所得到 Nakagami-m 衰落信道下的渐近值能很好地逼近仿真值。对于远端用户 D_f，从图中可以看出当 SNR > 10dB 时，无论是在理想硬件条件下还是硬件损伤条件下，理论分析的 OP 曲线与渐近分析的 OP 曲线进行重叠，这说明了求取的渐近 OP 的闭式表达式是正确的。对于近端用户 D_n，可以看出，随着 SNR 的增大，理想硬件的 OP 曲线与硬件损伤的 OP 曲线的间距也随之增大，这是因为硬件损伤会降低系统性能的影响。

图 9-3 给出了 NOMA DH AF 协作中继系统的 OP 随着硬件损伤系数变化的曲线图，其中 Nakagami-m 衰落信道的衰落参数设置为：$\alpha_{SR} = \alpha_{SD_n} = 7$，$\alpha_{RD_f} = 6$，$\alpha_{RD_n} = 3$；$\beta_{SR} = 3$，

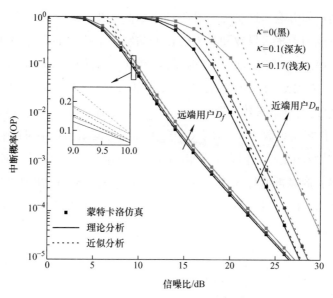

图 9-2　中断概率随信噪比变化的曲线图

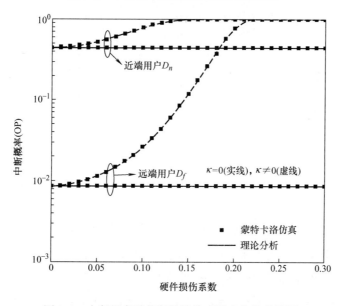

图 9-3　中断概率随着硬件损伤系数变化的曲线图

$\beta_{SD_n}=1$，$\beta_{RD_f}=\beta_{RD_n}=7$，传输的 SNR 设为固定的 15dB。远端用户 D_f 和近端用户 D_n 的中断阈值分别设为 $\bar{\gamma}_{thf}=2$ 和 $\bar{\gamma}_{thn}=3.5$。从图 9-3 可以看出，随着硬件损伤系数的增加，无论针对远端用户还是近端用户，OP 的性能在下降。从图中可以看出，硬件损伤对近端用户的

影响高于对远端用户的影响，这是由于接收端应用 SIC 技术后，近端用户会首先消除掉远端用户信号对其造成的干扰，导致硬件损伤在近端用户干扰中的比重增加。当硬件损伤系数 κ 大于 0.2 时，两用户的 OP 为 1，此时设备受到严重的硬件损伤而无法正常工作。

图 9-4 给出了 NOMA DH AF 协作中继系统的 ESR 随着 SNR 变化的曲线图，其中 Nakagami-m 衰落信道的衰落参数设置为 $\alpha_{SR}=\alpha_{RD_n}=2$，$\alpha_{RD_f}=7$，$\alpha_{SD_n}=4$，$\beta_{RD_n}=4$，$\beta_{SR}=\beta_{RD_f}=\beta_{SD_n}=7$，硬件损伤系数为 $\kappa\in\{0,\ 0.05,\ 0.17\}$。从图 9-4 中可以看出，硬件损伤在低 SNR 下对 ESR 的影响较小，但在高 SNR 下对其影响较显著。其次，ESR 在硬件损伤条件下存在一个上界，此时再增加 SNR 也不能提高系统的性能。而在理想硬件条件下，ESR 随着 SNR 的增加而呈对数形式增长。此外，对于相同的 SNR 条件下，ESR 随着硬件损伤系数的减小而增大。

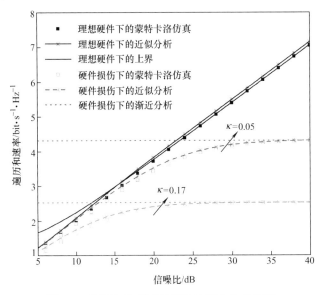

图 9-4 遍历和速率随着信噪比变化的曲线图

图 9-5 给出了 ESR 随着硬件损伤系数变化的曲线图，其中 SNR $\in\{30,\ 40\}$。为了便于比较，将理想硬件下的 ESR 考虑在内。在此次仿真中，将 Nakagami-m 衰落信道的衰落参数设置为 $\alpha_{SR}=\alpha_{RD_n}=2$，$\alpha_{RD_f}=\alpha_{SD_n}=7$；$\beta_{SR}=\beta_{RD_n}=2$，$\beta_{RD_f}=7$，$\beta_{SD_n}=1$。从图 9-5 中可以看出当 $\kappa>0.2$ 时，ESR 在 SNR 等于 30dB 时的曲线与 SNR 等于 40dB 时的曲线几乎吻合，这是因为在高 SNR 下，ESR 趋于一个定值。其次，ESR 随着硬件损伤系数的增大而逐渐趋于 0，此时说明协作中继系统受到严重的硬件损伤影响而不能正常工作。此外，当硬件损伤系数 $\kappa<0.5$ 时，ESR 随着硬件损伤系数的增加而快速下降。

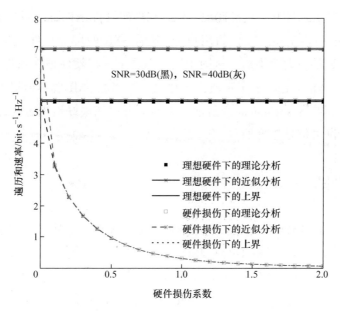

图 9-5　遍历和速率随着硬件损伤系数的变化曲线图

图 9-6 给出了 NOMA DH AF 协作中继系统中各个用户的 ER 随着 SNR 变化的曲线图。在此次仿真中，参数设置为：$\alpha_{SR} = \alpha_{RD_n} = 2$，$\alpha_{RD_f} = 7$，$\alpha_{SD_n} = 4$；$\beta_{SR} = \beta_{RD_f} = \beta_{SD_n} = 7$，

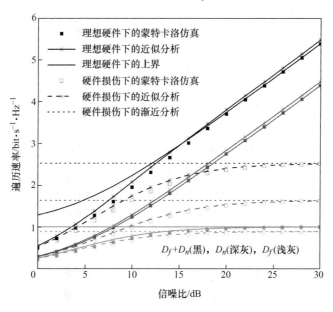

图 9-6　各个用户的遍历速率随信噪比变化的曲线图

$\beta_{RD_n}=4$ 和 $\kappa=0.17$。从图 9-6 更准确地看出，在理想硬件条件下，用户 D_f 在高 SNR 下趋于一个恒定值 $\log_2(1+a_f/a_n)/2$，而用户 D_n 随着 SNR 的增加呈线性增长，两用户总的 ESR 也会随着 SNR 的增大而增加。从图中还可以看出，在硬件损伤条件下，用户 D_f 和用户 D_n 的 ER 在高 SNR 下趋于一个定值，此时说明再增加 SNR 也不能提高系统的性能。在高 SNR 下，所得到的 Nakagami-m 衰落信道下的渐近值能很好地逼近理论分析值，证明了高 SNR 下求取的渐进值是正确的。

9.5　本章小结

在本章中研究了理想硬件和硬件损伤条件下使用 NOMA 的协作中继系统的性能。推导给出 Nakagami-m 衰落信道下的 OP 和 ESR 的确切表达式。此外，本章还对系统的 OP 和 ESR 进行高 SNR 下的渐近分析。基于仿真结果，得出以下结论：由于硬件损伤的影响，NOMA DH AF 协作中继系统的 OP 随着 SNR 的增加而逐渐减小。在同一 SNR 下，OP 随着硬件损伤系数的增加而逐渐趋于 1，ESR 随着硬件损伤系数的增加而逐渐趋于 0，此时说明 NOMA DH AF 中继系统受到严重的硬件损伤的影响而不能正常工作。同时又分别对两用户的 OP 和 ER 进行了比较，值得注意的是，由于 NOMA 中功率分配的影响，在低 SNR（SNR < 30dB）下，没有直连链路的远端用户的中断性能要优于直连链路的近端用户的中断性能，这也意味着 NOMA 技术可以有效提高用户之间的公平性。

参 考 文 献

[1]　KIM J B,LEE I H. Capacity analysis of cooperative relaying systems using non-orthogonal multiple access [J]. IEEE Communications Letters,2015,19(11):1949-1952.

[2]　YUE X,LIU Y,KANG S,et al. Performance analysis of NOMA with fixed gain relaying over Nakagami-m fading channels[J]. IEEE Access,2017,5:5445-5454.

[3]　KADER M F,SHIN S Y. Exploiting cooperative diversity with non-orthogonal multiple access over slow fading channel[J]. International Journal of Electronics,2017,104(6):1050-1062.

[4]　KIM J B,LEE I H. Non-orthogonal multiple access in coordinated direct and relay transmission[J]. IEEE Communications Letters,2015,19(11):2037-2040.

[5]　KADER M,SHIN S Y. Cooperative relaying using space-time block coded non-orthogonal multiple access [J]. IEEE Transactions on Vehicular Technology,2017,66(7):5894-5903.

[6]　MEN J,GE J,ZHANG C. Performance analysis of nonorthogonal multiple access for relaying networks over

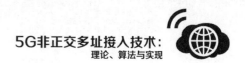
Nakagami-m fading channels[J]. IEEE Transactions on Vehicular Technology,2017,66(2):1200-1208.

[7] MEN J,GE J,ZHANG C. Performance analysis for downlink relaying aided non-orthogonal multiple access networks with imperfect CSI over Nakagami-fading[J]. IEEE Access,2017,5:998-1004.

[8] LI J,MATTHAIOU M,SVENSSON T. I/Q imbalance in AF Dual-Hop relaying:performance analysis in Nakagami-m fading[J]. IEEE Transactions on Communications,2014,62(3):836-847.

[9] SCHENK T. RF Imperfections in High-rate Wireless Systems:Impact and Digital Compensation[M]. Berlin:Springer Netherlands,2008.

[10] BJORNSON E,MATTHAIOU M,DEBBAH M. A new look at Dual-Hop relaying:performance limits with hardware impairments[J]. IEEE Transactions on Communications,2013,61(11):4512-4525.

[11] Gradshteyn I Sand Ryzhik I M. Table of integrals,series,and products(seventh edition)[M]. San Diego:Academic Press,2007.

[12] GE J,MEN J. Performance analysis of non-orthogonal multiple access in downlink cooperative network[J]. Communications Iet,2015,9(18):2267-2273.

第 10 章

非理想 CSI 硬件损伤下行 NOMA 传输技术及性能

目前，新一代的移动通信系统要求更高的系统容量、更高的传输速率以及更多的无线设备接入点。因此，协作通信技术与 NOMA 技术的融合不可避免。基于新一代移动通信系统多样化的需求，本章节将 NOMA 技术应用到硬件受限协作中继系统中，提出一个硬件受限协作 NOMA 系统模型，考虑 α-μ 衰落信道，研究了残留硬件损伤对协作 NOMA 网络的影响。此外，考虑不完美 CSI（ipCSI），基于两种信道估计误差模型，研究了协作 NOMA 和非协作 NOMA 两种场景下用户的中断概率和遍历容量。

10.1 研究背景

随着智能设备的空前应用，数据服务呈指数级增长，导致无线通信运营商正面临着巨大的挑战[1]。非正交多址（NOMA）被认为是解决第五代（5G）移动网络面临的频谱效率、服务质量（QoS）和大规模连接等挑战的一项很有前景的技术[2]。一般来说，NOMA 技术可以进一步分为两类，即码域 NOMA[3] 和功率域 NOMA[4]。本节关注的是功率域 NOMA，使用 NOMA 来指代功率域 NOMA。NOMA 的主要特点是允许多个用户根据信道条件，分配不同的功率，共享相同的时间/频率资源。在接收端，通过使用串行干扰消除（SIC）算法对叠加信息进行译码[5]。

近年来，NOMA 在无线通信领域得到了广泛的研究，NOMA 中的一些技术已经被国际标准化组织（3GPP）采纳为国际标准[4,6-9]，如下行多用户叠加传输（Downlink Multiuser Superosition Transmission，DL-MUST）[10] 和大规模物联网（Massive Machine Type Communication，mMTC）[11]。在文献［4］中，作者研究了随机部署用户的下行 NOMA 系统性能，得到了中断概率的闭式表达式。文献［6］的作者提出了一种新的能量控制方案，并且推导出了上行 NOMA 系统的中断概率和可达和速率的闭式表达式。此外，作者在文献［7］中研究了大规模 NOMA 网络的安全性能，其中考虑了单天线和多天线辅助传输场景。文献［8］分析了大规模异构网络（HetNets）的覆盖范围、遍历容量和能量效率，提出了一种将 NOMA 与 HetNets 相结合的传输框架。结合 NOMA 和同步无线信息与功率传输（SWIPT）技术，文献［9］提出了一种新的协作 SWIPT NOMA 协议，其中使用信道条件好的用户作为能量采集中继，以此帮助信道条件较差的用户。

上述工作的一个共同特点是假定收发端硬件是理想的，这对于实际的系统来说是不切实际的。在实际系统中，所有系统都存在几种类型的硬件损伤，如放大器非线性、同相/正交不平衡、相位噪声、量化误差等[12]。即使通过模拟和数字信号处理，采用了一些补

偿和校准技术来减轻这些硬件损伤对系统性能的影响，但是由于估计误差、校准不准确以及不同类型的噪声等原因，仍然存在一些残留损伤[13]。理论分析和实验结果表明，残留硬件损伤可以通过加性失真噪声来建模[12]。在本章节中，考虑 $\alpha\text{-}\mu$ 衰落信道，研究残留硬件损伤和非完美 CSI 对协作 NOMA 中继网络的影响。分别考虑两种典型的场景：1）非协作 NOMA，基站直接发送信息给多个用户；2）协作 NOMA，基站一方面通过 AF 中继的协助与用户进行通信，另一方面直接传输信息给用户。

10.2 系统模型

如图 10-1 所示，考虑一个协作 NOMA AF 中继系统，包括一个源节点 S，即基站，一个中继节点 R 和 N 个目的节点 $D_n(1 \le n \le N)$。本节考虑两种典型场景：1）基站直接与用户 D_n 通信，即非协作 NOMA 通信；2）基站与用户通过中继的帮助进行通信，而且基站与用户之间可以直接建立通信链路，即协作 NOMA 通信。假设 S、R 和 D_n 均配备单个天线。

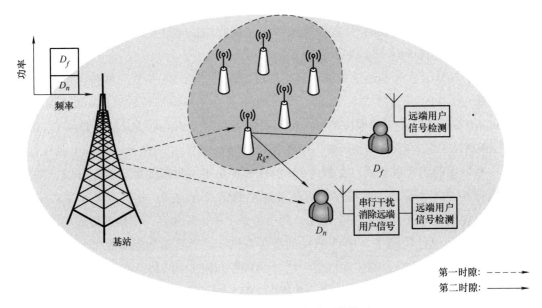

图 10-1 协作 NOMA AF 中继系统模型

在实际中，由于某些类型的误差，获取完美的 CSI（perfect CSI，pCSI）是不可能的。通常利用信道估计来获取 CSI。使用线性最小均方误差（Linear Minimum Mean Square Error，LMMSE），信道系数可以表示为[13]

$$g_i = \hat{g}_i + e_i (i = SR, RD_n, SD_n) \tag{10-1}$$

式中，$\hat{g}_i$ 表示估计信道系数；$e_i \sim \mathcal{CN}(0, \sigma_{e_i}^2)$ 表示估计信道误差。注意，由于 LMMSE 估计的正交性，$\hat{g}_i$ 和 e_i 是不相关的。

在本节中，考虑以下两种不同类型的估计误差。

1）$\sigma_{e_i}^2$ 固定且独立于平均 SNR。

2）$\sigma_{e_i}^2$ 是平均 SNR 的函数，并且可以近似为高斯任意变量。估计误差的方差可以建模为 $\sigma_{e_i}^2 = \Omega_i/(1+\delta\gamma\Omega_i)$[14]。其中 Ω_i 是 g_i 的方差，$\delta > 0$ 的值取决于根据训练导频功耗而获取 CSI 的成本，并反映信道估计的质量。此外，定义 SNR 为 γ。因此，估计信道 $\hat{g}_i$ 的方差可以表示为 $\hat{\Omega}_i = \Omega_i - \sigma_{e_i}^2 = \delta\gamma\Omega_i^2/(1+\delta\gamma\Omega_i)$。

不失一般性，S 和 D_n 之间的估计信道增益排序为 $|\hat{g}_{SD_1}|^2 \leqslant |\hat{g}_{SD_2}|^2 \leqslant \cdots \leqslant |\hat{g}_{SD_N}|^2$。

定义信道增益 $\rho_i = |\hat{g}_i|^2$，假设估计信道服从近似 α-μ 分布。因此，未排序的变量 ρ_i 的 PDF 和 CDF 可以表示为[15]

$$f_{\rho_i}(x) = \frac{\alpha_i x^{\frac{\alpha_i \mu_i}{2}-1}}{2\beta_i^{\frac{\alpha_i \mu_i}{2}}\Gamma(\mu_i)} e^{-(\frac{x}{\beta_i})^{\frac{\alpha_i}{2}}}, i = SR, RD_n, SD_n \tag{10-2}$$

$$F_{\rho_i}(x) = 1 - \sum_{m=0}^{\mu_i-1} \frac{e^{-(\frac{x}{\beta_i})^{\frac{\alpha_i}{2}}}}{m!} \left(\frac{x}{\beta_i}\right)^{\frac{\alpha_i m}{2}} \tag{10-3}$$

式中，$\alpha_i > 0$ 是非线性幂指数；$\mu_i > 0$ 与多路径群集的数量相关；$\beta_i \triangleq E(x)\Gamma(\mu_i)/\Gamma(\mu_i + 2/\alpha_i)$；$E(x) = \hat{r}_i^2\Gamma(\mu_i + 2/\alpha)/[\mu_i^{2/\alpha}\Gamma(\mu_i)]$，$\hat{r}_i = \sqrt[\alpha_i]{E(R^{\alpha_i})}$ 为随机变量幅度的均方值；$(\cdot)!$ 是阶乘函数[16]。

利用排序理论[17]，排序变量 $\tilde{\rho}_{SD_n}$ 的 PDF 和 CDF 分别表示为

$$f_{\tilde{\rho}_{SD_n}}(x) = \Xi \sum_{k=0}^{N-n} (-1)^k \binom{N-n}{k} f_{\rho_{SD_n}}(x)[F_{\rho_{SD_n}}(x)]^{n+k-1} \tag{10-4}$$

$$F_{\tilde{\rho}_{SD_n}}(x) = \Xi \sum_{k=0}^{N-n} \binom{N-n}{k} \frac{(-1)^k}{n+k}[F_{\rho_{SD_n}}(x)]^{n+k} \tag{10-5}$$

式中，$\Xi = N!/(n-1)!(N-n)!$。

10.2.1 非协作 NOMA

对于非协作 NOMA 场景，根据 NOMA 的原则，S 发送信号 $\sum_{n=1}^{N}\sqrt{a_nP_s}x_n$ 到用户 D_n，其

中 $E(|x_n|^2) = 1$，x_n 表示第 n 个用户的期望信号，P_s 是基站的平均发送功率。a_n 是用于确保用户之间公平性的功率分配系数，$a_1 \geqslant a_2 \geqslant \cdots \geqslant a_n \geqslant \cdots \geqslant a_N$。因此，文献［14］的信道估计误差模型和文献［18］的失真噪声模型，用户 D_n 的接收信号可以表示为

$$y_{SD_n} = (\hat{g}_{SD_n} + e_{SD_n}) \left(\sum_{n=1}^{N} \sqrt{a_n P_s} x_n + \eta_{SD_n} \right) + n_{SD_n} \tag{10-6}$$

式中，$\eta_{SD_n} \sim \mathcal{CN}(0, \kappa_{SD_n}^2 P_s)$ 表示收发端的联合失真噪声；κ_{SD_n} 表示收发端硬件损伤的程度，可以根据误差矢量幅度在实践中进行测量；$n_{SD_n} \sim \mathcal{CN}(0, N_{SD_n})$ 表示 AWGN。此外，定义 $\gamma = P_s / N_{SD_n}$ 为平均 SNR。

根据 NOMA 协议，接收端采用 SIC 算法。因此，D_n 译码 D_j 的信号 x_j 的接收信干噪比（SINR）可以表示为

$$\gamma_{SD, j \to n} = \frac{a_j \gamma \tilde{\rho}_{SD_n}}{\gamma (\Delta_j + \kappa_{SD_n}^2) \tilde{\rho}_{SD_n} + \sigma_{e_{SD_n}}^2 \gamma (1 + \kappa_{SD_n}^2) + 1}, j \leqslant n \tag{10-7}$$

式中，$\Delta_j = \sum_{p=j+1}^{N} a_p$，如果 D_n 能够成功译码 x_j，并从接收信号中去除，然后 D_n 译码自身的期望信号 x_n，其接收 SINR 可以表示为

$$\gamma_{SD_n} = \frac{a_n \gamma \tilde{\rho}_{SD_n}}{\gamma (\Delta_n + \kappa_{SD_n}^2) \tilde{\rho}_{SD_n} + \sigma_{e_{SD_n}}^2 \gamma (1 + \kappa_{SD_n}^2) + 1} \tag{10-8}$$

式中，$\Delta_n = \sum_{q=n+1}^{N} a_q$。SIC 之后，$D_N$ 译码自身期望信号 x_N 的接收 SINR 可表示为

$$\gamma_{SD_N} = \frac{a_N \gamma \tilde{\rho}_{SD_N}}{\kappa_{SD_N}^2 \gamma \tilde{\rho}_{SD_N} + \sigma_{e_{SD_N}}^2 \gamma (1 + \kappa_{SD_N}^2) + 1} \tag{10-9}$$

10.2.2 协作 NOMA

在协作 NOMA 场景下，需要两个时隙完成整个通信过程。

第一时隙：S 根据 NOMA 协议发送叠加信号到 R 和 D_n。因此，R 和 D_n 的接收信号可以表示为

$$y_{\tilde{i}} = (\hat{g}_{\tilde{i}} + e_{\tilde{i}}) \left(\sum_{n=1}^{N} \sqrt{a_n P_s} x_n + \eta_{\tilde{i}} \right) + n_{\tilde{i}}, \quad \tilde{i} = SR, SD_n \tag{10-10}$$

式中，$\eta_{\tilde{i}} \sim \mathcal{CN}(0, \kappa_{\tilde{i}}^2 P_s)$ 表示来自收发端的失真噪声，$n_{\tilde{i}} \sim \mathcal{CN}(0, N_{\tilde{i}})$ 表示 AWGN。

同样地，D_n 首先译码 D_j 的信号 x_j，其接收 SINR 可以表示为

$$\gamma_{SD,j\to n} = \frac{a_j \gamma \tilde{\rho}_{SD_n}}{\gamma(\Delta_j + \kappa_{SD_n}^2)\tilde{\rho}_{SD_n} + \sigma_{e_{SD_n}}^2 \gamma(1 + \kappa_{SD_n}^2) + 1}, j \leqslant n \qquad (10\text{-}11)$$

如果 D_n 成功译码 D_j 的信号 x_j，然后从叠加信号中去除 D_j 的信号 x_j，然后 D_n 译码自身期望信号 x_n，其接收 SINR 可以表示为

$$\gamma_{SD_n} = \frac{a_n \gamma \tilde{\rho}_{SD_n}}{\gamma(\Delta_n + \kappa_{SD_n}^2)\tilde{\rho}_{SD_n} + \sigma_{e_{SD_n}}^2 \gamma(1 + \kappa_{SD_n}^2) + 1} \qquad (10\text{-}12)$$

SIC 之后，D_N 译码自身期望信号的接收 SINR 可以表示为

$$\gamma_{SD_N} = \frac{a_N \gamma \tilde{\rho}_{SD_N}}{\kappa_{SD_N}^2 \gamma \tilde{\rho}_{SD_N} + \sigma_{e_{SD_N}}^2 \gamma(1 + \kappa_{SD_N}^2) + 1} \qquad (10\text{-}13)$$

第二时隙：中继将接收到的信号放大转发给用户，那么用户 D_n 接收的信号可以表示为

$$y_{RD_n} = (\hat{g}_{RD_n} + e_{RD_n})(G y_{SR} + \eta_{RD_n}) + n_{RD_n} \qquad (10\text{-}14)$$

式中，$G \triangleq \sqrt{P_R / [P_S(1 + \kappa_{SR}^2)|\hat{g}_{SR}|^2 + P_S(1 + \kappa_{SR}^2)\sigma_{e_{SR}}^2 + N_{SR}]}$ 是放大因子；$\eta_{RD_n} \sim \mathcal{CN}(0, \kappa_{RD_n}^2 P_R)$ 是来自中继和接收端的联合失真噪声；$n_{RD_n} \sim \mathcal{CN}(0, N_{RD_n})$ 表示 AWGN。另外，定义 $\lambda_{SR} = P_S / N_{SR}$ 和 $\lambda_{RD_n} = P_r / N_{RD_n}$ 为平均 SNR。为了方便表示，假设 $\lambda_{SR} = c_1 \gamma$，$\lambda_{RD_n} = c_2 \gamma$，其中 c_1 和 c_2 是常数。

D_n 采用 SIC 译码 D_j 的信号，D_n 译码 D_j 的期望信号的 SINR 可以表示为

$$\gamma_{RD,j\to n} = \frac{a_j c_1 c_2 \gamma^2 \rho_{SR}\rho_{RD_n}}{c_1 c_2 a_j \gamma^2 (\Delta_j + d)\rho_{SR}\rho_{RD_n} + \phi_{1,n} c_1 \gamma \rho_{SR} + \phi_{2,n} c_2 \gamma \rho_{RD_n} + \phi_{3,n}} \qquad (10\text{-}15)$$

式中，$d = \kappa_{SR}^2 + \kappa_{RD_n}^2 + \kappa_{SR}^2 \kappa_{RD_n}^2$；$\phi_{1,n} = c_2 \gamma \sigma_{e_{RD_n}}^2(1 + d) + \kappa_{SR}^2 + 1$；$\phi_{2,n} = c_1 \gamma \sigma_{e_{SR}}^2(1 + d) + \kappa_{RD_n}^2 + 1$；$\phi_{3,n} = c_1 c_2 \gamma^2 \sigma_{e_{SR}}^2 \sigma_{e_{RD_n}}^2(1 + d) + c_1 \gamma \sigma_{e_{SR}}^2(1 + \kappa_{SR}^2) + c_2 \gamma \sigma_{e_{RD_n}}^2(1 + \kappa_{RD_n}^2) + 1$。

成功译码 x_j 之后，D_n 译码自身期望信号 x_n，其 SINR 可以表示为

$$\gamma_{RD_n} = \frac{a_n c_1 c_2 \gamma^2 \rho_{SR}\rho_{RD_n}}{c_1 c_2 \gamma^2 (\Delta_n + d)\rho_{SR}\rho_{RD_n} + \phi_{1,n} c_1 \gamma \rho_{SR} + \phi_{2,n} c_2 \gamma \rho_{RD_n} + \phi_{3,n}} \qquad (10\text{-}16)$$

SIC 之后，D_N 译码其自身期望信号的 SINR 可以表示为

$$\gamma_{RD_N} = \frac{a_N c_1 c_2 \gamma^2 \rho_{SR}\rho_{RD_N}}{c_1 c_2 \gamma^2 d\rho_{SR}\rho_{RD_N} + \phi_{1,N} c_1 \gamma \rho_{SR} + \phi_{2,N} c_2 \gamma \rho_{RD_N} + \phi_{3,N}} \qquad (10\text{-}17)$$

10.3　系统性能分析

在本节中，分析了非协作 NOMA 和协作 NOMA 两种场景下，分别从中断概率、渐进分析、遍历容量和能量效率四个方面分析系统性能。

10.3.1　中断概率

在本节中，分析了非协作 NOMA 和协作 NOMA 两种场景下，D_n 的中断概率和分集增益，并得到了对应的闭式表达式。

（1）非协作 NOMA

对于非协作 NOMA 场景，如果 D_n 无法译码自身期望信号 x_n 或者 D_j 的信号 x_j，D_n 的中断概率可以表示为

$$P_{\text{out}}^n = 1 - \Pr(E_{n,1}^{SD} \cap \cdots \cap E_{n,n}^{SD}) \tag{10-18}$$

式中，$E_{n,j}^{SD}$ 表示 D_n 能够成功译码 D_j 的信号，$E_{n,j}^{SD}$ 可表示为

$$
\begin{aligned}
E_{n,j}^{SD} &= \{ \gamma_{SD,j \to n} > \gamma_{\text{th}j} \} \\
&= \left\{ \tilde{\rho}_{SD_n} > \frac{\gamma_{\text{th}j} [\sigma_{e_{SD_n}}^2 \gamma(1 + \kappa_{SD_n}^2) + 1]}{\gamma [a_j - (\Delta_j + \kappa_{SD_n}^2) \gamma_{\text{th}j}]} \triangleq \theta_j \right\}
\end{aligned} \tag{10-19}
$$

式中，$\gamma_{\text{th}j}$ 是中断阈值，式（10-19）满足条件 $a_j (\Delta_j + \kappa_{SD_n}^2)\ \gamma_{\text{th}j}$。

对于 α-μ 衰落信道，非理想情况下（存在非理想硬件和信道估计误差）和理想硬件下（理想硬件和无信道估计误差）下，D_n 的中断概率闭式表达式分别为

$$P_{\text{out}}^{n,\text{ni}} = \Xi \sum_{k=0}^{N-n} \binom{N-n}{k} \frac{(-1)^k}{n+k} \left(1 - \sum_{m_1=0}^{\mu_{SD_n}-1} \frac{1}{m_1!} e^{-\left(\frac{\theta_n^*}{\beta_{SD_n}}\right)^{\frac{\alpha_{SD_n}}{2}}} \left(\frac{\theta_n^*}{\beta_{SD_n}}\right)^{\frac{\alpha_{SD_n} m_1}{2}} \right)^{n+k} \tag{10-20}$$

$$P_{\text{out}}^{n,\text{id}} = \Xi \sum_{k=0}^{N-n} \binom{N-n}{k} \frac{(-1)^k}{n+k} \left(1 - \sum_{m_1=0}^{\mu_{SD_n}-1} \frac{1}{m_1!} e^{-\left(\frac{\vartheta_1}{\beta_{SD_n}}\right)^{\frac{\alpha_{SD_n}}{2}}} \left(\frac{\vartheta_1}{\beta_{SD_n}}\right)^{\frac{\alpha_{SD_n} m_1}{2}} \right)^{n+k} \tag{10-21}$$

其中，$\theta_n^* = \max\limits_{1<j<n} \theta_j$；$\vartheta_1 = \max\limits_{1<j<n} \gamma_{\text{th}j} / \gamma(a_j - \Delta_j \gamma_{\text{th}j})$。注意，上标 ni 和 id 分别表示非理想情况和理想情况。

证明： 将式（10-19）代入式（10-18）中，得到

$$P_{\text{out}}^n = 1 - \Pr\{ \tilde{\rho}_{SD_n} > \theta_n^* \} \tag{10-22}$$

其中 $\theta_n^* = \max\limits_{1<j<n} \theta_j$。

将信道增益 $\tilde{\rho}_{SD_n}$ 的 PDF 代入式（10-22）中，经过一系列计算，可以得到式（10-20）的结果。通过设置 $\kappa_i = \sigma_{e_i}^2 = 0$，可以得到理想情况下用户的中断概率闭式表达式。

证明完毕。

基于中断概率的分析结果，接下来研究 D_n 的渐进中断概率，并进一步得到其分集增益，分集增益定义为

$$d = -\lim_{\gamma \to \infty} \frac{\log_2(P_{\text{out}}^{n,\infty})}{\log_2 \gamma} \tag{10-23}$$

首先推导中断概率的渐进表达式，当 $\gamma \to \infty$（高 SNR）时，非理想情况下和理想情况下 D_n 的渐进中断概率分别为

$$P_{\text{out},\infty}^{n,\text{ni}} = \frac{\Xi'}{(\mu_{SD_n}!)^n} \left(\frac{\varsigma_1}{\beta_{SD_n}}\right)^{\frac{n\alpha_{SD_n}\mu_{SD_n}}{2}} \tag{10-24}$$

$$P_{\text{out},\infty}^{n,\text{id}} = \frac{\Xi'}{(\mu_{SD_n}!)^n} \left(\frac{\vartheta_1}{\beta_{SD_n}}\right)^{\frac{n\alpha_{SD_n}\mu_{SD_n}}{2}} \tag{10-25}$$

式中，$\vartheta_1 = \max\limits_{1 \leq j \leq n} \gamma_{\text{th}j}/\gamma(a_j - \gamma_{\text{th}j}\Delta_j)$。注意到，当估计误差的方差 $\sigma_{e_i}^2$ 是一个固定的常数时，$\varsigma_1 = \max\limits_{1 \leq j \leq n} \gamma_{\text{th}j}\sigma_{e_{SD_n}}^2(1 + \kappa_{SD_n}^2)/[a_j - (\Delta_j + \kappa_{SD_n}^2)\gamma_{\text{th}j}]$；当估计误差的方差 $\sigma_{e_i}^2$ 是 SNR 的函数时，$\varsigma_1 = \max\limits_{1 \leq j \leq n} \gamma_{\text{th}j}(1 + \kappa_{SD_n}^2)/[\gamma_{SD_n}(a_j - (\Delta_j + \kappa_{SD_n}^2)\gamma_{\text{th}j})]$；$\vartheta_1 = \max\limits_{1 \leq j \leq n} \gamma_{\text{th}j}/\gamma(a_j - \gamma_{\text{th}j}\Delta_j)$。

证明：当 $\gamma \to \infty$ 时，信道增益 ρ_{SD_n} 的 PDF 和 CDF 分别近似为

$$f_{\rho_{SD_n}}(x) \approx \frac{\alpha_{SD_n}}{2\beta_{SD_n}^{\frac{\alpha_{SD_n}\mu_{SD_n}}{2}}\Gamma(\mu_{SD_n})} x^{\frac{\alpha_{SD_n}\mu_{SD_n}}{2}-1} \tag{10-26}$$

$$F_{\rho_{SD_n}}(x) \approx \frac{1}{\Gamma(\mu_{SD_n}+1)}\left(\frac{x}{\beta_{SD_n}}\right)^{\frac{\alpha_i\mu_i}{2}} \tag{10-27}$$

将式（10-26）和式（10-27）代入式（10-4）和式（10-5）中，得到排序后的 $\tilde{\rho}_{SD_n}$ 的 CDF 为

$$F_{\tilde{\rho}_{SD_n}}(y) \approx \Xi \int_0^y \frac{\alpha_{SD_n}}{2\beta_{SD_n}^{\frac{\alpha_{SD_n}\mu_{SD_n}n}{2}}\Gamma(\mu_{SD_n})} x^{\frac{\alpha_{SD_n}\mu_{SD_n}}{2}-1} \left(\frac{1}{\Gamma(\mu_{SD_n}+1)}\left(\frac{x}{\beta_{SD_n}}\right)^{\frac{\alpha_{SD_n}\mu_{SD_n}}{2}}\right)^{n-1} dx$$

$$= \Xi \frac{\alpha_{SD_n}\mu_{SD_n}}{2\beta_{SD_n}^{\frac{\alpha_{SD_n}\mu_{SD_n}n}{2}}(\mu_{SD_n!})^n} \int_0^y x^{\frac{\alpha_{SD_n}\mu_{SD_n}n}{2}-1} dx$$

$$= \frac{N!}{(N-n)!n!} \frac{1}{(\mu_{SD_n}!)^n} \left(\frac{\gamma}{\beta_{SD_n}}\right)^{\frac{\alpha_{SD_n}\mu_{SD_n}n}{2}} \quad (10\text{-}28)$$

将式（10-28）的结果代入式（10-20）的证明过程中，即可得到式（10-24）的结果。通过设置 $\kappa_i = \sigma_{e_i}^2 = 0$，得到理想情况下用户的渐进中断概率闭式表达式。

证明完毕。

接下来，将式（10-24）和式（10-25）分别代入式（10-23）中，经过一系列运算，得到非理想情况下和理想情况下系统分集增益分别为

$$d_{1\text{st},f}^{n,\text{ni}} = 0, d_{1\text{st},v}^{n,\text{ni}} = \frac{n\alpha_{SD_n}\mu_{SD_n}}{2} \quad (10\text{-}29)$$

$$d_{1\text{st}}^{n,\text{id}} = \frac{n\alpha_{SD_n}\mu_{SD_n}}{2} \quad (10\text{-}30)$$

其中式（10-29）中下标 f 代表 $\sigma_{e_i}^2$ 是固定值这一信道估计模型，下标 v 代表 $\sigma_{e_i}^2$ 是 SNR 的函数这一信道估计误差模型。注意到，在非理想情况下，当 $\sigma_{e_i}^2$ 是固定值时，所建系统的分集增益为 0；当 $\sigma_{e_i}^2$ 是 SNR 的函数时，所建系统的分集增益为 $n\alpha_{SD_n}\mu_{SD_n}/2$。理想情况下，所建系统的分集增益仍为 $n\alpha_{SD_n}\mu_{SD_n}/2$。

（2）协作 NOMA

在协作 NOMA 场景下，用户采用 SC 算法处理来自 S 和 R 的信号。因此，如果 D_n 在链路 $S \to R \to D$ 和 $S \to D$ 均无法译码自己的信号或者 D_j 的信号，D_n 将发生中断，其中断概率可以表示为

$$P_{\text{out}}^n = [1 - \Pr(E_{n,1}^{SD} \cap \cdots \cap E_{n,n}^{SD})][1 - \Pr(E_{n,1}^{SRD} \cap \cdots \cap E_{n,n}^{SRD})] \quad (10\text{-}31)$$

其中 $E_{n,j}^{SD}$ 在式（10-19）中可见。

式（10-31）中的 $E_{n,j}^{SRD}$ 表示 D_n 能够成功译码 D_j 的信号，可表示为

$$E_{n,j}^{SRD} = \{\gamma_{RD,j \to n} > \gamma_{\text{th}j}\}$$

$$= \left\{\rho_{RD_n} > \frac{\phi_{1,n}\gamma_{\text{th}j}}{c_2\gamma(a_j - \gamma_{\text{th}j}(\Delta_j + d))} \triangleq \psi_j, \rho_{sr} > \frac{\psi_j(\phi_{2,n}c_2\gamma\rho_{RD_n} + \phi_{3,n})}{\phi_{1,n}c_1\gamma(\rho_{SD_n} - \psi_j)}\right\} \quad (10\text{-}32)$$

其中式（10-32）满足条件 $a_j > (\Delta_j + d)\gamma_{\text{th}j}$。由于积分的高度复杂性，很难得到 D_n 中断概率的确切表达式，接下来推导 α-μ 衰落信道下 D_n 的中断概率下界。

在非理想情况下和理想情况下，D_n 的中断概率下界为

$$P_{\text{out}}^{n,\text{ni}} = \Xi \sum_{k=0}^{N-n} \binom{N-n}{k} \frac{(-1)^k}{n+k} \left(1 - \sum_{m_1=0}^{\mu_{SD_n}-1} \frac{1}{m_1!} e^{-\left(\frac{\theta_n^*}{\beta_{SD_n}}\right)^{\frac{\alpha_{SD_n}}{2}}} \left(\frac{\theta_n^*}{\beta_{SD_n}}\right)^{\frac{\alpha_{SD_n}m_1}{2}}\right)^{n+k}$$

$$\times \left(1 - \sum_{m_2=0}^{\mu_{SR}-1} \sum_{m_3=0}^{\mu_{RD_n}-1} \frac{1}{m_2! m_3!} e^{-\left(\frac{\tau}{\beta_{SR}}\right)^{\frac{\alpha_{SR}}{2}} - \left(\frac{\psi_n^*}{\beta_{RD_n}}\right)^{\frac{\alpha_{RD_n}}{2}}} \left(\frac{\tau}{\beta_{SR}}\right)^{\frac{\alpha_{SR}m_2}{2}} \left(\frac{\psi_n^*}{\beta_{RD_n}}\right)^{\frac{\alpha_{RD_n}m_3}{2}} \right) \quad (10\text{-}33)$$

$$P_{\text{out}}^{n,\text{id}} = \Xi \sum_{k=0}^{N-n} \binom{N-n}{k} \frac{(-1)^k}{n+k} \left(1 - \sum_{m_1=0}^{\mu_{SD_n}-1} \frac{1}{m_1!} e^{-\left(\frac{\vartheta_1}{\beta_{SD_n}}\right)^{\frac{\alpha_{SD_n}}{2}}} \left(\frac{\vartheta_1}{\beta_{SD_n}}\right)^{\frac{\alpha_{SD_n}m_1}{2}} \right)^{n+k}$$

$$\times \left(1 - \sum_{m_2=0}^{\mu_{SR}-1} \sum_{m_3=0}^{\mu_{RD_n}-1} \frac{1}{m_2! m_3!} e^{-\left(\frac{\vartheta_2}{\beta_{SR}}\right)^{\frac{\alpha_{SR}}{2}} - \left(\frac{\vartheta_3}{\beta_{RD_n}}\right)^{\frac{\alpha_{RD_n}}{2}}} \left(\frac{\vartheta_2}{\beta_{SR}}\right)^{\frac{\alpha_{SR}m_2}{2}} \left(\frac{\vartheta_3}{\beta_{RD_n}}\right)^{\frac{\alpha_{RD_n}m_3}{2}} \right) \quad (10\text{-}34)$$

式中，$\psi_n^* = \max\limits_{1<j<n} \psi_j$；$\tau = c_2 \psi_n^* \phi_{2,n} / c_1 \phi_{1,n}$；$\vartheta_2 = \max\limits_{1<j<n} \gamma_{\text{th}j} / (c_1 \gamma (a_j - \Delta_j \gamma_{\text{th}j}))$；$\vartheta_3 = \max\limits_{1<j<n} \gamma_{\text{th}j} / [c_2 \gamma (a_j - \Delta_j \gamma_{\text{th}j})]$。

证明： 将式（10-32）代入式（10-31）中，D_n 的中断概率可重写为

$$P_{\text{out}}^n = \underbrace{\left[1 - \Pr(\tilde{\rho}_{SD_n} > \theta_n^*) \right]}_{J_1} \underbrace{\left[1 - \Pr\left(\rho_{RD_n} > \psi_n^*, \rho_{SR} > \frac{\psi_n^* (\phi_{2,n} \gamma \rho_{RD_n} + \phi_{3,n})}{\phi_{1,n} \gamma (\rho_{RD_n} - \psi_n^*)} \right) \right]}_{J_2} \quad (10\text{-}35)$$

式中，$\theta_n^* = \max\limits_{1<j<n} \theta_j$；$\psi_n^* = \max\limits_{1<j<n} \psi_j$。

根据式（10-20）的证明过程，得到

$$J_1 = \Xi \sum_{k=0}^{N-n} \binom{N-n}{k} \frac{(-1)^k}{n+k} \left(1 - \sum_{m_1=0}^{\mu_{SD_n}-1} \frac{1}{m_1!} e^{-\left(\frac{\theta_n^*}{\beta_{SD_n}}\right)^{\frac{\alpha_{SD_n}}{2}}} \left(\frac{\theta_n^*}{\beta_{SD_n}}\right)^{\frac{\alpha_{SD_n}m_1}{2}} \right)^{n+k} \quad (10\text{-}36)$$

经过一系列运算，J_2 可转变为

$$J_2 = 1 - \Pr\left(\frac{\rho_{SR} \rho_{RD_n} \gamma^2 \frac{\phi_{1,n} \phi_{2,n}}{\phi_{3,n}^2}}{\rho_{SR} \frac{\gamma \phi_{1,n}}{\phi_{3,n}} + \rho_{RD_n} \frac{\gamma \phi_{2,n}}{\phi_{3,n}} + 1} > \psi_n^* \frac{\gamma \phi_{2,n}}{\phi_{3,n}} \right) \quad (10\text{-}37)$$

利用不等式 $xy/(x+y+1) \leqslant \min(x,y)$，$J_2$ 可近似为

$$J_2 = 1 - \Pr\left[\min(\rho_{SR} \phi_{1,n}, \rho_{RD_n} \phi_{2,n}) \geqslant \psi_n^* \phi_{2,n} \right]$$

$$= F_{\rho_{SR}}\left(\frac{\psi_n^* \phi_{2,n}}{\phi_{1,n}}\right) + F_{\rho_{RD_n}}(\psi_n^*) - F_{\rho_{SR}}\left(\frac{\psi_n^* \phi_{2,n}}{\phi_{1,n}}\right) F_{\rho_{RD_n}}(\psi_n^*) \quad (10\text{-}38)$$

将式（10-3）代入式（10-38）中，可得

$$J_2 = 1 - \sum_{m_2=0}^{\mu_{SR}-1} \sum_{m_3=0}^{\mu_{RD_n}-1} \frac{1}{m_2! m_3!} e^{-\left(\left(\frac{\psi_n^* \phi_{2,n}}{\phi_{1,n} \beta_{SR}}\right)^{\frac{\alpha_{SR}}{2}} + \left(\frac{\psi_n^*}{\beta_{RD_n}}\right)^{\frac{\alpha_{RD_n}}{2}}\right)} \left(\frac{\psi_n^* \phi_{2,n}}{\beta_{SR} \phi_{1,n}}\right)^{\frac{\alpha_{SR}m_2}{2}} \left(\frac{\psi_n^*}{\beta_{RD_n}}\right)^{\frac{\alpha_{RD_n}m_3}{2}} \quad (10\text{-}39)$$

然后，将式（10-36）和式（10-39）代入式（10-35），得到非理想情况下 D_n 的中断概率

下界闭式表达式。通过设置 $\kappa_i = \sigma_{e_i}^2 = 0$，得到理想情况下用户的中断概率闭式表达式。

证明完毕。

根据式（10-33）和式（10-34）的结果，当 $\gamma \to \infty$ 时，D_n 的渐进中断概率在两种情况下分别表示为

$$P_{\text{out},\infty}^{n,\text{ni}} = \frac{\Xi'}{(\mu_{SD_n}!)^n} \left(\frac{\varsigma_1}{\beta_{SD_n}}\right)^{\frac{n\alpha_{SD_n}\mu_{SD_n}}{2}} \left(\frac{1}{\mu_{SR}!} \left(\frac{\varsigma_2}{\beta_{SR}}\right)^{\frac{\alpha_{SR}\mu_{SR}}{2}} + \frac{1}{\mu_{RD_n}!} \left(\frac{\varsigma_3}{\beta_{RD_n}}\right)^{\frac{\alpha_{RD_n}\mu_{RD_n}}{2}}\right) \tag{10-40}$$

$$P_{\text{out},\infty}^{n,\text{id}} = \frac{\Xi'}{(\mu_{SD_n}!)^n} \left(\frac{\vartheta_1}{\beta_{SD_n}}\right)^{\frac{n\alpha_{SD_n}\mu_{SD_n}}{2}} \left(\frac{1}{\mu_{SR}!} \left(\frac{\vartheta_2}{\beta_{SR}}\right)^{\frac{\alpha_{SR}\mu_{SR}}{2}} + \frac{1}{\mu_{RD_n}!} \left(\frac{\vartheta_3}{\beta_{RD_n}}\right)^{\frac{\alpha_{RD_n}\mu_{RD_n}}{2}}\right) \tag{10-41}$$

注意到，当 $\sigma_{e_i}^2$ 是一个固定的常数时，$\varsigma_2 = \max_{1 \le j \le n} \left[c_2 \gamma_{\text{th}j} \sigma_{e_{SR}}^2 (1+d)/c_1 (a_j - (\Delta_j + d) \gamma_{\text{th}j}) \right]$，$\varsigma_3 = \max_{1 \le j \le n} (\gamma_{\text{th}j} \sigma_{e_{RD_n}}^2 (1+d)/(a_j - (\Delta_j + d) \gamma_{\text{th}j}))$；考虑信道估计误差的方差随着 SNR 而变化，即 $\sigma_{e_i}^2$ 为 SNR 的函数时，$\varsigma_2 = \max_{1 \le j \le n} \left[c_2 \gamma_{\text{th}j} (1+d)/c_1 \gamma_{SR} (a_j - (\Delta_j + d) \gamma_{\text{th}j}) \right]$，$\varsigma_3 = \max_{1 \le j \le n} (\gamma_{\text{th}j} (1+d)/\gamma_{RD_n} (a_j - (\Delta_j + d) \gamma_{\text{th}j}))$。

证明：当 $\gamma \to \infty$ 时，$F_{\rho_{SD_n}}(\theta_n^*)$、$F_{\rho_{SR}}(\tau)$ 和 $F_{\rho_{RD_n}}(\psi_n^*)$ 可表示为

$$F_{\widetilde{\rho}_{SD_n}}(\theta_n^*) = \frac{\Xi'}{(\mu_{SD_n}!)^n} \left(\frac{\theta_n^*}{\beta_{SD_n}}\right)^{\frac{n\alpha_{SD_n}\mu_{SD_n}}{2}} \tag{10-42}$$

$$F_{\rho_{SR}}(\tau) = \frac{1}{\mu_{SR}!} \left(\frac{\tau}{\beta_{SR}}\right)^{\frac{\alpha_{SR}\mu_{SR}}{2}} \tag{10-43}$$

$$F_{\rho_{RD_n}}(\psi_n^*) = \frac{1}{\mu_{RD_n}!} \left(\frac{\psi_n^*}{\beta_{RD_n}}\right)^{\frac{\alpha_{RD_n}\mu_{RD_n}}{2}} \tag{10-44}$$

式中，$\Xi' = N!/n!(N-n)!$。

将式（10-42）、式（10-43）和式（10-44）代入式（10-35），采用与式（10-33）类似的证明步骤，即可得到两种情况下 D_n 的渐进中断概率闭式表达式。

证明完毕。

将式（10-40）和式（10-41）代入式（10-23）中，经过一系列计算，两种情况下 D_n 的分集增益分别为

$$d_{2\text{nd},f}^{n,\text{ni}} = 0, \quad d_{2\text{nd},v}^{n,\text{ni}} = \min\left(\frac{n\alpha_{SD_n}\mu_{SD_n} + \alpha_{SR}\mu_{SR}}{2}, \frac{n\alpha_{SD_n}\mu_{SD_n} + \alpha_{RD_n}\mu_{RD_n}}{2}\right) \tag{10-45}$$

$$d_{2nd}^{n,id} = \min\left(\frac{n\alpha_{SD_n}\mu_{SD_n} + \alpha_{SR}\mu_{SR}}{2}, \frac{n\alpha_{SD_n}\mu_{SD_n} + \alpha_{RD_n}\mu_{RD_n}}{2}\right) \tag{10-46}$$

可以发现，在理想情况下，随着平均 SNR 的增加，中断性能得到改善。分集增益由 $(n\alpha_{SD_n}\mu_{SD_n} + \alpha_{SR}\mu_{SR})/2$ 和 $(n\alpha_{SD_n}\mu_{SD_n} + \alpha_{RD_n}\mu_{RD_n})/2$ 的最小值决定。对于非理想情况，当 $\sigma_{e_i}^2$ 为固定值时，渐进中断概率为固定的常数，导致分集增益为 0；当 $\sigma_{e_i}^2$ 为 SNR 的函数时，非理想情况下 D_n 的分集增益与理想情况下 D_n 的分集增益相同。

10.3.2　遍历容量

本小节主要讨论非协作 NOMA 和协作 NOMA 两种场景下系统的遍历容量。遍历容量也叫香农定理，对实际系统的设计具有重要的意义。遍历容量的定义式为

$$C = \int_0^{\infty} B\log_2(1+\gamma)p(\gamma)\mathrm{d}\gamma \tag{10-47}$$

其中，γ 表示 SNR。式（10-47）理解为，$B\log_2(1+\gamma)$ 是 SNR 为 γ 的 AWGN 信道的容量，然后将该容量按照 SNR 的分布 $p(\gamma)$ 求得平均值，所以称其为遍历容量。本小节假设带宽 $B = 1$，求得两种场景下的遍历容量。

（1）非协作 NOMA

在非协作 NOMA 场景下，系统可达速率表示为

$$R_{sum}^{1st} = \sum_{n=1}^{N} \frac{1}{2}\log_2(1+\gamma_{SD_n}) \tag{10-48}$$

按照遍历容量的定义，得到遍历容量为

$$C_{sum} = \sum_{n=1}^{N} \mathrm{E}\left[\frac{1}{2}\log_2(1+\gamma_{SD_n})\right] \tag{10-49}$$

因为很难获得遍历容量的精确表达式，所以本节主要分析遍历容量的近似表达式。

对于 $\alpha\text{-}\mu$ 衰落信道，非理想情况和理想情况下遍历容量可近似表示为

$$C_{sum}^{ni} = \frac{1}{2}\sum_{n=1}^{N}\log_2\left(1 + \frac{a_n\gamma\chi_{SD_n}}{\gamma\Theta_n'\chi_{SD_n} + \varpi_{SD_n}}\right) \tag{10-50}$$

$$C_{sum}^{id} = \frac{1}{2}\sum_{n=1}^{N}\log_2\left(1 + \frac{a_n\gamma\chi_{SD_n}}{\gamma\Delta_n\chi_{SD_n} + 1}\right) \tag{10-51}$$

式中，$\chi_{SD_n} = \Xi\sum_{k=0}^{n-1}\binom{n-1}{k}(-1)^k\Gamma(\mu_{SD_n} + 2/\alpha_{SD_n})/[\Gamma(\mu_{RD_n})(N-n+k+1)^{(\mu_{SD_n}+2/\alpha_{SD_n})}]$；

$\Theta_n' = \Delta_n + \kappa_{SD_n}^2$；$\varpi_{SD_n} = \sigma_{e_{SD_n}}^2\gamma(1+\kappa_{SD_n}^2) + 1$。

证明： 针对 $\alpha\text{-}\mu$ 衰落信道，排序后信道增益 $\tilde{\rho}_{SD_n}$ 的期望为

$$E(\tilde{\rho}_{SD_n}) = \Xi \sum_{k=0}^{n-1} \binom{n-1}{k} \frac{(-1)^k \beta_{SD_n} \Gamma\left(\mu_{SD_n} + \frac{2}{\alpha_{SD_n}}\right)}{\Gamma(\mu_{SD_n})(N-n+k+1)^{\left(\mu_{SD_n} + \frac{2}{\alpha_{SD_n}}\right)}} \tag{10-52}$$

结合式(10-52)和式(10-49)，利用式 $E[\log_2(1+x/y)] \approx \log_2[1+E(x)/E(y)]$，可得式(10-50)的结果；当 $\kappa_i = \sigma_{e_i} = 0$ 时，式(10-50)转化为式(10-51)。

证明完毕。

在式(10-50)和式(10-51)的基础上，将 $\gamma \to \infty$，得到非理想情况下和理想情况下遍历容量的渐进表达式为

$$C_{sum}^{in,\infty} = \frac{1}{2} \sum_{n=1}^{N} \log_2 \left(1 + \frac{\alpha_n \chi_{SD_n}}{\Theta'_n \chi_{SD_n} + \varpi'_{SD_n}}\right) \tag{10-53}$$

$$C_{sum}^{id,\infty} = \frac{1}{2} \log_2(a_N \gamma \chi_{SD_N}) \tag{10-54}$$

式中，当 $\sigma_{e_i}^2$ 是固定值时，$\varpi'_{SD_n} = \sigma_{e_{SD_n}}^2(1+\kappa_{SD_n}^2)$；当 $\sigma_{SD_n}^2$ 是 SNR 的函数时，高 SNR 情况下 $\varpi'_{SD_n} = 0$。

已知渐进遍历容量一般形式表示为

$$C_{sum}^{\infty} = S_{\infty}(\log_2 \gamma - \mathcal{L}_{\infty}) + o(1) \tag{10-55}$$

式中，S_{∞} 和 $\mathcal{L}_{\infty}$ 分别表示高 SNR 斜率和高 SNR 功率偏移。

这两个指标定义为

$$S_{\infty} = \lim_{\gamma \to \infty} \frac{C_{sum}}{\log_2 \gamma} \tag{10-56}$$

$$\mathcal{L}_{\infty} = \lim_{\gamma \to \infty} \left(\log_2 \gamma - \frac{C_{sum}}{S_{\infty}}\right) \tag{10-57}$$

将式(10-53)和式(10-54)代入式(10-56)和式(10-57)，可以得到非理想情况下和理想情况下高 SNR 斜率和高 SNR 功率偏移分别为

$$S_{\infty}^{ni} = 0, \quad \mathcal{L}_{\infty}^{ni} = \infty \tag{10-58}$$

$$S_{\infty}^{id} = \frac{1}{2}, \quad \mathcal{L}_{\infty}^{id} = \log_2 \frac{1}{a_N \chi_{SD_N}} \tag{10-59}$$

对于非理想情况下，C_{sum} 趋向于固定值，因为随着 SNR 趋于无穷大，导致高 SNR 斜率为零和高 SNR 功率偏移为无穷大，这意味着对于高速率系统，系统性能受到失真噪声和估计误差的限制。对于理想条件，高 SNR 斜率为 1/2，这与衰落参数、失真噪声和估计误差

无关。高 SNR 功率偏移是常数，其值取决于 $\log_2(1/a_N \chi_{SD_N})$。

（2）协作 NOMA

如前所述，信道排序为 $\tilde{\rho}_{SD_1} \leq \tilde{\rho}_{SD_2} \leq \cdots \leq \tilde{\rho}_{SD_j} \leq \cdots \leq \tilde{\rho}_{SD_N} \cdots \leq \tilde{\rho}_{SD_N}$，所以 $\gamma_{SD_{j\to n}} \geq \gamma_{SD_N}$ 总是成立的，但当 $\rho_{RD_j} \leq \rho_{RD_j}$ 时，$\gamma_{RD_{j\to n}} \geq \gamma_{RD_j}$ 可能不成立。考虑用户对于接收到的信号进行选择合并，用户的目标 SINR 可表示为 $\gamma_{thj} = \max(\gamma_{SD_j}, \gamma_{RD_j})$。因此，$D_n$ 的可达速率为

$$R_n = \begin{cases} \dfrac{1}{2}\log_2\left[1+\max(\gamma_{SD_n},\gamma_{RD_n})\right], \rho_{RD_n} > \rho_{RD_j} \\ \dfrac{1}{2}\log_2(1+\gamma_{SD_n}), \rho_{RD_n} < \rho_{RD_j} \end{cases} \tag{10-60}$$

其中 1/2 解释了整个通信过程分为两个时隙的事实。

根据式（10-60）的结果，系统总的可达速率为

$$R_{sum}^{2nd} = \sum_{n=1}^{N}\frac{1}{2}\left\{\frac{1}{2}\log_2\left[1+\max(\gamma_{SD_n},\gamma_{RD_n})\right]+\frac{1}{2}\log_2(1+\gamma_{SD_n})\right\} \tag{10-61}$$

式中，ρ_{RD_j} 和 ρ_{RD_n} 是独立的同分布随机变量，所以 $\Pr(\rho_{RD_j} > \rho_{RD_n}) = \Pr(\rho_{RD_j} < \rho_{RD_n}) = 1/2$。因此，用户的遍历容量可以表示为

$$C_{sum} = \sum_{n=1}^{N}\left\{\frac{1}{2}E\left[\frac{1}{2}\log_2(1+\max(\gamma_{SD_n},\gamma_{RD_n}))\right]+\frac{1}{2}E\left[\frac{1}{2}\log_2(1+\gamma_{SD_n})\right]\right\} \tag{10-62}$$

采用与式（10-50）类似的证明步骤，即可得到 α-μ 衰落信道下，非理想情况下和理想情况下用户遍历容量的闭式表达式为

$$C_{sum}^{ni} = \frac{1}{4}\sum_{n=1}^{N}\left\{\log_2\left[1+\max\left(\frac{a_n\gamma\chi_{SD_n}}{\gamma\Theta_n'\chi_{SD_n}+\varpi_{SD_n}},\frac{a_n\gamma^2\chi_{SR}\chi_{RD_n}}{\gamma^2\Theta_n''\chi_{SR}\chi_{RD_n}+\phi_{1,n}\gamma\chi_{SR}+\phi_{2,n}\gamma\chi_{RD_n}+\phi_{3,n}}\right)\right]+\right.$$
$$\left.\log_2\left(1+\frac{a_n\gamma\chi_{SD_n}}{\gamma\Theta_n'\chi_{SD_n}+\varpi_{SD_n}}\right)\right\} \tag{10-63}$$

$$C_{sum}^{id} = \frac{1}{4}\sum_{n=1}^{N}\left(\log_2\left(1+\max\left(\frac{a_n\gamma\chi_{SD_n}}{\gamma\Delta_n\chi_{SD_n}+1},\frac{a_n\gamma^2\chi_{SR}\chi_{RD_n}}{\gamma^2\Delta_n\chi_{SR}\chi_{RD_n}+\gamma\chi_{SR}+\gamma\chi_{RD_n}+1}\right)\right)\right)+$$
$$\log_2\left(1+\frac{a_n\gamma\chi_{SD_n}}{\gamma\Delta_n\chi_{SD_n}+1}\right)\right) \tag{10-64}$$

式中，$\Theta_n'' = \Delta_n + d$；$\chi_1 = \Gamma(\mu_I+2/\alpha_I)/\Gamma(\mu_I)$，$I = SR, RD_n$。

令 $\gamma \to \infty$，非理想和理想情况下遍历容量的渐进表达式为

$$C_{sum}^{ni,\infty} = \frac{1}{4}\sum_{n=1}^{N}\left(\log_2\left(1+\max\left(\frac{a_n\chi_{SD_n}}{\Theta_n'\chi_{SD_n}+\varpi_{SD_n}'},\frac{a_n\chi_{SR}\chi_{RD_n}}{\Theta_n''\chi_{SR}\chi_{RD_n}+\phi_{1,n}'\chi_{SR}+\phi_2'\chi_{RD_n}+\phi_{3,n}'}\right)\right)\right)+$$

$$\log_2\left(1 + \frac{a_n \chi_{SD_n}}{\Theta'_n \chi_{SD_n} + \varpi'_{SD_n}}\right)\right) \tag{10-65}$$

$$C_{\text{sum}}^{\text{id},\infty} = \frac{1}{4}\left(\log_2\left(\max\left(a_N \gamma\chi_{SD_N}, \frac{a_N \gamma\chi_{SR}\chi_{RD_N}}{\chi_{SR} + \chi_{RD_N}}\right)\right) + \log_2\left(a_N \gamma\chi_{SD_N}\right)\right) \tag{10-66}$$

注意，当 $\sigma_{e_i}^2$ 是固定值时，$\phi'_{1,n} = c_2\sigma_{e_{RD_n}}^2(1+d)$，$\phi'_2 = c_1\sigma_{e_{SR}}^2(1+d)$，$\phi'_{3,n} = c_1c_2\sigma_{e_{SR}}^2\sigma_{e_{RD_n}}^2$ $(1+d)$，$\varpi'_{SD_n} = \sigma_{e_{SD_n}}^2(1+\kappa_{SD_n}^2)$；当 $\sigma_{e_i}^2$ 是 SNR 的函数时，$\phi'_{1,n} = 0$，$\phi'_2 = 0$，$\phi'_{3,n} = 0$，$\varpi'_{SD_n} = 0$。

基于式（10-65）和式（10-66）的分析结果，可以得到高 SNR 斜率和高 SNR 功率偏移。对于非理想和理想情况，高 SNR 斜率和高 SNR 功率偏移分别为

$$\mathcal{S}_\infty^{\text{ni}} = 0, \quad \mathcal{L}_\infty^{\text{ni}} = \infty \tag{10-67}$$

$$\mathcal{S}_\infty^{\text{id}} = \frac{1}{2}, \quad \mathcal{L}_\infty^{\text{id}} = \log_2 \frac{1}{\max\left(a_N\chi_{SD_N}, a_N\sqrt{\chi_{SD_N}\chi_{SR}\chi_{RD_N}/(\chi_{SR} + \chi_{RD_N})}\right)} \tag{10-68}$$

证明：将式（10-65）和式（10-66）代入式（10-56）和式（10-57），经过一系列运算，可以得到式（10-67）和式（10-68）。

证明完毕。

对于非理想条件，C_{sum} 随着 SNR 趋于无穷大而趋于一个固定值，导致高 SNR 斜率为零，高 SNR 功率偏移为无穷大，这意味着对于高速率系统，性能受到失真噪声和估计误差的限制。对于理想情况，高 SNR 斜率为 1/2，这与衰落参数、失真噪声和估计误差无关。高 SNR 功率偏移是固定常数，仅取决于参数 a_N、χ_{SR}、χ_{SD_N} 和 χ_{RD_N} 的取值。

10.3.3　能量效率

基于上述分析，本小节给出两种场景下系统的能量效率。能量效率的定义式可表示为

$$v_{EE} = \frac{\text{Total date rate}}{\text{Total energy consumption}} \tag{10-69}$$

因此，根据式（10-69），可以推导出两种不同场景下的能量效率。

（1）非协作 NOMA

在非协作 NOMA 场景下，系统能量效率可表示为

$$v_{EE} = \frac{R_{\text{sum}}^{\text{1st}}}{TP_s} \tag{10-70}$$

其中，T 表示整个通信过程所需的传输时间；$R_{\text{sum}}^{\text{1st}}$ 可以从式（10-48）中得到。

（2）协作 NOMA

在协作 NOMA 场景下，系统能量效率可表示为

$$v_{EE} = \frac{2R_{\text{sum}}^{\text{2nd}}}{TP_s + TP_r} \tag{10-71}$$

其中，$R_{\text{sum}}^{\text{2nd}}$ 可以从式（10-61）中得到。

10.4 仿真分析

在本节中，给出了一些数值结果来验证两情场景下理论分析的准确性。在下文中，除非特殊说明，各种系统参数的具体值设置如下：$c_1 = c_2 = 1$，$N = 2$，$j = 1$，$n = 2$，$\gamma_{\text{th}j} = 1\text{dB}$，$\gamma_{\text{th}n} = 4\text{dB}$。功率分配系数为 $a_j = 8/9$，$a_n = 1/9$。此外，在仿真中，考虑两种估计误差模型：1）固定的 $\sigma_{e_i}^2$；2）$\sigma_{e_i}^2$ 可近似为 $\sigma_{e_i}^2 = \Omega_i/(1 + \delta\gamma\Omega_i)$。

图 10-2 仿真了两种场景下中断概率随 SNR 的变化情况，其中 $\alpha_i = 2$，$\mu_i = 1$，$\{\sigma_i, \kappa_i\} = \{0.01, 0.1; 0, 0\}$。曲线分别代表式（10-33）、式（10-34）和式（10-40），式（10-41）中导出的中断概率的下界和渐近结果。可以观察到，中断概率的理论分析与仿真结果非常吻合。此外，当平均 SNR 由于失真噪声和估计误差而变为无穷大时，中断概率接近固定常数，导致零分集增益。例如，当 $\{\sigma_i, \kappa_i\} = \{0.01, 0.1\}$ 时，由于固定的信道估计误差，

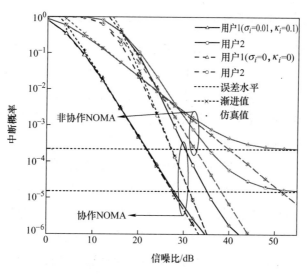

图 10-2　两种场景下系统中断概率随 SNR 变化的曲线

中断概率在 SNR 下出现误差水平。两个场景相比，协作 NOMA 比非协作 NOMA 场景更能提供好的性能。

图 10-3 仿真了协作 NOMA 场景下用户的中断概率下界随着 SNR 变化的变化曲线，其中 $\mu_i = 1$，$\sigma_i^2 = 0.001$，$\kappa_i = 0.1$。图 10-3 还表明随着 α_i 增大，中断概率逐渐减小，这意味着可以利用 $\alpha\text{-}\mu$ 衰落信道的非线性来改善中断性能。此外，对于非理想条件，由于固定的估计误差，导致中断概率在高 SNR 下存在误差水平。

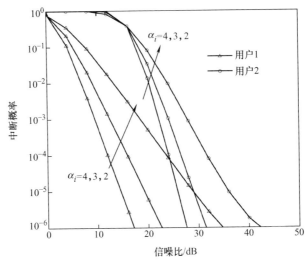

图 10-3 不同衰落参数 α_i 下协作 NOMA 系统中断概率随 SNR 变化的曲线

图 10-4 给出了对于不同的 δ，协作 NOMA 场景下用户的中断概率随 SNR 变化的情况，其中 $\alpha_i = 2$，$\mu_i = 1$。此外，假设硬件损伤参数 $\kappa_i = 0$。从图 10-4 中可以观察到，用户的中断性能随着参数 δ 增大而下降。正如预期的那样，更好的信道估计质量（较大的 δ）可以显著提高用户的中断性能。最后，从图 10-4 中还可以观察到，可以通过给远端用户分配更多的功率来提高用户之间的公平性。

图 10-5 给出了协作 NOMA 场景下，两个用户的中断概率随 SNR 变化的曲线。考虑三种不同的情况：1）$\sigma_{e_i}^2 = 0$，$\kappa_i = 0$；2）$\sigma_{e_i}^2 = 0$，$\kappa_i = 0.1$；3）$\sigma_{e_i}^2 = \Omega_i/(1 + \delta\gamma\Omega_i)$，$\kappa_i = 0$，其中 $\delta = 1$。从图 10-5 可以观察到，远端用户对失真的敏感度高于近端用户，而由于不准确的 CSI，估计误差对于用户的中断性能具有较大的影响。此外，两个用户中断概率之间的差异随着 SNR 的增大而减小。这是因为随着 SNR 的增加，信道估计质量变得更好。在低 SNR 下，理想情况和非理想情况之间的中断概率差异几乎被忽略。

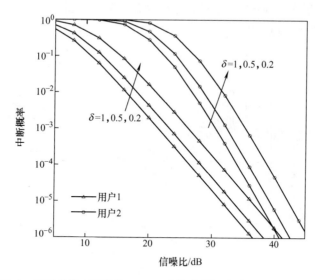

图 10-4　不同参数 δ 下协作 NOMA 系统中断概率随 SNR 变化的曲线

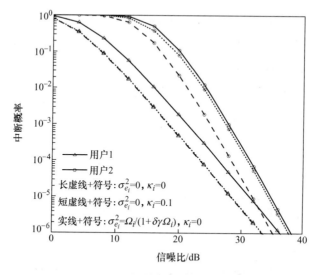

图 10-5　协作 NOMA 系统中断概率随 SNR 变化的曲线

图 10-6 给出了两种场景下遍历容量随着 SNR 变化的曲线，其中 $\kappa_{SR} = \kappa_{RD_n} = 0.05$，$\kappa_{SD_n} = 0.1$，$\sigma_{e_i} = 0.01$。此外，设置参数 $\alpha_i = 9$，$\mu_i = 1$。图 10-6 证实了仿真与分析结果之间的一致性，特别是在高 SNR 下。此外，从图 10-6 中可以观察到，在高 SNR 下，协作 NOMA 场景下的遍历容量优于非协作 NOMA。这是因为协作中继系统保证了更可靠的接收。

从图 10-6 还可以观察到，高 SNR 情况下容量存在上界。由此可知，在设计实用的 NOMA 中继系统时考虑协作 NOMA 很重要。

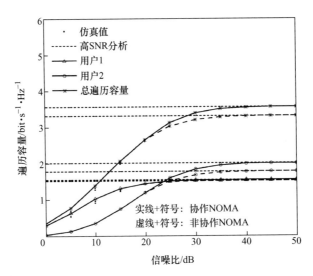

图 10-6　两种场景下遍历容量随 SNR 变化的曲线

图 10-7 给出了两种场景下遍历容量随硬件损伤参数 κ_{SR} 变化的曲线。硬件损伤参数 κ_{RD_n} 和 κ_{SD_n} 满足条件 $\kappa_{RD_n}=\kappa_{SR}$ 和 $\kappa_{SR}+\kappa_{SD_n}=0.3$。为了进行比较，设置硬件损伤参数之和 $\kappa_{SR}+\kappa_{SD_n}$ 取值范围为 $[0, 0.3]$。从图 10-7 中可以观察到，当 κ_{SR} 很小时，协作 NOMA 的

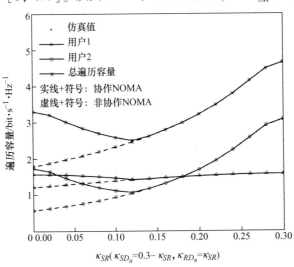

图 10-7　两种场景下遍历容量随 κ_{SR} 变化的曲线

遍历容量优于非协作 NOMA。这是因为当 κ_{SR} 很小时，直连链路有严重的硬件损伤。此外，从图 10-7 中还可以观察到，当 κ_{SR} 比较大时，两种场景的遍历容量相同。

图 10-8 给出了两个场景下遍历容量随估计误差参数 $\sigma_{e_{SR}}$ 变化的曲线，其中 $\alpha_i = 9$，$\mu_i = 1$。估计误差参数 $\sigma_{e_{RD_n}}$ 和 $\sigma_{e_{SD_n}}$ 满足条件 $\sigma_{e_{RD_n}} = \sigma_{e_{SR}}$ 和 $\sigma_{e_{SR}} + \sigma_{e_{SD_n}} = 0.3$。从图 10-8 中可以观察到，当 $\sigma_{e_{SR}}$ 非常小时，协作 NOMA 的遍历容量优于非协作 NOMA。可以解释为当 $\sigma_{e_{SR}}$ 很小时，直连链路存在严重的估计误差。此外，从图 10-8 可知，当 $\sigma_{e_{SR}}$ 增大时，用户主要依靠协作 NOMA 的直连链路与基站通信。

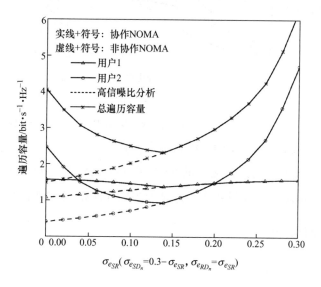

图 10-8　两种场景下遍历容量随 $\sigma_{e_{SR}}$ 变化的曲线

图 10-9 给出了两种场景下用户遍历容量随 SNR 变化的曲线。其中信道估计误差为 $\sigma_{e_i}^2 = \Omega_i / (1 + \delta\gamma\Omega_i)$，$\delta = 0.2$。此外，设置衰落参数 $\alpha_i = 9$，$\mu_i = 1$，$\kappa_{SR} = \kappa_{RD_n} = 0.05$，$\kappa_{SD_n} = 0.1$。从图 10-9 可以观察到，蒙特卡洛仿真值与理论分析值一致。从图 10-9 还可以观察到，$\sigma_{e_i}^2 = \Omega_i / (1 + \delta\gamma\Omega_i)$ 随着 SNR 增大而减小。此外，从图 10-9 可以看出，高 SNR 情况下两个用户的遍历容量存在速率上限，低 SNR 情况下用户 1 的遍历容量大于用户 2 的遍历容量，这意味着整体性能对于两个用户都是公平的。

图 10-10 给出了两种场景下能量效率随 SNR 变化的曲线。考虑两种信道估计误差：1）信道估计误差为固定值 $\sigma_{e_i}^2 = 0, 2.5 \times 10^{-3}$；2）信道估计误差是 SNR 的函数，$\sigma_{e_i}^2 = \Omega_i / (1 + \delta\gamma\Omega_i)$，$\delta = 1$。此外，设置硬件损伤参数 $\kappa_{SR} = \kappa_{RD_n} = 0.05$，$\kappa_{SD_n} = 0.1$，$P_S = P_R = $

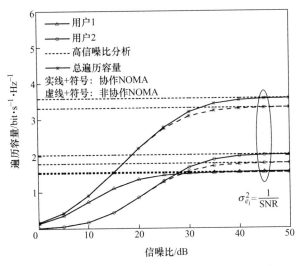

图 10-9　两种场景下遍历容量随 SNR 变化的曲线

$10W$，$T=1$。从图 10-10 中可以观察到，在高 SNR 区域内，协作 NOMA 场景的能量效率高于非协作 NOMA。这是因为协作 NOMA 比非协作 NOMA 能够完成更多的总速率。从图 10-10 还可以观察到，由于较差的估计性能，低 SNR 区域下，固定的 $\sigma_{e_i}^2$ 情况下的能量效率高于 $\sigma_{e_i}^2 = \Omega_i/(1+\delta\gamma\Omega_i)$ 情况下的能量效率。这是因为估计误差是 SNR 的减函数，当 $\gamma \to \infty$ 时，$\sigma_{e_i}^2 = \dfrac{\Omega_i}{1+\delta\gamma\Omega_i}$ 可以简化为 $\sigma_{e_i}^2 = \dfrac{1}{\gamma}$。

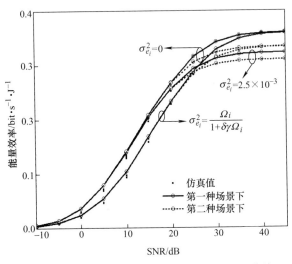

图 10-10　两种场景下能量效率随 SNR 变化的曲线

10.5　本章小结

　　本章在上一章的研究基础上，将 NOMA 技术应用到协作通信系统中，提出了一个协作 NOMA 通信系统模型。同时考虑协作 NOMA 通信和非协作 NOMA 通信两种场景，对比两种场景下，用户的中断概率和遍历容量。基于上一章所构建的硬件损伤模型，考虑两种信道估计误差模型，研究了 $\alpha\text{-}\mu$ 衰落信道下协作 NOMA 通信系统的性能，推导出了两种场景下 NOMA 用户的中断概率和遍历容量的闭式表达式，并分析了硬件损伤参数、信道估计参数和衰落参数对用户中断性能和遍历容量的影响。分析结果表明，由于硬件损伤和 ipCSI 的影响，分集增益为零；对于遍历容量，由于系统受到非理想硬件和信道估计误差的影响，高 SNR 斜率和高 SNR 功率偏移分别为零和无穷大。最后，通过蒙特卡洛仿真验证了理论分析的正确性。

参 考 文 献

[1]　LI Q C,NIU H,PAPATHANASSIOU A T,et al. 5G network capacity:key elements and technologies[J]. IEEE Veh. Technol. Mag.,2014,9(1):71-78.

[2]　LIU Y,QIN Z,ELKASHLAN M,et al. Nonorthogonal multiple access for 5G and beyond[J]. Proceedings of the IEEE,2017,105(12):2347-2381.

[3]　HOSHYAR R,WATHAN F P,TAFAZOLLI R. Novel low-density signature for synchronous cdma systems over awgn channel[J]. IEEE Trans. Signal Process.,2008,56(4):1616-1626.

[4]　DING Z,YANG Z,FAN P,et al. On the performance of non-orthogonal multiple access in 5G systems with randomly deployed users[J]. IEEE Signal Process. Lett.,2014,21(12):1501-1505.

[5]　CHEN X,ZHANG Z,ZHONG C,et al. Exploiting multiple-antenna techniques for non-orthogonal multiple access[J]. IEEE J. Sel. Areas Commun.,2017. 35(10):2207-2220.

[6]　ZHANG N,WANG J,KANG G. Uplink nonorthogonal multiple access in 5G systems[J]. IEEE Commun. Lett.,2016,20(3):458-461.

[7]　LIU Y,QIN Z,ELKASHLAN M,et al. Enhancing the physical layer security of non-orthogonal multiple access in large-scale networks[J]. IEEE Trans. Wireless Commun.,2017,16(3):1656-1672.

[8]　LIU Y,QIN Z,ELKASHLAN M,et al. Non-orthogonal multiple access in large-scale heterogeneous networks [J]. IEEE J. Sel. Areas Commun.,2017,35(12):2667-2680.

[9]　LIU Y,DING Z,ELKASHLAN M,et al. Cooperative non-orthogonal multiple access with simultaneous wire-

less information and power transfer[J]. IEEE J. Sel. Areas Commun.,2016,34(4):938-953.

[10] The 3rd Generation Partnership Projet(3GPP). Study on downlink mul-tiuser superposition transmation for LTE,TSG RAN meeting 67[R]. 2015.

[11] The 3rd Generation Partnership Projet(3GPP). Study on Non-Orthogonal Multiple Access(NOMA) for NR, TSG RAN[R]. 2018.

[12] SCHENK T. RF imperfections in high-rate wireless systems:impact and digital compensation[M]. Berlin, NY,Germany:Springer-Verlag,2008.

[13] NARASIMHAN R. Effect of channel estimation errors on diversity multiplexing tradeoff in multiple access channels[J]. IEEE Globecom,2016(11):1-5.

[14] WANG L,CAI Y,YANG W. On the finite-SNR DMT of two-way AF relaying with imperfect CSI[J]. IEEE Wireless Commun. Lett.,2012,1(3):161-164.

[15] YACOUB M D. The α-μ distribution:a physical fading model for the stacy distribution [J]. IEEE Trans. Veh. Techn.,2007,56(1):27-34.

[16] GRADSHTEYN I S, RYZHIK I M. Table of integrals, series and products [M]. New York:Academic Press,2000.

[17] DAVID H A,NAGARAJA H N. Order statistics. [M]. 3rd ed. New York,USA:Wiley,2003.

[18] BJORNSON E,HOYDIS J,KOUNTOURIS M,et al. Massive MIMO systems with non-ideal hardware:energy efficiency,estimation,and capacity limits[J]. IEEE Trans. Inf. Theory,2014,60(11):7112-7139.

第 11 章

基于能量收集的硬件损伤多中继 NOMA 传输技术及性能

第 10 章研究了非理想情况下协作 NOMA 通信系统的中断概率和遍历容量，并假设中继的能量是充足的。在实际的无线通信系统中，无线设备往往会遇到能量短缺的难题，能量收集能够有效解决无线通信系统中能量短缺的问题。SWIPT 技术作为能量收集技术的一种，通过发送射频信号为无线节点传递能量，可以有效解决能量损耗问题。本章将 SWIPT 技术应用到多中继协作 NOMA 通信系统，解决中继能量受限的问题，基于硬件损伤模型，在第 10 章的研究基础上，将单中继协作 NOMA 通信系统扩展为多中继协作 NOMA 通信系统，构建多中继协作 SWIPT NOMA 通信系统模型。另外，基于所构建系统模型，提出一个部分中继选择方法，并推导给出所构建系统的确切中断概率、渐进中断概率、分集增益和能量效率的闭式表达式。

11.1　研究背景

非正交多址接入（NOMA）技术被广泛认为是提高第五代（5G）无线网络频谱效率的一种有前途的技术[1]。不同于传统正交多址技术的是，NOMA 利用功率域复用技术，可以在相同的频/时/码域中同时为多个用户服务[2]。NOMA 通过将近端用户（NU）和远端用户（FU）均占用远端用户的频谱来提高频谱效率。然而，由于远端用户与近端用户共存的事实，远端用户的性能受到了影响[3]。近年来，将协作技术与 NOMA 相结合是提高远端用户性能的有效途径，从而引起了国内外学者的广泛兴趣[2,4,5]。文献［2］的作者提出了下行协作 NOMA 方案的概念，分析了该方案的中断概率和分集增益。在文献［4］中，作者研究了下行协作 NOMA 网络的中断性能，并分析了中断概率的近似和渐近行为。在文献［5］中，作者研究了中继选择对系统性能的影响，提出了一种两阶段中继选择协议。

同时，无线信息与能量协同传输（SWIPT）是解决中继能源匮乏的有效途径。最近关于 SWIPT 的研究已经分析了协作 NOMA 系统的性能[6,7]。在文献［6］中，作者研究了一种协作 SWIPT NOMA 系统，并提出了一种新型的协作多输入单输出（MISO）SWIPT NOMA 协议，其中能量收集采用功率分流（Power Splitting, PS）方案。在文献［7］中，作者提出了一种新的协作 SWIPT NOMA 协议，并从中断概率和系统吞吐量两方面分析了该协议的性能。

然而，目前关于协作 NOMA-SWIPT 的研究大多局限于理想的硬件损伤和信道状态信息（CSI）的条件下。在实际中，这种假设过于理想化。众所周知，大功率放大器（HPA）非线性、同相/正相（I/Q）不平衡、相位噪声[8]和信道估计误差会导致硬件损伤和非完美CSI（ICSI）。通过使用复杂的算法，可以在一定程度上减轻硬件损伤对系统性能的影响，但仍旧存在残留的硬件损伤。随后，作者在文献［9］中研究了在考虑收发端硬件损伤的情况下中继系统的性能。此外，文献［10］还提出了一种基于 ICSI 的大规模多输入多输出（MIMO）认知无线电网络（CRN）系统模型。

然而，在存在硬件损伤和 ICSI 的情况下，NOMA 能量采集（EH）协作多中继系统的性能尚未得到研究。为了填补这一空白，在文献［11］中研究了硬件损伤对 NOMA EH 中继网络的影响。本章中研究了硬件损伤和 ICSI 对协作 SWIPT NOMA 多中继系统的联合影响。此外，考虑两个配对的用户：信道质量好的近端用户和信道质量差的远端用户。在 K 个 EH 中继中选择出一个最好的中继，用来实现了发送端与用户之间的通信，假设发送端与用户之间没有直连路径。本章与文献［11］主要的区别如下：1）充分考虑了 ICSI 和硬件损伤；2）考虑了一种新的协作 SWIPT NOMA 多中继系统，采用部分中继选择（PRS）方案选择最优继电器；3）考虑 Nakagami-m 衰落模型。

11.2　系统模型

如图 11-1 所示，考虑一个以基站作为源节点的协作 SWIPT NOMA 系统，还包括多个能量收集中继节点 $R_k (k=1, 2, \cdots, K)$ 和两个配对的用户，即 D_f 和 D_n。假设每个节点配备单个天线。使用部分中继选择（Partial Relaying Selection，PRS）方案，从 K 个中继中选择出最佳中继 R_{k^*}。此外，因为基站和用户之间存在较远的距离或大的障碍物，所以考虑它们之间不存在直连链路。

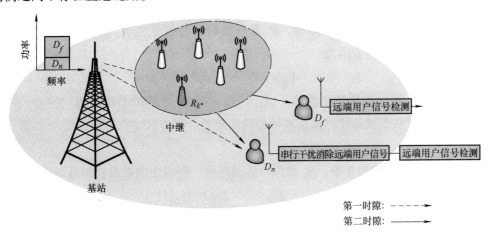

图 11-1　协作 NOMA 多中继系统模型

两个任意节点 i 和 j 之间的信道衰落系数可以表示为 h_{ij}。考虑 LMMSE 信道估计模型，得到 $h_{ij}=\hat{h}_{ij}+e_{ij}$，其中 $\hat{h}_{ij}$ 和 e_{ij} 分别为估计信道和信道估计误差。由于 LMMSE 的正交性，$\hat{h}_{ij}$ 和 e_{ij} 是相互独立且正交的。此外，$h_{ij}\sim\mathcal{CN}(0,\ \Omega_{ij})$ 和 $e_{ij}\sim\mathcal{CN}(0,\ \sigma_{e_{ij}}^2)$，其中 $\sigma_{e_{ij}}^2$ 是信道估计误差的方差，表示信道估计的质量。在本节中，考虑两种信道估计误差模型：1）估计信道的方差 $\sigma_{e_{ij}}^2$ 是固定常数，与平均 SNR 是独立的；2）信道估计的方差 $\sigma_{e_{ij}}^2$ 是平均 SNR 的函数，$\sigma_{e_{ij}}^2=\Omega_{ij}/(1+\delta\gamma\Omega_{ij})$，其中 γ 是平均 SNR，参数 $\delta\geq0$ 表示信道估计的质量。因此，可以得到 $\hat{h}_{ij}\sim\mathcal{CN}(0,\ \hat{\Omega}_{ij})$。

如图 11-2 所示，从基站到用户的数据传输过程分为三个时隙。在 αT 时间段，中继从基站发送的射频信号中收集能量，其中 $\alpha\in[0,\ 1]$ 表示中继从源节点发送的信号中收集能量占整个通信过程时间的比例。剩余的时间 $(1-\alpha)T$ 用于信号传输。剩余时间的一半 $(1-\alpha)T/2$ 用于信源到中继的数据传输，另外一半用于中继到用户的数据传输。为了方便描述，在 S 和 R_k、S 和 D_n、R_k 和 D_f、R_k 和 D_n 之间的参数分别用下标 $1k$、2、$3k$、$4k$ 表示。

能量收集	$S\to R_k$, $S\to D_n$ 信号传输&中继选择	$R_k^*\to D_f$ 信号传输
αT	$(1-\alpha)T/2$	$(1-\alpha)T/2$

图 11-2　时分策略

接下来详细介绍能量收集和信号传输的各个阶段。

能量收集阶段：基站 S 发送复合信号 $\sqrt{a_fP_s}x_f+\sqrt{a_nP_s}x_n$ 到中继，其中 x_f 和 x_n 分别表示 S 发送到 D_f 和 D_n 的期望接收信号，P_s 是基站的平均信号功率。因此，在时间间隔 αT 中，中继收集的能量可以表示为

$$E_H=\mu P_s|h_{1k}|^2\alpha T \tag{11-1}$$

式中，$\mu\in[0,\ 1]$ 表示能量转换效率；$|h_{1k}|^2$ 是 S 和 R_k 之间的信道增益。注意，在能量收集阶段，不考虑收发端的硬件损伤和信道估计误差，因为这些非理想因素与参数 μ 是密切相关的。

在时间间隔 $(1-\alpha)T/2$ 中，R_k 给用户发送信号，所以中继发送功率可以表示为

$$P_r=\frac{E_H}{(1-\alpha)T/2}=\frac{2\alpha\mu P_s|h_{1k}|^2}{1-\alpha} \tag{11-2}$$

信号传输阶段：根据 NOMA 协议，S 发送信号 $\sqrt{a_fP_s}x_f+\sqrt{a_nP_s}x_n$ 给 R_k 和 D_n，其中

$\mathrm{E}\{|x_f|^2\} = \mathrm{E}\{|x_n|^2\} = 1$，$a_f$ 和 a_n 分别表示 D_f 和 D_n 的功率分配系数，且满足条件 $a_f >$ a_n，$a_f + a_n = 1$。不失一般性，假设 R_k 和用户之间的估计信道增益排序为 $|\hat{h}_{3k}|^2 < |\hat{h}_{4k}|^2$。考虑硬件损伤模型，$R_k$ 和 D_n 的接收信号可以分别表示为

$$y_{1k} = (\hat{h}_{1k} + e_{1k})(\sqrt{a_f P_s} x_f + \sqrt{a_n P_s} x_n + \eta_{1k}) + n_{1k} \tag{11-3}$$

$$y_2 = (\hat{h}_2 + e_2)(\sqrt{a_f P_s} x_f + \sqrt{a_n P_s} x_n + \eta_2) + n_2 \tag{11-4}$$

式中，$\hat{h}_{1k}$ 和 $\hat{h}_2$ 分别表示链路 $S{\rightarrow}R_k$ 和 $S{\rightarrow}D_n$ 的估计信道参数；$e_{1k} \sim \mathcal{CN}(0, \sigma_{e_{1k}}^2)$ 和 $e_2 \sim$ $\mathcal{CN}(0, \sigma_{e_2}^2)$ 表示信道估计误差；$n_{1k} \sim \mathcal{CN}(0, N_{1k})$ 和 $n_2 \sim \mathcal{CN}(0, N_2)$ 表示 AWGN，$\eta_{1k} \sim \mathcal{CN}(0, \kappa_{1k}^2 P_s)$ 和 $\eta_2 \sim \mathcal{CN}(0, \kappa_2^2 P_s)$ 表示收发端失真噪声。其中，参数 κ_{1k} 和 κ_2 描述了硬件损伤的水平。正如文献 [9] 中所述，联合硬件损伤可以表示为 $\kappa_{1k} = \sqrt{\kappa_{t,1k}^2 + \kappa_{r,1k}^2}$ 和 $\kappa_2 = \sqrt{\kappa_{t,2}^2 + \kappa_{r,2}^2}$，其中 $\kappa_{t,1k}$、$\kappa_{r,1k}$、$\kappa_{t,2}$ 和 $\kappa_{r,2}$ 分别表示在 S、R_k、S 和 D_n 处的失真水平。

利用 AF 协议，R_k 接收到的信号 $G_k y_{1k}$ 经过放大转发给用户 D_f 和 D_n，其中 $G_k \triangleq$ $\sqrt{P_r / (P_s(1 + \kappa_{1k}^2) |\hat{h}_{1k}|^2 + P_s(1 + \kappa_{1k}^2)\sigma_{e_{1k}}^2 + N_{1k})}$ 表示中继的放大系数。因此，D_f 和 D_n 的接收信号可以表示为

$$y_{3k} = (\hat{h}_{3k} + e_{3k})(G y_{1k} + \eta_{3k}) + \eta_{3k} \tag{11-5}$$

$$y_{4k} = (\hat{h}_{4k} + e_{4k})(G y_{1k} + \eta_{4k}) + \eta_{4k} \tag{11-6}$$

为了计算瞬时 SINR，定义平均发送 SNR 为 $Y_k = \gamma_{1k} |\hat{h}_{1k}|^2$，$X = \gamma_2 |\hat{h}_2|^2$，$Z_{3k} = \gamma_{3k} |\hat{h}_{3k}|^2$，$Z_{4k} = \gamma_{4k} |\hat{h}_{4k}|^2$。信道幅度 $|\hat{h}_{1k}|$、$|\hat{h}_2|$、$|\hat{h}_{3k}|$ 和 $|\hat{h}_{4k}|$ 均服从独立但不同分布的 Nakagami-m 分布。因此，未排序的变量 $\gamma_{\tilde{i}} |\hat{h}_{\tilde{i}}|^2 (\tilde{i} = 1k, 2, 3k, 4k)$ 的 PDF 和 CDF 可以表示为

$$f_{\gamma_{\tilde{i}} |\hat{h}_{\tilde{i}}|^2}(x) = \frac{m_{\tilde{i}}^{m_{\tilde{i}}}}{\bar{\gamma}_{\tilde{i}}^{m_{\tilde{i}}} \Gamma(m_{\tilde{i}})} x^{m_{\tilde{i}} - 1} e^{-\frac{m_{\tilde{i}} x}{\bar{\gamma}_{\tilde{i}}}} \tag{11-7}$$

$$F_{\gamma_{\tilde{i}} |\hat{h}_{\tilde{i}}|^2}(x) = 1 - e^{-\left(\frac{m_{\tilde{i}} x}{\bar{\gamma}_{\tilde{i}}}\right)} \sum_{s=0}^{m_{\tilde{i}} - 1} \frac{1}{s!} \left(\frac{m_{\tilde{i}} x}{\bar{\gamma}_{\tilde{i}}}\right)^s \tag{11-8}$$

式中，$\bar{\gamma}_{\tilde{i}} = \mathrm{E}(x) = \Omega_{\tilde{i}} P_{\tilde{i}} / N_{\tilde{i}}$，$\Omega_{\tilde{i}} = \mathrm{E}(|\hat{h}_{\tilde{i}}|^2)$。

用排序统计，排序的变量 $Z_{\tilde{j}k} (\tilde{j} = 3, 4)$ 的 PDF 可以表示为

$$f_{Z_{\tilde{j}k}}(x) = Q_j \sum_{l_i = 0}^{M - j} (-1)^{l_1} \binom{M - j}{l_1} f_{\tilde{Z}_{\tilde{j}k}}(x) [F_{\tilde{Z}_{\tilde{j}k}}(x)]^{j + l_1 - 1} \tag{11-9}$$

为了方便，定义 $Q_j = M! / (M-j)! (j-1)!$，$j \in \{f, n\}$。Z_{jk} 的 CDF 表示为

$$F_{Z_{jk}}(x) = Q_j \sum_{l_1=0}^{M-j} \frac{(-1)^{l_1}}{j+l_1} \binom{M-j}{l_1} [F_{\tilde{Z}_{jk}}(x)]^{j+l_1} \tag{11-10}$$

根据 NOMA 协议，D_n 采用 SIC 首先译码 x_f 并消除 x_f 对 D_n 造成的干扰，然后译码自身的期望信号 x_n。因此，D_n 译码 x_f 的接收 SINR 表示为

$$\text{SINR}_{2,D_f \to D_n} = \frac{a_f X}{(a_n + \kappa_2^2)X + (1+\kappa_2^2)\gamma_2 \sigma_{e_2}^2 + 1} \tag{11-11}$$

同样，D_n 译码自身期望信号 x_n 的接收 SINR 可表示为

$$\text{SINR}_{2,D_n} = \frac{a_n X}{\kappa_2^2 X + (1+\kappa_2^2)\gamma_2 \sigma_{e_2}^2 + 1} \tag{11-12}$$

与 D_n 相反，D_f 能够直接译码自身期望信号 x_f，因此 D_f 译码信号 x_f 的接收 SINR 可以表示为

$$\text{SINR}_{3k,D_f} = \frac{a_f Y_k Z_{3k}}{(a_n + b_f)Y_k Z_{3k} + b_{1f}Y_k + b_{2f}Z_{3k} + b_{3f}} \tag{11-13}$$

式中，$b_f = \kappa_{1k}^2 + \kappa_{3k}^2 + \kappa_{1k}^2 \kappa_{3k}^2$；$b_{1f} = \gamma_{3k}\sigma_{e_{3k}}^2(1+b_f) + \kappa_{1k}^2 + 1$；$b_{2f} = \gamma_{1k}\sigma_{e_{1k}}^2(1+b_f) + \kappa_{3k}^2 + 1$；$b_{3f} = \gamma_{1k}\gamma_{3k}\sigma_{e_{1k}}^2\sigma_{e_{3k}}^2(1+b_f) + \gamma_{1k}\sigma_{e_{1k}}^2(1+\kappa_{1k}^2) + \gamma_{3k}\sigma_{e_{3k}}^2(1+\kappa_{3k}^2) + 1$。

根据式（11-6），D_n 译码 D_f 的期望信号 x_f 的接收 SINR 可以表示为

$$\text{SINR}_{4k,D_f \to D_n} = \frac{a_f Y_k Z_{4k}}{(a_n + b_n)Y_k Z_{4k} + b_{1n}Y_k + b_{2n}Z_{4k} + b_{3n}} \tag{11-14}$$

式中，$b_n = \kappa_{1k}^2 + \kappa_{4k}^2 + \kappa_{1k}^2 \kappa_{4k}^2$；$b_{1n} = \gamma_{4k}\sigma_{e_{4k}}^2(1+b_n) + \kappa_{1k}^2 + 1$；$b_{2n} = \gamma_{1k}\sigma_{e_{1k}}^2(1+b_n) + \kappa_{4k}^2 + 1$；$b_{3n} = \gamma_{1k}\gamma_{4k}\sigma_{e_{1k}}^2\sigma_{e_{4k}}^2(1+b_n) + \gamma_{1k}\sigma_{e_{1k}}^2(1+\kappa_{1k}^2) + \gamma_{4k}\sigma_{e_{4k}}^2(1+\kappa_{4k}^2) + 1$。

同样地，D_n 译码自身期望信号 x_n 的接收 SINR 可以表示为

$$\text{SINR}_{4k,D_n} = \frac{a_n Y_k Z_{4k}}{b_n Y_k Z_{4k} + b_{1n}Y_k + b_{2n}Z_{4k} + b_{3n}} \tag{11-15}$$

最终，D_n 通过 SC 算法处理来自基站和中继的信号，其 SINR 为

$$\text{SINR}_{D_n}^{\text{SC}} = \max(\text{SINR}_{2,D_n}, \text{SINR}_{4k,D_n}) \tag{11-16}$$

11.3　中继选择方案

在本节中，考虑三种中继选择方案，分别为任意中继选择、部分中继选择和最优中继选择。

11.3.1　任意中继选择方案

为了分析的完整性，本节提出了非理想情况下任意中继选择方案，目的是为了进行对比，来进一步分析每种中继选择的性能差异。在任意中继选择方案下，任何一个中继均有可能被选择，在此不再详述。

11.3.2　部分中继选择方案

利用部分中继选择方案，选择出最优中继 R_{k^*}，所以有

$$R_{k^*} = \arg \max_{1 \leqslant k \leqslant K} \{Y_k\}, Y_{k^*} = \max_{1 \leqslant k \leqslant K} \{Y_k\} \tag{11-17}$$

其中，Y_{k^*} 的 CDF 表示为

$$F_{Y_{k^*}}(x) = \left[1 - e^{-\frac{m_{1k}x}{\overline{\gamma}_{1k}}} \sum_{s=0}^{m_{1k}-1} \frac{1}{s!} \left(\frac{m_{1k}x}{\overline{\gamma}_{1k}} \right)^s \right]^K \tag{11-18}$$

11.3.3　最优中继选择方案

为了减少复杂性和提高光谱效率，提出了一种最优中继选择方案。利用最优中继选择方案，选择出最优中继 R_{k^*}，所以有

$$R_{k^*} = \arg \max_{1 \leqslant k \leqslant K} \min \{Y_k, Z_{3k}\}, Y_{k^*} = \max_{1 \leqslant k \leqslant K} \{Y_k\} \tag{11-19}$$

11.4　性能分析

本节主要研究部分中继选择方案下协作 SWIPT NOMA 多中继系统的性能。

11.4.1　中断概率

（1）D_f 的中断概率

根据 NOMA 协议，当 D_f 不能成功译码自身期望信号时，D_f 将发生中断。因此，D_f 的中断概率表示为

$$P_{D_f} = 1 - \Pr(\text{SINR}_{3k,D_f} > \gamma_{\text{th}f}) \tag{11-20}$$

式中，$\gamma_{\text{th}f} = 2^{R_{\text{th}f}} - 1$ 表示目标 SNR，$R_{\text{th}f}$ 是用户 D_f 的目标速率。SINR_{3k,D_f} 可以在式（11-13）中获得。

根据式(11-20)，可以得到 D_f 的中断概率表达式为

$$P_{D_f} = Q_f \sum_{l_1=0}^{M-f} \frac{(-1)^{l_1}}{f+l_1} \binom{M-f}{l_1} \left[1 - e^{-\left(\frac{m_{3k*}*\theta_f}{\bar{\gamma}_{3k*}}\right)} \sum_{s_1=0}^{m_{3k*}-1} \frac{1}{s_1!} \left(\frac{m_{3k*}\theta_f}{\bar{\gamma}_{3k*}}\right)^{s_1}\right]^{f+l_1}$$

$$+ Q_f \sum_{l_1=0}^{M-f} \binom{M-f}{l_1} \frac{(-1)^{l_1} m_{3k*}^{m_{3k*}}}{\bar{\gamma}_{3k*}^{m_{3k*}} \Gamma(m_{3k*})} \sum_{i=0}^{f+l_1-1} \bigcup_i (-1)^i U_i V_i \sum_{l_2=0}^{m_{3k*}+\bar{i}-1} \binom{m_{3k*}+\bar{i}-1}{l_2} \theta_f^{m_{3k*}+\bar{i}-1-l_2} e^{-\tilde{\gamma}_{3k*}\theta_f}$$

$$\times \left(\sum_{i'=1}^{K} \bigcup_{i'} (-1)^{i'} U_{i'} V_{i'} \sum_{l_3=0}^{\bar{i}'} \binom{\bar{i}'}{l_3} c_2^{\bar{i}'-l_3} e^{-i'c_1 c_2} 2\left(\frac{i'c_1}{\tilde{\gamma}_{3k*}}\right)^{\frac{l_2-l_3+1}{2}} K_{l_2-l_3+1}\left(2\sqrt{i'c_1\tilde{\gamma}_{3k*}}\right) + \frac{\Gamma(l_2+1)}{\tilde{\gamma}_{3k*}^{l_2+1}}\right)$$

$$(11-21)$$

式中，$V_i = \left[(m_{3k*}/\bar{\gamma}_{3k*})^{m_{3k*}-1}/(m_{3k*}-1)!\right]^{i-i_1-\cdots-i_{m_{3k*}-1}} \prod_{s_3=0}^{m_{3k*}-2} \left[(m_{3k*}/\bar{\gamma}_{3k*})^{s_3}/s_3!\right]^{i_{s_3+1}}$;

$$U_i = \binom{f+l_1-1}{i} \times \binom{i}{i_1}\binom{i-i_1}{i_2}\cdots\binom{i-i_1-\cdots-i_{m_{3k*}-2}}{i_{m_{3k*}-1}} ; \quad \tilde{\gamma}_{3k*} \triangleq m_{3k*}(i+1)/\bar{\gamma}_{3k*} ; \quad \bigcup_i \triangleq$$

$$\sum_{i_1=0}^{i}\sum_{i_2=0}^{i-i_1}\cdots\sum_{i_{m_{3k*}-1}=0}^{i-i_1-\cdots-i_{m_{3k*}-2}} ; \quad \theta_f \triangleq b_{1f}\gamma_{\text{thf}}/[a_f - \gamma_{\text{thf}}(a_n+b_f)] ; \quad \bar{i} = (m_{3k*}-1)(i-i_1) - (m_{3k*}-2)$$

$$i_2 - (m_{3k*}-3)i_3 - \cdots - i_{m_{3k*}-1} ; \quad c_1 = m_{1k*}(b_{2f}\theta_f + b_{3f})\theta_f/(\bar{\gamma}_{1k*}b_{1f}) ; \quad c_2 = b_{2f}/(b_{2f}\theta_f + b_{3f}) ;$$

$$\bigcup_{i'} \triangleq \sum_{i_1'=0}^{i'}\sum_{i_2'=0}^{i'-i_1'}\cdots\sum_{i_{m_{1k*}-1}'=0}^{i'-i_1'-\cdots-i_{m_{1k*}-2}'} ; \quad U_{i'} = \binom{K}{i'}\binom{i'}{i_1'}\binom{i'-i_1'}{i_2'}\cdots\binom{i'-i_1'-\cdots-i_{m_{1k*}-2}'}{i_{m_{1k*}-1}'} ; \quad V_{i'} =$$

$$\left(\frac{c_1^{m_{1k*}-1}}{(m_{1k*}-1)!}\right)^{i'-i_1'-\cdots-i_{m_{1k*}-1}'} \prod_{s_1=0}^{m_{1k*}-2} \left(\frac{c_1^{s_1}}{s_1!}\right)^{i_{s_1+1}'} ; \quad \bar{i}' = (m_{1k*}-1)\times(i'-i_1') - (m_{1k*}-2)i_2' -$$

$$(m_{1k*}-3)i_3' - \cdots - i_{m_{1k*}-1}' \text{。}$$

证明： 将式(11-13)代入式(11-20)中，P_{D_f} 可以重写为

$$P_{D_f} = 1 - \Pr\left(Z_{3k*} > \frac{b_{1f}\gamma_{\text{thf}}}{a_f - \gamma_{\text{thf}}(a_n+b_f)} \triangleq \theta_f, Y_{k*} > \frac{(b_{2f}Z_{3k*}+b_{3f})\theta_f}{b_{1f}(Z_{3k*}-\theta_f)}\right)$$

$$= \underbrace{\int_0^{\theta_f} f_{Z_{3k*}}(y)dy}_{J_1} + \underbrace{\int_{\theta_f}^{\infty} f_{Z_{3k*}}(y) F_{Y_{k*}}\left(\frac{(b_{2f}y+b_{3f})\theta_f}{b_{1f}(y-\theta_f)}\right)dy}_{J_2}$$

$$(11-22)$$

根据式(11-10)，得到

$$J_1 = Q_f \sum_{l_1=0}^{M-f} \frac{(-1)^{l_1}}{f+l_1} \binom{M-f}{l_1} \left(1 - e^{-\frac{m_{3k^*}\theta_f}{\bar{\gamma}_{3k^*}}} \sum_{s_1=0}^{m_{3k^*}-1} \frac{1}{s_1!} \left(\frac{m_{3k^*}\theta_f}{\bar{\gamma}_{3k^*}} \right)^{s_1} \right)^{f+l_1} \tag{11-23}$$

式中，$Q_f = M! / [(M-f)!(f-1)!]$。

将式(11-8)和式(11-10)代入式(11-22)，J_2 可转化为

$$J_2 = Q_f \sum_{l_1=0}^{M-f} (-1)^{l_1} \binom{M-f}{l_1} \int_{\theta_f}^{\infty} \underbrace{f_{\widetilde{Z}_{3k^*}}(y)(F_{\widetilde{Z}_{3k^*}}(y))^{f+l_1-1}}_{\Phi_1} \times$$

$$\underbrace{\left(1 - e^{-\frac{m_{1k^*}(b_{2f}+b_{3f})\theta_f}{\bar{\gamma}_{1k^*}b_{1f}(y-\theta_f)}} \sum_{s_1=0}^{m_{1k^*}-1} \frac{1}{s_1!} \left(\frac{m_{1k^*}(b_{2f}y+b_{3f})\theta_f}{\bar{\gamma}_{1k^*}b_{1f}(y-\theta_f)} \right)^{s_1} \right)^K}_{\Phi_2} dy \tag{11-24}$$

根据式(11-10)，利用二项式定理，Φ_1 可写为

$$\Phi_1 = \sum_{i=0}^{f+l_1-1} (-1) \binom{f+l_1-1}{i} e^{-\frac{m_{3k^*}yi}{\bar{\gamma}_{3k^*}}} \left(\sum_{s_3=0}^{m_{3k^*}-1} \frac{1}{s_3!} \left(\frac{m_{3k^*}y}{\bar{\gamma}_{3k^*}} \right)^{s_3} \right)^i$$

$$\overset{b_{s_3}=\frac{\left(\frac{m_{3k^*}}{\bar{\gamma}_{3k^*}}\right)^{s_3}}{s_3!}}{=} \sum_{i=0}^{f+l_1-1} (-1) \binom{f+l_1-1}{i} e^{-\frac{m_{3k^*}yi}{\bar{\gamma}_{3k^*}}} \underbrace{\left(\sum_{s_3=0}^{m_{3k^*}-1} b_{s_3}y^{s_3} \right)^i}_{I_1} \tag{11-25}$$

采用连续二项式公式，I_1 可转换为

$$I_1 = \sum_{i_1=0}^{i} \sum_{i_2=0}^{i-i_1} \cdots \sum_{i_{m_{3k^*}-1}=0}^{i-i_1-\cdots-i_{m_{3k^*}-2}} \binom{i}{i_1}\binom{i-i_1}{i_2}\cdots\binom{i-i_1-\cdots-i_{m_{3k^*}-2}}{i_{m_{3k^*}-1}} (b_{s_3-1}y^{s_3-1})^{i-i_1-\cdots-i_{m_{3k^*}-1}} \prod_{s_3=0}^{m_{3k^*}-2} (b_{s_3}y^{s_3})^{i_{s_3+1}} \tag{11-26}$$

接下来，定义参数 $V_i = [(m_{3k^*}/\bar{\gamma}_{3k^*})^{m_{3k^*}-1}/(m_{3k^*}-1)!]^{i-i_1-\cdots-i_{m_{3k^*}-1}} \prod_{s_3=0}^{m_{3k^*}-2} [(m_{3k^*}/\bar{\gamma}_{3k^*})^{s_3}/$

$s_3!]^{i_{s_3+1}}$，$U_i = \binom{f+l_1-1}{i}\binom{i}{i_1}\binom{i-i_1}{i_2}\cdots\binom{i-i_1-\cdots-i_{m_{3k^*}-2}}{i_{m_{3k^*}-1}}$，$\bigcup_i \triangleq \sum_{i_1=0}^{i} \sum_{i_2=0}^{i-i_1} \cdots \sum_{i_{m_{3k^*}-1}=0}^{i-i_1-\cdots-i_{m_{3k^*}-2}}$，

$\bar{i} = (m_{3k^*}-1)(i-i_1) - (m_{3k^*}-2)i_2 - (m_{3k^*}-3)i_3 - \cdots - i_{m_{3k^*}-1}$。

将式(11-26)代入式(11-25)中，得到

$$\Phi_1 = \sum_{i=0}^{f+l_1-1} \bigcup_i (-1)^i U_i V_i y^{\bar{i}} e^{-\frac{m_{3k^*}yi}{\bar{\gamma}_{3k^*}}} \tag{11-27}$$

令 $z = y - \theta_f$，得到

$$\Phi_2 = 1 + \sum_{i'=1}^{K} \bigcup_{i'} (-1)^{i'} U_{i'} V_{i'} \left(c_2 + \frac{1}{z} \right)^{\bar{i}'} e^{-i'c_1\left(c_2 + \frac{1}{z}\right)} \quad (11\text{-}28)$$

式中，$U_{i'} = \binom{K}{i'}\binom{i'}{i'_1}\binom{i'-i'_1}{i'_2}\cdots\binom{i'-i'_1-\cdots-i'_{m_{1k^*}-2}}{i'_{m_{1k^*}-1}}$；$V_{i'} = \left(\frac{c_1^{m_{1k^*}-1}}{(m_{1k^*}-1)!}\right)^{i'-i'_1-\cdots-i'_{m_{1k^*}-1}}\prod_{s_1=0}^{m_{1k^*}-2}\left(\frac{c_1^{s_1}}{s_1!}\right)^{i'_{s_1+1}}$；

$c_1 = m_{1k^*}(b_{2f}\theta_f + b_{3f})\theta_f/(\overline{\gamma}_{1k^*} b_{1f})$；$c_2 = b_{2f}/(b_{2f}\theta_f + b_{3f})$；$\bigcup_{i'} \triangleq \sum_{i'_1=0}^{i'}\sum_{i'_2=0}^{i'-i'_1}\cdots\sum_{i'_{m_{1k^*}-1}=0}^{i'-i'_1-\cdots-i'_{m_{1k^*}-2}}$；

$\bar{i}' = (m_{1k^*}-1)(i'-i'_1) - (m_{1k^*}-2)i'_2 - (m_{1k^*}-3)i'_3 - \cdots - i'_{m_{1k^*}-1}$。

将式（11-27）和式（11-28）代入式（11-24）中，经过一系列运算，得到

$$J_2 = Q_f \sum_{l_1=0}^{M-f} \binom{M-f}{l_1} \frac{(-1)^{l_1} m_{3k^*}^{m_{3k^*}f+l_1-1}}{\overline{\gamma}_{3k^*}^{m_{3k^*}}\Gamma(m_{3k^*})} \sum_{i=0}^{\infty} \bigcup_{i} (-1)^i U_i V_i \sum_{l_2=0}^{m_{3k^*}+\bar{i}-1} \binom{m_{3k^*}+\bar{i}-1}{l_2} \theta_f^{m_{3k^*}+\bar{i}-1-l_2} e^{-\widetilde{\gamma}_{3k^*}\theta_f}$$

$$\times \left(\sum_{i'=1}^{K} \bigcup_{i'} (-1)^{i'} U_{i'} V_{i'} \sum_{l_3=0}^{\bar{i}'} \binom{\bar{i}'}{l_3} c_2^{\bar{i}'-l_3} e^{-i'c_1 c_2} 2\left(\frac{i'c_1}{\widetilde{\gamma}_{3k^*}}\right)^{\frac{l_2-l_3+1}{2}} K_{l_2-l_3+1}\left(2\sqrt{i'c_1\widetilde{\gamma}_{3k^*}}\right) + \frac{\Gamma(l_2+1)}{\widetilde{\gamma}_{3k^*}^{l_2+1}}\right)$$

$$(11\text{-}29)$$

然后，将式（11-23）和式（11-29）代入式（11-22），经过简单运算，可得到 D_f 的中断概率闭式表达式。

证明完毕。

（2）D_n 的中断概率

如果 D_n 在两个时隙中不能成功译码 D_f 的期望信号或者它自身期望信号，D_n 将发生中断。因此，D_n 的中断概率可以表示为

$$P_{D_n} = \underbrace{\left[1 - \Pr(\text{SINR}_{2,D_f\to D_n} > \gamma_{\text{thf}}, \text{SINR}_{2,D_n} > \gamma_{\text{thn}})\right]}_{J'_1}\underbrace{\left[1 - \Pr(\text{SINR}_{4k,D_f\to D_n} > \gamma_{\text{thf}}, \text{SINR}_{4k,D_n} > \gamma_{\text{thn}})\right]}_{J'_2}$$

$$(11\text{-}30)$$

其中 $\gamma_{\text{thn}} = 2^{R_{\text{thn}}} - 1$ 表示目标 SNR，R_{thn} 是 D_n 的目标速率。

根据式（11-30），采用与 D_f 的中断概率闭式表达式相似的证明步骤，可以得到 D_n 的确切中断概率表达式为

$$P_{D_n} = \left(1 - e^{-\frac{m_2\tau}{\overline{\gamma}_2}}\sum_{s_2=0}^{m_2-1}\frac{1}{s_2!}\left(\frac{m_2\tau}{\overline{\gamma}_2}\right)^{s_2}\right)Q_n\sum_{l'_1=0}^{M-n}(-1)^{l'_1}\binom{M-n}{l'_1}\left(\frac{1}{n+l'_1}\left(1 - e^{-\frac{m_{4k^*}\theta}{\overline{\gamma}_{4k^*}}}\sum_{s_4=0}^{m_{4k^*}-1}\frac{1}{s_4!}\left(\frac{m_{4k^*}\theta}{\overline{\gamma}_{4k^*}}\right)^{s_4}\right)^{n+l'_1} + \right.$$

$$\frac{m_{4k^*}^{m_{4k^*}}}{\overline{\gamma}_{4k^*}^{m_{4k^*}}\Gamma(m_{4k^*})}\sum_{j=0}^{n+l_1'-1}\bigcup_j(-1)^jU_jV_je^{-\widetilde{\gamma}_{4k^*}\theta}\sum_{l_2'=0}^{m_{4k^*}+\bar{j}-1}\binom{m_{4k^*}+\bar{j}-1}{l_2'}\theta^{m_{4k^*}+\bar{j}-1-l_2'}\times$$

$$\left(\sum_{j'=1}^{K}\bigcup_{j'}(-1)^{j'}U_{j'}V_{j'}e^{-j'c_1c_2}\sum_{l_3'=0}^{j'}\binom{j'}{l_3'}c_2^{j'-l_3'}2\left(\frac{j'c_1}{\widetilde{\gamma}_{4k^*}}\right)^{\frac{l_2'-l_3'+1}{2}}K_{l_2'-l_3'+1}(2\sqrt{j'c_1\widetilde{\gamma}_{4k^*}})+\frac{\Gamma(l_2'+1)}{\widetilde{\gamma}_{4k^*}^{l_2'+1}}\right)\right)$$

$$(11\text{-}31)$$

式中，$\bigcup_j\triangleq\sum_{j_1=0}^{j}\sum_{j_2=0}^{j-j_1}\cdots\sum_{i_{m_{4k^*}-1}=0}^{j-j_1-\cdots-j_{m_{4k^*}-2}}$；$U_j=\binom{n+l_1-1}{j}\binom{j}{j_1}\binom{j-j_1}{j_2}\cdots\binom{j-j_1-\cdots j_{m_{3k^*}-2}}{j_{m_{3k^*}-1}}$；$\theta=$

$\max(b_{1n}\gamma_{thf}/(a_f-\gamma_{thf}(a_n+b_n)),b_{1n}\gamma_{thn}/(a_n-\gamma_{thn}b_n))$；$\widetilde{\gamma}_{4k^*}=m_{4k^*}(j+1)/\overline{\gamma}_{4k^*}$；

$\tau=\max(\gamma_{thf}((1+\kappa_2^2)\gamma_2\sigma_{e_2}^2+1)/(a_f-\gamma_{thf}(a_n+\kappa_2^2)),\gamma_{thn}((1+\kappa_2^2)\gamma_2\sigma_{e_2}^2+1)/(a_f-$

$\gamma_{thn}\kappa_2^2))$；$V_j=((m_{4k^*}/\overline{\gamma}_{4k^*})^{m_{4k^*}-1}/(m_{4k^*}-1)!)^{j-j_1-\cdots-j_{m_{4k^*}-1}}\prod_{s_4=0}^{m_{4k^*}-2}((m_{4k^*}/\overline{\gamma}_{4k^*})^{s_4}/s_4!)^{j_{s_4+1}}$，

$\bar{j}=(m_{4k^*}-1)\times(j-j_1)-(m_{4k^*}-2)j_2-(m_{4k^*}-3)j_3-\cdots-j_{m_{4k^*}-1}$，$\bigcup_{j'}\triangleq\sum_{j_1'=0}^{j'}\sum_{j_2'=0}^{j'-j_1'}\cdots$

$\sum_{j_{m_{1k^*}-1}'=0}^{j'-j_1'-\cdots-j_{m_{1k^*}-2}'}$；$U_{j'}=\binom{K}{j'}\binom{j'}{j_1'}\binom{j'-j_1'}{j_2'}\cdots\binom{j'-j_1'-\cdots-j_{m_{1k^*}-2}'}{j_{m_{1k^*}-1}'}$，$V_{j'}=(c_1^{m_{1k^*}-1}/(m_{1k^*}-$

$1)!)^{j'-j_1'-\cdots-j_{m_{1k^*}-1}'}\times\prod_{s_1=0}^{m_{1k^*}-2}(c_1^{s_1}/s_1!)^{j_{s_1+1}'}$，$\bar{j}'=(m_{1k^*}-1)(j'-j_1')-(m_{1k^*}-2)j_2'-(m_{1k^*}-3)j_3'-\cdots$

$-j_{m_{1k^*}-1}'$。

11.4.2 渐进分析

在高 SNR 下，式(11-8) 转变为

$$F_{\gamma_i|\hat{h}_i|^2}(x)\approx\left(\frac{m_ix}{\overline{\gamma}_i}\right)^{m_i}\left(\frac{1}{m_i!}\right)\tag{11-32}$$

排序变量 $Z_{3k,4k}$ 的 CDF 表示为

$$F_{Z_{3k,4k}}(x)\approx Q_j'\left(\frac{m_{3k,4k}x}{\overline{\gamma}_{3k,4k}}\right)^{m_{3k,4k}j}\left(\frac{1}{m_{3k,4k}!}\right)^j\tag{11-33}$$

式中，$Q_j'=M!/[(M-j)!j!]$，$j=\{f,n\}$。

（1）D_f 的中断概率

D_f 的中断概率可以表示为

$$P_{D_f} = 1 - \Pr\left(\frac{Y_{k^*} Z_{3k^*} \frac{b_{1f} b_{2f}}{b_{3f}^2}}{\frac{b_{1f}}{b_{3f}} Y_{k^*} + \frac{b_{2f}}{b_{3f}} Z_{3k^*} + 1} > \frac{\gamma_{thf} b_{1f} b_{2f}}{b_{3f} (a_f - \gamma_{thf} (a_n + b_f))} \right) \tag{11-34}$$

采用不等式 $xy/(1 + x + y) < \min(x, y)$，$P_{D_f}$ 可以重写为

$$P_{D_f}^\infty = 1 - \Pr\left(\min(b_{1f} Y_{k^*}, b_{2f} Z_{3k^*}) > \frac{\gamma_{thf} b_{1f} b_{2f}}{a_f - \gamma_{thf} (a_n + b_f)} \right)$$

$$= F_{Y_{k^*}}\left(\frac{\gamma_{thf} b_{2f}}{a_f - \gamma_{thf} (a_n + b_f)} \right) + F_{Z_{3k^*}}\left(\frac{\gamma_{thf} b_{1f}}{a_f - \gamma_{thf} (a_n + b_f)} \right)$$

$$- F_{Y_{k^*}}\left(\frac{\gamma_{thf} b_{2f}}{a_f - \gamma_{thf} (a_n + b_f)} \right) F_{Z_{3k^*}}\left(\frac{\gamma_{thf} b_{1f}}{a_f - \gamma_{thf} (a_n + b_f)} \right) \tag{11-35}$$

将式（11-32）和式（11-33）代入式（11-35）中，可以得到 D_f 的中断概率。所以，在高 SNR 下，D_f 的中断概率的渐进表达式可以表示为

$$P_{D_f}^\infty = \left(\left(\frac{m_{1k^*} \gamma_{thf} b_{2f}}{\bar{\gamma}_{1k^*} (a_f - \gamma_{thf} (a_n + b_f))} \right)^{m_{1k^*}} \left(\frac{1}{m_{1k^*}!} \right) \right)^K + Q_f'\left(\frac{m_{3k^*} \gamma_{thf} b_{1f}}{\bar{\gamma}_{3k^*} (a_f - \gamma_{thf} (a_n + b_f))} \right)^{m_{3k^*} f} \left(\frac{1}{m_{3k^*}!} \right)^f \tag{11-36}$$

其中 $\tau' = \max[\gamma_{thf} b_{1n} b_{2n}/b_{3n} (a_f - \gamma_{thf} (a_n + b_n)), \gamma_{thn} b_{1n} b_{2n}/b_{3n} (a_n - \gamma_{thn} b_n)]$。

（2）D_n 的中断概率

采用 $xy/(1 + x + y) < \min(x, y)$，可以得到在高 SNR 下，$D_n$ 的中断概率的渐进表达式为

$$P_{D_n}^\infty = \left(\frac{m_2 \tau}{\bar{\gamma}_2} \right)^{m_2} \left(\frac{1}{m_2!} \right) \left(\left(\left(\frac{m_{1k^*} \tau' b_{3n}}{\bar{\gamma}_{1k^*} b_{1n}} \right)^{m_{1k^*}} \frac{1}{m_{1k^*}!} \right)^K + Q_n'\left(\frac{m_{4k^*} \tau' b_{3n}}{\bar{\gamma}_{4k^*} b_{2n}} \right)^{m_{4k^*} n} \left(\frac{1}{m_{4k^*}!} \right)^n \right) \tag{11-37}$$

11.4.3 分集增益

分集增益被定义为

$$d = - \lim_{\gamma \to \infty} \frac{\log_2(P_{out}^\infty)}{\log_2 \gamma} \tag{11-38}$$

式中，γ 是 SNR；P_{out}^∞ 表示渐进的中断概率。

1）D_f 的分集增益：基于在式（11-36）中得到的渐进中断表达式，得到 D_f 的分集增益为

$$d_{D_f} = -\lim_{\gamma_{1k} \to \infty} \frac{\log P_{D_f}^\infty}{\log \gamma_{1k}} = \min(m_{1k}K, m_{3k}f) \tag{11-39}$$

将式（11-36）代入式（11-38）中，经过一系列运算，得到式（11-39）。式（11-39）的结果表明 D_f 的分集增益和渐进中断概率由第 f 个用户、m_{1k}、m_{3k} 和 K 所决定。

2）D_n 的分集增益：基于在式（11-37）中得到的渐进中断表达式，可以得到 D_n 的分集增益为

$$d_{D_n} = -\lim_{\gamma_{1k} \to \infty} \frac{\log P_{D_n}^\infty}{\log \gamma_{1k}} = \min(m_2 m_{1k}K, m_2 m_{4k}n) \tag{11-40}$$

将式（11-37）代入式（11-38）中，经过一系列运算，可以得到式（11-40）。从式（11-40）可知，D_n 的分集增益和渐进中断概率由第 n 个用户、m_{1k}、m_2、m_{4k} 和 K 所决定。

11.4.4　能量效率

能量效率是评价无线通信系统性能的重要标准之一，它的定义是发射机每消耗单位能量向接收机可靠传输的信息位。一般有两种传输模型，即延迟受限传输模型和延迟容忍传输模型。在时延受限传输模式下，S 以固定速率向物联网设备传输信号，其性能受到无线衰落信道的限制。在容忍传输模式下，通过评估系统的遍历速率来确定系统通过的时间。为了保证物联网设备的固定速率，考虑延迟限制传输模式。虽然考虑了延迟限制传输模式，但以上的分析同样适用于延迟容忍传输模式。接下来主要研究延迟限制传输模式下的系统能量效率，其表达式为

$$\eta_{EE} = \frac{\tau}{P_{total}}(\text{bit} \cdot \text{s}^{-1} \cdot \text{J}^{-1}) \tag{11-41}$$

其中，τ 表示吞吐量，P_{total} 表示系统消耗的总能量。通过计算每个用户的中断概率，可以得到吞吐量。特别是，D_f 的中断概率 P_{D_f} 和 D_n 的中断概率 P_{D_n} 可以分别在式（11-21）和式（11-31）中得到。因此，吞吐量可表示为

$$\tau = \frac{(1-P_{D_f})R_{thf}(1-\alpha)T/2}{T} + \frac{(1-P_{D_n})R_{thn}(1-\alpha)T/2}{T} \tag{11-42}$$

式中，参数 $(1-\alpha)T/2$ 表示在整个时间段 T 内，S 传送信号到中继以及中继传输信号给用户的有效传输时间分别为 $(1-\alpha)T/2$；R_{thf} 为阈值速率。

基于上述结果，SWIPT NOMA 系统的能量效率可表示为

$$\eta_{EE} = \frac{\tau}{T(P_s + P_r + P_c)} \tag{11-43}$$

式中，τ 表示吞吐量；T 表示整个系统数据传输时间；P_c 表示固定电路功耗。

11.5 系统仿真

在本节中，利用 Matlab 仿真所提出的 SWIPT NOMA 系统的性能。为了便于比较，考虑以下情况：链路 $S \rightarrow R_k$，$S \rightarrow D_n$，$R_k \rightarrow D_n$ 和 $R_k \rightarrow D_f$ 之间的信道均服从 Nakagami-m 分布。此外，设置系统参数为 $M=2$，$m=2$，$f=1$，$n=2$，$a_f=0.8$，$a_n=0.2$，$\alpha=0.25$，$\gamma_{thf}=1$，$\gamma_{thn}=4$，$\mu=0.45$，$T=1$，$P_c=0.1\mathrm{W}$。

图 11-3 给出了两个用户的中断概率随着 SNR 变化的曲线。设置中继个数 $K=\{1, 3, 10\}$，$\kappa=0.1$，$\delta=1$。式（11-34）和式（11-36）中得到的分析结果与仿真结果吻合较好。还注意到，随着中继个数的增加，两个用户的中断概率性能都有所提高。此外，从这些结果中可以看出，在高 SNR 情况下，也就是 SNR $> 25\mathrm{dB}$ 时，D_f 的性能优于 D_n。这是由于系统给 D_f 分配了较高的功率。

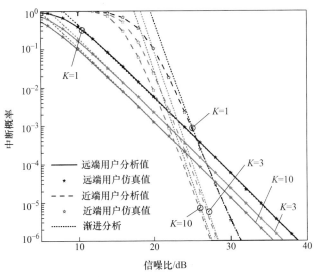

图 11-3 ipCSI 情况下中断概率随 SNR 变化的曲线

图 11-4 给出了在 pCSI 条件下，硬件损伤参数 κ 对中断性能的影响，假设中继个数 $K=10$。如预期的一样，随着 κ 增大，中断性能随之下降。与图 11-3 相似的是，当 κ 发生变化时，曲线的斜率并不发生改变。对于低 SNR 情况，D_f 的中断性能优于 D_n，这意味着用户之间保持较好的公平性。

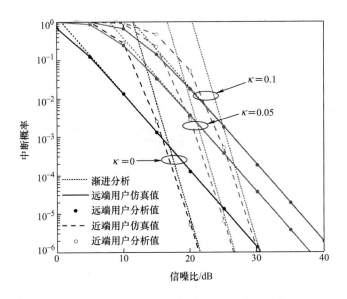

图 11-4　pCSI 情况下中断概率随 SNR 变化的曲线

图 11-5 仿真了信道估计误差对中断性能的影响。特别考虑两种信道估计误差模型：1）$\sigma^2 = 0.05$；2）$\sigma^2 = \Omega/(1 + \delta\gamma\Omega)$，其中 $\delta = \{0.2, 1\}$。从图 11-5 可以观察到，信道估计误差对中断性能的影响是极大的。从图 11-5 还可以观察到，固定的信道估计误差导致出现误差水平。

图 11-6 仿真了能量效率随着参数 κ_{1k} 变化的曲线，考虑两种情况：1）$\kappa_{3k} = \kappa_{4k} = \kappa_{1k}$；2）$\kappa_{3k} = \kappa_{4k}$ 且 $\kappa_{1k} + \kappa_{3k} = 0.15$。如图 11-6 所示，对于第一种情况，性能随着硬件损伤的程度增加而下降。对于第二种情况，中断概率先增加后减少，这意味着存在一个最优 κ_{1k} 值，使整个系统的性能达到最大化。这是因为当 κ_{1k} 很小时，也就是 $\kappa_{1k} < 0.06$，能量效率受到第二条链路硬件损伤的限制。同样，当 κ_{1k} 很大时，能量效率受到第一条链路硬件损伤的限制。

图 11-7 给出了在 pCSI 和 ipCSI 情况下协作 SWIPT NOMA 多中继系统能量效率随 SNR 的变化曲线。如图 11-7 所示，在高 SNR 区域，能量效率存在一个上限，这是因为该区域的中断概率趋于 0。值得注意的是，在整个 SNR 范围内，能量效率随着 δ 的减少而降低。如图 11-7 所示，在低 SNR 情况下，δ 的影响可以忽略不计，而在高 SNR 情况下，三种配置的能量效率保持不变。

图 11-8 给出了不同中继数量下考虑系统的能量效率与 SNR 的关系。如图 11-8 所示，在高 SNR 的情况下，当中继的数量 K 增加时，系统的能量效率将提高。从图 11-8 还可以

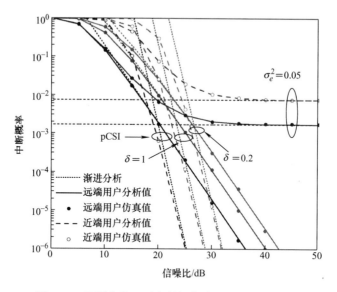

图 11-5　不同参数 δ 下中断概率随 SNR 变化的曲线

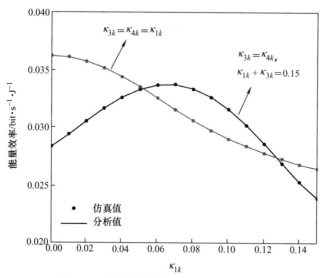

图 11-6　能量效率随参数 κ_{1k} 变化的曲线

看出，对于低 SNR（<20dB），能量效率随着 K 的增加而减少，这是因为在低 SNR 下，各链路之间的差异很小，但是每个中继仍旧需要消耗一定的能量来维持工作状态。

　　图 11-9 给出了不同的 P_s 对应的能量效率随 α 变化的曲线。如图 11-9 所示，通过优化 TS-based 策略，存在一个最优的 α 值可以使系统的能量效率和吞吐量达到最大，而 α 的最

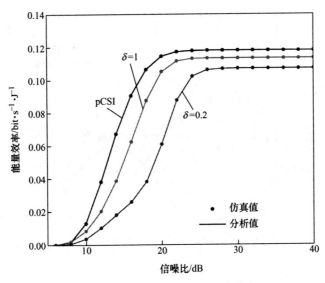

图 11-7　不同参数 δ 下能量效率随 SNR 变化的变化曲线 （$P_s = 10W$，$\kappa = 0$）

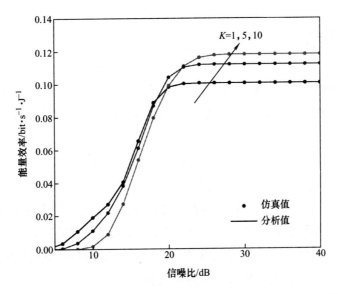

图 11-8　不同参数 K 下能量效率随 SNR 变化的曲线 （$P_s = 10W$，$\delta = 1$，$\kappa^2 = 0.05$）

优值受到发送功率的影响，当发送功率增大时，α 的最优值减小。从图 11-9 还可以看出，当 P_s 的值增加时，能量效率降低。这说明增加基站处的发送功率并不能成比例地提高能量效率。

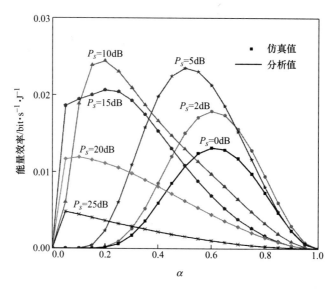

图 11-9　不同参数 P_s 下能量效率随 α 变化的曲线（$\delta = 1$，$\kappa^2 = 0.05$）

11.6　本章小结

本章基于硬件损伤模型，在第 10 章的研究基础上，将单中继协作 NOMA 通信系统扩展为多中继协作 NOMA 通信系统，构建了多中继协作 SWIPT NOMA 通信系统模型，并且将 SWIPT 技术应用到多中继协作 NOMA 通信系统，解决中继能量受限的问题。另外，基于所构建系统模型，提出了一个部分中继选择方法，并推导给出了所构建系统的确切中断概率、渐进中断概率、分集增益和能量效率的闭式表达式。最后通过仿真分析了不同参数对系统性能的影响，验证了理论分析的正确性。仿真结果表明：1）系统性能受硬件损伤的影响显著；2）中断概率性能高度依赖信道估计质量，ipCSI 具有负面影响，导致中断概率增加；3）通过增加中继数量，可以显著降低收发端硬件损伤和 ipCSI 的影响。4）通过优化 α，存在使所考虑系统的能量效率最大化的最优值。

参 考 文 献

［1］　ZHANG D，LIU Y，DING Z，et al. Performance analysis of non-regenerative Massive-MIMO-NOMA relay systems for 5G［J］. IEEE Trans. Commun.，2017，65（11）：4777-4790.

［2］　DING Z，PENG M，POOR H V. Cooperative non-orthogonal multiple access in 5G systems［J］. IEEE

Commun. Lett.,2015,19(8):1462-1465.

[3] DING Z,LIU Y,CHOI Q,et al. Application of non-orthogonal multiple access in LTE and 5G networks[J]. IEEE Commun. Mag.,2017,55(2):185-191.

[4] LIANG X,WU Y,NG D W K,et al. Outage performance for cooperative NOMA transmission with an AF relay [J]. IEEE Commun. Lett.,2017,21(11):2482-2431.

[5] DING Z,DAI H,POOR H V. Relay selection for cooperative NOMA[J]. IEEE Wireless Commun. Lett., 2016,5(4):416-419.

[6] XU Y,SHEN C,DING Z,et al. Joint beamforming and power-splitting control in downlink cooperative SWIPT NOMA systems[J]. IEEE Trans. Signal Process,2017,65(18):4874-4886.

[7] LIU Y,DING Z,ELKASHAN M,et al. Cooperative non-orthogonal multiple access with simultaneous wireless information and power transfer[J]. IEEE J. Sel. Areas Commun.,2016,34(4):938-953.

[8] LI X,LI J,JIN J,et al. Performance analysis of relaying systems over Nakagami-m fading with transceiver hardware impairments[J]. Journal of Xidian University,2017,25(3):135-140.

[9] MATTHAIOU M,PAPADOGIANNIS A,BJORNSON E,et al. Two-way relaying under the presence of relay transceiver hardware impairments[J]. IEEE Commun. Lett.,2013,17(6):1136-1139.

[10] CUI M,HU B J,TANG J,et al. Energy-efficient joint power allocation in uplink massive MIMO cognitive radio networks with imperfect CSI[J]. IEEE Access,2017(5):27611-27621.

[11] LI J,LI X,LIU Y,et al. Impact of hardware impairments on NOMA relaying networks with energy harvesting [J]. Submitted to IEEE Systems Journal,2018.

[12] LI X,HUANG M,TIAN X,et al. Impact of hardware impairments on large-scale MIMO systems over composite RG fading channels[J]. AEU-Int J Electron Commun.,2018,88(5):134-140.

缩略语对照表

2D	Two-dimensional	二维
3D	Three-dimensional	三维
3G	3rd Generation	第三代（移动通信系统）
4G	4th Generation	第四代（移动通信系统）
5G	5th Generation	第五代（移动通信系统）
3GPP	The 3rd Generation Partnership Project	第三代合作伙伴项目
AF	Amount of Fading	衰落量
ASR	Achievable Sum Rate	可达和速率
BER	Bit Error Rate	误比特率
BPSK	Binary Phase Shift Keying	二进制相移键控
BS	Base Station	基站
CCI	Co-Channel Interference	同道干扰
CDF	Cumulative Distribution Function	累积分布函数
CoMP	Coordinated Multipoint	多点协作
CSI	Channel State Information	信道状态信息
D2D	Device-to-Device	设备到设备
D-MIMO	Distributed MIMO	分布式多输入多输出
FCC	Federal Communications Commission	美国联邦通信委员会
FDD	Frequency Division Duplexing	频分双工
GPS	Global Positioning System	全球定位系统
HSDPA	High Speed Downlink Packet Access	高速下行分组接入
IA	Interference Alignment	干扰对齐
IEEE	Institute of Electrical and Electronics Engineers	电气电子工程师学会
ITU	International Telecommunication Union	国际电信联盟
LOS	Line-of-Sight	视距
LSMS	Large-Scale MIMO Systems	大规模多输入多输出系统
LTE	Long Term Evolution	长期演进
LTE-A	Long Term Evolution Advanced	增强型长期演进
MAC	Multiple Access Layer	多址接入层
MISO	Multiple-input Single-output	多输入单输出
MIMO	Multiple-input Multi-output	多输入多输出
MMSE	Minimum Mean Square Error	最小均方误差
MRC	Maximum Ratio Combining	最大比合并
MRT	Maximum Ratio Transmission	最大比发送
MTC	Machine Type Communication	机器通信
NOMA	Non-orthogonal Multiple Access	非正交多址接入
OFDM	Orthogonal Frequency Division Multiplexing	正交频分复用

OP	Outage Probability	中断概率
PDF	Probability Density Function	概率密度函数
PSK	Phase Shift Keying	移相键控
QAM	Quadrature Amplitude Modulation	正交幅度调制
QoS	Quality of Service	服务质量
RAP	Radio Access Port	无线接入端口
SCN	Small Cell Network	小小区网络
SEP	Symbol Error Probability	误符号率
SIMO	Single-input Multiple-output	单输入多输出
SINR	Signal-to-noise plus Interference Ratio	信干噪比
SNR	Signal-to-Noise Ratio	信噪比
SON	Self-Organizing Network	自组织网络
TDD	Time Division Duplexing	时分双工
UDN	Ultra-Dense Network	超密集网络
UMTS	Universal Mobile Telecommunications System	通用移动通信系统
UT	User Terminal	用户终端
Wi-Fi	Wireless-Fidelity	无线保真
WiMAX	Worldwide Interoperability for Microwave Access	全球微波接入互操作性
WLAN	Wireless Local Area Network	无线局域网
ZF	Zero-forcing	迫零